Виктор Гиндилис

ОБЪЕДИНЕННОЕ ГУМАНИТАРНОЕ ИЗДАТЕЛЬСТВО

Виктор Гиндилис

ЭПИЗОДЫ ИЗ СОВЕТСКОЙ ЖИЗНИ

ВОСПОМИНАНИЯ

О·Г·И Частный архив

МОСКВА
2008

УДК 82-94
ББК 63.3(2)6
Г49

Гиндилис В. М.

Г49 Эпизоды из советской жизни: Воспоминания / Виктор Гиндилис. — М.: ОГИ, 2008. — 264 с., 16 с. ил. — (Частный архив)

ISBN 978-5-94282-418-1

Книга воспоминаний известного ученого, генетика и психиатра Виктора Гиндилиса (1937–2001) охватывает события второй половины XX века — хрущевской оттепели и брежневского застоя. Первая часть посвящена квартире Копелевых на улице Горького, ставшей в 50–60 годах местом пересечения самых разных представителей культурной элиты того времени — писателей, ученых, артистов и общественных деятелей. Сочетая в себе домашний уют и творческую атмосферу, эта квартира была местом жарких дискуссий на темы искусства и политики, творческих встреч и неожиданных знакомств, менявших судьбы известных деятелей науки и искусства. Во второй части рассказывается о непростых событиях, происходивших в советской психиатрии вокруг известного Института судебной психиатрии им. Сербского.

Книга мемуаров живо и ярко передает дух времени, образ жизни и идеалы поколения «шестидесятников».

УДК 82-94
ББК 63.3(2)6

ISBN 978-5-94282-418-1

This is a birthday gift to Svetlana Orlova,
one of the major heroes of this memoir,
with respect and love from the author.

5 Jan. 2001

Посвящается светлой памяти истинно
интеллигентных героев в моей жизни —
Р. Д. Орловой, Л. З. Копелева
и Анатолия Марченко,
а также моего дяди Л. И. Маца

ПРЕДИСЛОВИЕ

Перед вами мемуары Виктора Мироновича Гиндилиса, известного генетика, специалиста в области генетики психических заболеваний. Большая часть книги занята воспоминаниями, которые он начал писать в Питтсбурге (США), будучи уже очень больным. Эта работа была начата по настойчивой просьбе его давней подруги Светланы Леонидовны Ивановой (в девичестве Орловой). Света собиралась издать сборник, посвященный квартире № 201 по улице Горького, 6, в которой она жила вплоть до начала 70-х годов. Света просила многих друзей и знакомых написать, какой они помнят квартиру, ее обитателей и жизнь в ней. Квартира была во многих отношениях замечательной, и о ней действительно стоило написать. Здесь в 50—70-е годы жила семья Раисы Давыдовны Орловой и Льва Зиновьевича Копелева, литераторов, известных диссидентов. Они находились в центре литературных и политических событий, происходивших в Советском Союзе, со всеми вытекавшими отсюда последствиями. Семья была большая, и дом был открыт для всех знакомых и для приятелей их многочисленных детей от разных браков. Для нас, друзей Светланы, дочери Раисы Давыдовны от первого брака, 201-я квартира была магнитом. В ней мы не только приятно проводили время (что было немаловажно), но и приобщались ко всем событиям тогдашней московской жизни. Несколько человек, в том числе Витя и я, написали свои воспоминания для будущего сборника. Для нас с Витей сама Светлана и квартира на улице Горького значили особенно много, поскольку мы с ним познакомились именно там и наша совместная семейная жизнь в последующие 25 лет была определена той встречей.

Тогда сборник издать, однако, не получилось, и подготовленные тексты остались не у дел. Для Вити Гиндилиса эта работа оказалась последней. Он был давно и безнадежно болен и умер в ноябре 2001 года, вскоре после того, как дописал свою рукопись. Он воспоминания писал очень основательно, как и все, что делал в жизни. Вероятнее всего, в глубине души он понимал, что это его последний шанс записать свои впечатления и мысли. В результате получилось нечто далеко превосходящее по охвату тему, поставленную вначале. Вышло довольно длинное эссе о советской действительности, о его жизни, о возрождении генетики в СССР после Лысенко, о советской психиатрии и о более общих темах, всегда волновавших Витю. Сейчас ясно «слава богу», что все случилось как случилось. Благодаря этой эпопее остались его воспоминания, из которых выглядывает живой Витя, талантливый, насмешливый, очень пристрастный и часто несправедливый, но всегда честный и откровенный. При подготовке рукописи к печати был соблазн «причесать» текст и убрать сомнительные места. Мы, однако, решили этого не делать и оставить почти все в нативном виде. Многие знавшие Витю смогут полнее вспомнить его, а те, кто не был знаком с автором записок, почувствуют своеобразие его характера.

Роль В. М. Гиндилиса в развитии науки о генетике человека и в истории советской психиатрии 60—80-х годов очень велика. На личностном уровне он производил незабываемое впечатление на всех знакомых с ним людей, начиная со студентов биофака МГУ, которым он читал лекции по генетике человека, и в результате они выбирали генетику своей специальностью, до его пациентов в пору его работы рентгенологом в Ульяновске, называвших своих детей Викторами в его честь. Справедливости ради следует добавить, что нередко поведение Вити вызывало и такой же силы отрицательную реакцию. Однако никогда такого не было, чтобы его присутствие осталось незамеченным. Нужно сказать, что многие эпизоды его биографии, честно им самим описанные, ярко иллюстрируют весь спектр его отношений к разным лицам и отношение разных лиц к нему.

Есть и еще один специальный аспект в решении собрать книгу, посвященную В. М. Гиндилису. В связи с этим следует вспомнить, чем была советская психиатрия всегда, а особенно в 60—80-е годы. Во-первых, психиатрический диагноз в СССР, даже самый невинный, означал конец всякой профессиональной карьеры. Вас не брали на работу, вы не могли поступить в институт и т. д. Во-вторых, и это теперь широко известно, психиатрия была одним из средств борьбы с инакомыслием. Диссидентов нередко без медицинской надобности насильно помещали в психиатрические больницы и принудительно вводили им психотропные средства, менявшие их индивидуальность и просто превращавшие их в инвалидов. В-третьих, психиатрические учреждения иногда были прибежищем для желавших избежать службы в Советской армии, избежать тюрьмы в случае гомосексуализма, да и при других обстоятельствах прибегали к помощи психиатрии, например, когда надо было пересидеть какое-то время вдали от официальных советских органов. В-четвертых, некоторым людям действительно нужна была профессиональная помощь психиатров, но таких психиатров, которые были бы и хорошими врачами и понимали бы последствия определенных диагнозов.

Можно себе представить, что порядочный человек, работавший в то время в больнице Кащенко, оказывался нужным многим. Трудно перечислить все проблемы, которые приходилось решать Вите и его друзьям-психиатрам в те годы. Здесь нельзя не вспомнить имя Людмилы (Люси) Пекуновой. Она была практикующим врачом-психиатром и вела в том числе пациентов и «пациентов» в кавычках по Витиной рекомендации. Трудно и, наверное, невозможно перечислить всех, кому Витя и его друзья-психиатры помогли. Сейчас, когда многих уже нет в живых, остались лишь косвенные свидетельства его помощи: пластинки с надписями знаменитого композитора, книги с автографами и, я надеюсь, воспоминания в памяти немалого числа живущих. В записках Виктора есть места, в которых мелькают намеки на эту сторону его деятельности, хотя прямо он о ней ничего не пишет.

В 80-е годы Гиндилис оказался в центре внимания международной психиатрии. Этому было несколько причин. Во-первых, благодаря ослаблению советского режима и усилению общения с Западом стали возможными взаимоотношения и научные, и политические с западными психиатрами. Во-вторых, нет никакого сомнения, что лаборатория медицинской генетики В. М. Гиндилиса в Центре психического здоровья была одной из немногих советских медицинских лабораторий, стоявших на очень хорошем научном уровне и потому привлекавших внимание Запада. В-третьих, из-за длительного административно-научного конфликта с Маратом Вартаняном Гиндилис оказался в центре интриги разыгрывавшейся в высоких сферах, в которой участвовала вся верхушка советской психиатрии, Снежневский, Морозов, Вартанян. В результате имя Гиндилиса мелькало на страницах международной прессы, где он комментировал события в советской психиатрической действительности. Всякие достоверные свидетельства о событиях в советской психиатрии еще ждут своего часа, и воспоминания В. М. Гиндилиса являются одними из первых в этом ряду.

Помимо самих воспоминаний, Витя написал несколько глав, в которых он постарался популярно изложить свои взгляды на наследование черт характера и генетику поведения. Можно соглашаться с его рассуждениями или не соглашаться, но нельзя ему отказать в оригинальности мышления. Кому-то эта часть может показаться скучной или слишком поверхностной; у читателя всегда есть возможность пропустить скучные места.

Мы решили включить в приложение к книге и мои записки, написанные по просьбе Светланы Орловой. Они отчасти комплементарны

Витиным запискам, хотя и затрагивают частные темы и никак не претендуют на описание более широкой картины.

Мы очень надеемся, что получилась книга, которая будет интересна широкому кругу читателей. Ведь она отражает свое время, ушедшие советские годы, ставшие уже далекой историей для современной молодежи. Эти записки, несмотря на их частный характер, субъективность и пристрастность главного автора, очень правдивы и потому не могут не привлечь внимание тех, кто интересуется нашим прошлым.

Наталья Броуде
Бостон, август 2005

ЧАСТЬ 1
КВАРТИРА НА ГОРЬКОГО

Завязка
РАЗБУДИЛА НА СВОЮ ГОЛОВУ!

Этой весной, на рубеже уходящего века, я только что перебрался из Чикаго в Питтсбург, как позвонила из Лос-Анджелеса мой давний друг Орлова Светка (вообще-то Светлана Леонидовна Иванова, впрочем, урожденная Шершер — по отцу, поэту, погибшему на фронте в 42-м году). Вся в неуемной творческой активности (вопреки тяжелой болезни с многочисленными операциями и кошмарным истощающим лечением), она вдруг возбудилась идеей собрать воспоминания своих друзей о событиях 60—80-х годов, связанных с известной в Москве диссидентской Квартирой (№ 201) по улице Горького, дом 6. Точнее, о роли, которую играли эта Квартира и ее персонажи в жизни каждого из нас — ее друзей.

В Квартире жили известные литературоведы — Раиса Давыдовна Орлова (Светкина мама) и Лев Зиновьевич Копелев (муж Р. Д.). Это была большая семья с многочисленными детьми с обеих сторон из разных браков, с другими близкими родственниками, жившими поблизости или не очень, а также многочисленные друзья, часто бывавшие в Квартире. Я застал время, когда была еще жива бабушка Либерзон — мать Раисы Давыдовны (далее везде Р. Д., а просто «Орлова» будет означать только Светку, как это и было в реальном нашем общении).

Между прочим, вскоре после знакомства бабушка подарила мне совершенно изумительные светло-коричневые перчатки из замшевой кожи, принадлежавшие ее умершему мужу, — большая редкость по тем временам для рядового советского аспиранта. Поскольку перчатки оказались практически неношеные, можно было думать, что дед Либерзон был скромным и бережливым евреем. С другой стороны, у меня всегда было искушение «вспомнить», что перчатки эти хорошо сохранились, потому как были подарены деду в 30-х еще Максимом Горьким и ими дорожили. Уж не знаю, по какому поводу деду этот подарок случился, но они с пролетарским писателем были хорошо знакомы на почве издательских дел. За их знакомство ручаюсь, к тому же и Орлова это может подтвердить. Но то, что перчатки «от М. Горького», остается под вопросом. Боюсь, что Света обвинит меня в нескромности и попытках примазаться к историческим персонажам. Тут я настаивать на своем не буду.

Не скажу, что до звонка Орловой я никогда не вспоминал о тех событиях тридцати- или двадцатилетней давности. Это случалось, но в основном когда меня спрашивали уже в Штатах об известных советских диссидентах (академик А. Д. Сахаров, Лев Копелев, Анатолий Марченко, А. Солженицын) или о поэте Иосифе Бродском и других. Кто-то интересовался, по какой причине Л. Копелев и А. Солженицын сильно разошлись, хотя со времен лагерной шарашки они были друзьями и к тому же Лева сыграл важную роль в появлении в Москве первой солженицынской повести «Один день Ивана Денисовича». Меня и самого этот вопрос долго занимал, пока я не получил на него прямой ответ от самого Льва Зиновьевича, повстречавшись с ним в Кельне в июле 1991 года, на пути из Союза в Штаты.

Впрочем, ежедневная борьба за существование здесь в Америке совсем не располагает к длительной рефлексии и сантиментам, так что я не очень углублялся в воспоминания. Но тот звонок Орловой последовал в момент, когда я был простым американским безработным и обладал поэтому истинным богатством — «неограниченным свободным временем». А это очень способствует оживлению грез молодости и оформлению воспоминаний в некую систему. Звонок Орловой породил в моем сознании поток забытых образов, обрывков событий, дискуссий, прежних идей, как и закономерных вопросов. Скажем, «С чего начать?», «Что существенно, а что не очень?», «Насколько воспоминания такого рода достоверны?» («эпизод с перчатками», например. Впрочем, могут быть и более важные случаи). И, наконец, «Что допустимо и этично, а что, возможно, и нет?». Меж тем надо было продолжать поиски работы, что в моем возрасте и утомительно, и практически безнадежно. А еще держать себя в тонусе чтением научной периодики и созданием собственного сайта в Интернете (кстати, можете забежать туда, возможно, найдете что-то занимательное для себя по следующему адресу: http://home. att. net/ ~vigind/). Орлова, однако, в каждом разговоре напоминала о моем обещании. Наконец где-то в конце ушедшего лета я начал с трудом кое-что записывать в файл в промежутках между чтением научных журналов, нью-йоркской газеты «НРС», электронной переписки и текущими заботами. А в сентябре вдруг расписался, да так, что забросил все остальное напрочь. Сидел день и ночь у компьютера и строчил, правил и снова строчил. Даже электронную почту, без которой давно жить трудно, не проверял неделями.

А все потому, что с либерзоновской квартирой и ее обитателями связано много событий в моей жизни — и личной, и «публичной». Прежде всего, два самых «крутых», в смысле влияния на общее течение жизни, а именно — поступление в академическую аспирантуру и сватовство, которые произошли по сути в той квартире. Понятно, что во втором случае активно участвовала также моя экс-супруга — Наталья Броуде — и было бы неуместно вспоминать «вслух» какие-то детали этой истории без санкции на то из Бостона.

Узелок первый
НАСКОЛЬКО ВСЕ ЭТО ДОСТОВЕРНО?

Для начала полезно ответить на важный вопрос, вынесенный в заглавие. При этом не пеняйте мне за занудство, поскольку частные Квартирные события я буду описывать в контексте «широкой и конкретной исторической ретроспективы». (Таковы «требования соцреализма к мемуаристике».) А потому основной текст будет перемежаться иногда короткими примечаниями и попутными размышлизмами. Могут случаться даже протяженные социально-психологические отступления. Более того, при описании ряда фактов из прошлого у меня возникали ассоциации с текущими событиями, и тогда я, как среднеазиатский акын, «пел речитативом о том, что видел и слышал недавно, а то и вовсе на днях».

Будь это *художественные* мемуары, авторы которых увлекаются скорее настроениями и чувствами вовлеченных персонажей, тогда требования к точности событий и фактическим деталям не обязательно должны быть очень жесткими. Многие мемуаристы даже любят привнести чуть-чуть вымысла для занимательности, а нередко — чтобы «свести счеты» с некоторыми из участников событий. Я, однако, тяготею к *документальной* мемуаристике, то есть заранее налагаю на себя вериги личной ответственности за свои свидетельства. Кто знает, быть может, будущему историку с глубоким интересом к периоду распада Советской империи и к «аромату» ее ежедневного быта эти рассказы окажутся полезными. Итак, «к телу»!

По крайней мере одно явное расхождение имеется с самого начала. Всего-то меньше сорока лет прошло — многие еще живы, — а у нас с Орловой несогласие по одному «факту». Мне кажется (ну «как вчера это было»), что, зайдя как-то в Квартиру и заглянув в кабинет родителей Орловой, я увидел там сидевшую в дальнем углу в глубоком кресле Анну Ахматову. В тот момент она была там одна. Кажется, в ближнем коридоре я повстречал озабоченную чем-то Р. Д. Интересно, что я совсем не помню каких-либо других деталей, кроме ощущения, что в

Квартире было явно мало людей для раннего вечера. И что было потом — тоже не помню: то ли ушел вовсе, поскольку и сама Орлова, и муж ее — Женя Герф (мой сокурсник по мединституту и близкий друг) — отсутствовали в тот момент, то ли я остался ожидать их.

С другой стороны, Орлова напрочь исключает саму возможность такого «факта», и есть у нее свои резоны. В то время и возраст А. А., и ее грузность не позволили бы поэтессе преодолеть витую лестницу на четвертый этаж старого монастырского здания без лифта, где размещалась Квартира. (Как и остальные квартиры в том доме, она образовалась в очень давние времена путем переделки гостиничных комнат, когда-то принадлежавших женскому монастырю.) Впрочем, такое возражение не является абсолютным. В ответ я напомнил Орловой ее же бабушку Либерзон, которая в 60-е была в том же возрасте, что и А. А., столь же грузной и к тому же имела врожденный порок сердца, но это не мешало ей почти ежедневно дважды преодолевать ту лестницу по случаю закупок на всю семью в ближайших продуктовых магазинах. Она лишь иногда ожидала кого-нибудь, кто отнесет тяжелые сумки наверх, для чего Орлова высматривала ее в окно и бежала сама или просила об этом кого-нибудь, кто был рядом.

Впрочем, и у самого меня были основания сомневаться относительно «факта». Как известно, Л. К. Чуковская вела очень подробный дневник всех своих встреч и разговоров с А. А., и в частности в связи с событиями вокруг Иосифа Бродского, в судьбе которого все упомянутые персонажи принимали горячее участие. Как раз в то время молодого поэта и переводчика власти преследовали за «тунеядство» (он не был членом Союза писателей, что формально могло бы рассматриваться как место работы) и готовили его высылку на Север. Естественно думать, что Лидия Корнеевна упомянула бы визит А. А. в Квартиру, если бы факт такой действительно имел место быть. Я всех дневников Л. К. Чуковской не изучал, и потому этот аргумент тоже пока «висит». Размышляя однажды об этой истории и пытаясь все же найти разумное объяснение своей странной конфабуляции (ложному воспоминанию) — уж очень давно преследует меня «живой образ» сидящей в кресле А. А., — я думал и о другой занятной возможности. Дело в том, что одна из бабушек моей супруги, Л. Н. Венкстерн (урожденная Самгина, в связи с чем, кстати, М. Горького очень не любила), имела заметное внешнее сходство с А. А. — в манере держать голову «с достоинством» и в линиях лица, особенно в профиль. Она частенько сиживала в похожем кресле за чтением книги. Очень может быть, что как-то случайно у меня могла возникнуть ассоциация, что и могло породить соответствующий «живой образ». Однако остается одна незадача — познакомился я с Л. Н. лишь после женитьбы на ее внучке, почти два года спустя после описываемых событий.

В конечном счете, вся эта история с моим «воспоминанием» об Анне Ахматовой — очень уж частный «эпизод». Посещала ли она Квартиру — независимо или в связи с делом И. Бродского — или не посещала вовсе, вряд ли это может интересовать ее биографов. Для чего, однако, я с этого начал и задержался? Не только для того, чтобы «встрять», но еще с одной важной задумкой. Я хотел дать живую иллюстрацию того, как могут возникать исторические мифы. В отношении двух-трех других событий у нас с Орловой тоже были жаркие дискуссии — не столько по самим фактам (они сомнения не вызывали), сколько в отношении места и времени описываемых событий. Таким образом, на собственном примере я убедился, как важно быть критичным ко всякого рода «историческим описаниям».

Именно поэтому я рассказываю здесь только о тех событиях и деталях, в которых был абсолютно уверен как «очевидец и *ушеслы́шец*» (слово это, почти из новояза современного российского пророка, подарил мне бывший мой студент Миша Ванюков, в доме которого я нынче живу). И конечно, только те события, которые не вызывают сомнений у других благополучно здравствующих участников. Если не было у меня полной уверенности, я это специально подчеркивал. При этом помнил известное изречение писателя-большевика о том, что «жизнь надо прожить *так*, чтобы потом не было мучительно больно за бесцельно прожитые...». Правда, тот же М. Ванюков напомнил мне, что в 70-х у москвичей была популярной другая версия: «Жизнь надо прожить *там*, чтобы не было мучительно...» По крайней мере частично я это уже осуществляю. Но теперь у меня есть и собственная версия: «*Писать надо так*, чтобы потом не было мучительно больно за неточности, лексику и грамматику». Поэтому, написав почти на одном дыхании этот мемуар, я потом месяца три только то и делал, что правил текст, ругался с Орловой по поводу дат и инициалов и правильного написания русских слов и фамилий, проверяя по старым справочникам из Союза.

Вот хотя бы Н. В. Тимофеев-Ресовский, о котором я упоминаю в разных местах этого мемуара. В докторской моей он цитируется с двумя «с», а в старых советских справочниках «с» одно. Это расхождение понятно: на европейских языках два «с» необходимы, чтобы исключить произношение как «з». Особенность эта годы спустя перекочевала в отдельные цитирования и в русской литературе по генетике. Хоть пустяковая эта проблема, но точность есть точность. Имей я «здесь и сейчас» свой архив, вопрос решился бы сразу: хранится там оригинал отзыва Н. В. на мою кандидатскую с его личной подписью. Но Москва теперь далеко. С другой стороны, Алексей Орлов (сын Нины Орловой, генетика и преподавателя МГУ, о ней я рассказываю во 2-й части), прочитав одну из первых версий этого текста, упомянул такую занятную деталь. Еще в Москве он читал воспоминания самого Н. В., где автор обсуждал историю своей семьи и фамилии. При этом Н. В. ссылался на местность с речкой «Ресса», откуда предки его происходили. Вот и решайте теперь, где же истина!

Очевидно, что Орлова (в данном случае Светлана) сильно осложнила мою жизнь с этим мемуаром. Тем, кто сильно озабочен проблемой точности, браться за писание воспоминаний я не советую.

Имеет смысл сказать еще об одной мелочи. Кое-где в тексте будут встречаться мои ремарки относительно так называемого еврейского вопроса. Кстати, одно важное лингвистическое примечание. Я избегаю термина «антисемитизм» как совершенно некорректного. Арабы, приучаемые с детства своими религиозными вождями зоологически ненавидеть евреев, *семитами* и *антисемитами* не могут быть по определению. Именно поэтому я использую более точный термин — жидофобы. Почему не общепринятый литературный термин «юдофобия»? Потому что этот последний слишком академичен для уха русскоязычного человека — не слышу я в нем надлежащей эмоциональности, хотя понимаю, что мой выбор может оскорбить кого-то из моих этнических родственников. Однако прошу о снисхождении к праву автора. Кому-то многие мои ремарки покажутся, возможно, излишними в том смысле, что «ну да, имело место в бывшем Союзе жидофобство — и на государственном, и на бытовом уровне, — но стоит ли уж так заостряться на этом, когда все уже в прошлом!». А я особо и не заостряюсь. Просто считаю полезным прямо называть вещи своими именами и рассказывать, как эти «вещи» влияли на нашу жизнь в великой стране «духоборцев и эсхатологических правдоискателей». За последние лет десять—пятнадцать многие русско-советские авторы вовсе перестали стесняться, отбросив старые жидофобские эвфемизмы советского времени. Шпарят открытым текстом. Почитайте газету «Завтра», журнал «Наш современник», официальные речи и заявления русских губернаторов-коммунистов (например, краснодарского Кондратенко), как и многое другое из той же оперы. Все есть в Интернете, к тому же доступ свободный — «купонов» не спрашивают. Особо рекомендую посетить сайт с откровенным заглавием — «Русское небо/История/Враги» (http://rus-sky.com/history/enemies.htm). Кажется, что почти вся грязь и клевета в отношении евреев, накопленные за последние примерно тысячу триста лет (со времени распространения по миру христианства и ислама), собраны на одном этом сайте. Если у меня еще и были какие-то сомнения по поводу будущего России, то после знакомства с представленными там текстами они рассеялись полностью (см. послесловие).

Узелок второй
СОЦИАЛЬНО-ПОЛИТИЧЕСКИЙ КОНТЕКСТ

Чтобы взаимоотношения мои с Квартирой и ее основными персонажами были более ясными, необходима некая справка-«объективка» на меня, иначе отдельные причинные связи останутся непонятыми. Хотя родился я в Москве (в известном 37-м), однако в 50—60-х годах постоянной московской прописки не имел. Правда, время от времени проживал в том же доме, где родился, — в коммуналке по Малому Левшинскому переулку.

И вот ирония судьбы, даже двойная. Еще будучи подростком, потом студентом и аспирантом, я много лет лицезрел из окон наших двух комнат задник известного Института судебной психиатрии им. Сербского. А ирония потому, что спустя годы не только занимался генетикой психических заболеваний и работал в институте психиатрии, правда, в другом, но волею случая близко познакомился с тогдашним директором «судебки» и имел возможность составить впечатление о двух самых знаковых фигурах советской психиатрии эпохи «диссидентства» в 60—80-х годах, академиках АМН А. В. Снежневском и Г. В. Морозове. Но об этом в части 2-й. И второй занимательный знак судьбы: в соседней квартире, как я узнал много лет спустя, жил, оказывается, академик О. С. Адрианов — будущий директор Института мозга, куда перевели мою лабораторию в 1987 году и где я даже успел побывать в роли председателя месткома. Ну не забавно ли!

А почему постоянной прописки не имел? Да, да! Вы правы, в 37-м отца моего (в тот момент он был главным механиком на строительстве Магнитогорского металлургического комбината) замели на 10 лет в ГУЛАГ. Мне в тот момент было всего пять недель от роду. Мать моя осталась с тремя детьми. Но, как это часто случается у евреев, были в наличии бездетные дядя Лева Мац (полубрат мамы) и его жена — разумеется, тетя Сарра (родная сестра моего отца), — которые взвалили на себя эту новую ношу в дополнение к уже имевшимся заботам о двух других сестрах моего отца. Старшая из них тоже была отправлена в ссылку, поскольку муж ее, нарком в одной из республик и друг Анастаса Микояна, был тогда расстрелян, а дочь-подросток осталась на содержании дяди и тети.

В 1947 году отца отправили на поселение в Караганду — центр угольно-металлургического комплекса в центральном Казахстане. Хотя отец оставался условно-ссыльным, он был как бы вольноопределяющимся при найме на работу. Километрах в семи от Нового Города (Старая Караганда представляла собой в то время конгломерат угольных шахт с барачными поселками и даже юртами вокруг них) строился завод по производству горно-шахтного оборудования, и отца взяли туда руководить техническим отделом. Меня как младшего из троих мама при переезде забрала с собой, а сестра и брат остались с дядей в Москве. Так я лишился существенной привилегии рядового советского человека — постоянной московской прописки.

У отца были ярко выраженные инженерные способности. Благодаря этому ему часто везло, если не считать арестов и прочего. (Кстати, когда вы идете по улице Горького мимо здания Главного телеграфа, взгляните на самый верх фронтона здания — там вращается земной глобус. Это дипломный проект моего отца. Скошенный угол этого здания практически смотрит в арку на противоположной стороне улицы Горького. Через эту арку я много лет приходил в Квартиру к Орловой и Герфу.) Так, еще в ГУЛАГе отец выжил в основном благодаря тому, что участвовал в проектировании и строительстве стратегических мостов в Сибири. Там он, кстати, познакомился и близко сошелся с поэтом Н. Заболоцким; позже отец цитировал его стихи по памяти. Впрочем, так же легко он цитировал по памяти и всю пушкинскую «Полтаву», чем потряс меня еще в детстве, когда я впервые познакомился с отцом в 10-летнем возрасте. Возбужденный этим, я тоже пытался запоминать протяженные поэмы, но смог с трудом освоить лишь все вступление к «Медному всаднику». Конечно, отец был образованным и интеллигентным человеком, но с абсолютно зашоренным политическим сознанием, как и подавляющее большинство представителей его поколения строителей социализма в одной отдельно взятой стране. Отца весьма ценили в администрации Караганды, поскольку никто не мог так успешно, как он, обосновать годовые заявки города и области в союзном Министерстве строительства в Москве, куда его официально командировали ежегодно под ответственность местного КГБ и обкома партии (формально таким, как он, было запрещено въезжать в 100-километровую зону вокруг Москвы и Ленинграда). Когда в 1949 году его посадили вторично, нас с мамой должны были, конечно, выслать из города. Но местные власти «держали в уме», что с окончанием очередной кампании арестов отца удастся задержать в городе как ценного специалиста. Так оно по сути и вышло. Нас только переместили в той же квартире в самую маленькую комнату, и я после школы болтался по соседям, поскольку мама почти ежедневно топала с передачами к отцу за семь верст и часто застревала там у тюрьмы из-за снежных буранов. (Кто жил в Казахстане, знает, что это такое и чем это грозит пешему в голой степи.)

Не могу удержаться, чтобы не отметить очередное переплетение судеб. Прошлой зимой Витя Мексин, один из моих бывших студентов, пригласил Ванюковых и меня в Коламбус на празднование своего 50-летия. Среди гостей был там его дядя, оказавшийся близким родственником наших соседей по дому в Караганде, Левенштейнов, которые с очевидными опасениями — я ведь сын «врага народа» — все же зазывали меня к себе в квартиру и прикармливали. Вспоминал я об этом вслух при гостях, провозгласив тост в честь тех наших соседей. Чествование Мексина прошло отменно. Семья просто на зависть. Жена Ася — типичная еврейская мама, успевает и стол великолепный обеспечить, и гостя «почетного» ногтем прижать. Две дочери в престижных университетах, одна другой «красивей и умней». И, конечно, мизинек Майкл — 13-летний футболист, замученный изучением ивритских текстов к скорой бармицве. Прелестный юный еврейчик. (Помните, конечно, известную шутку: «Такой маленький, а уже еврей!») И что занятно — многие взрослые евреи частенько меня раздражают, а вот еврейские дети — практически никогда, вызывая скорее умиление и сострадание. (Когда только успевают они зачерстветь?) Еще, правда, две кошки, причем одна с типичным психастеническим неврозом, поэтому спят они в отдельной комнате в «бэйзмент», создавая напряженность со спальными местами для приезжающих издалека.

Через год — уже в нынешнем столетии — мы снова в том же составе приезжали к Мексиным (они уговорили меня подать документы в одну компанию у них в Коламбусе и поспособствовали, чтобы меня вызвали туда «на интервью»). За столом опять были воспоминания. Мы разговорились с Витиным отцом, и тут вдруг я осознал, что они жили в те же 50-е в Новой Караганде где-то неподалеку от нас (Витя, правда, в то время еще и в школу не ходил). Очень возможно поэтому, что родители мои и я сам могли даже как-нибудь пересечься с Мексиными в доме у наших соседей Левенштейнов. Годы спустя, когда мы общались с Витей уже в Москве, занимаясь оба генетикой (к тому же я был оппонентом на защите его кандидатской диссертации), все эти карагандинские обстоятельства, однако, не очень звучали в наших разговорах с ним и совершенно не задержались в моей памяти. (Между прочим, в этот второй визит к Мексиным состав проживающих в доме несколько изменился — дочери разбежались по университетским кампусам, кошку с неврозом отдали прежним хозяевам, но появился прелестный котенок черной масти и со здоровой психикой. Старший кот Леня относится к нему с некоторым снисхождением, прощая детские выходки. Проблем со спальными местами теперь уже не было.)

Законный вопрос, кстати: а как я сам ощущал себя среди своих сверстников, будучи сыном «врага народа»? И еще в продолжение — а как одноклассники к этому относились, учитывая, что как раз в моем школьном классе учились дети городской и областной партийно-хозяйственной элиты? (Скажем, у многолетнего и самого близкого моего школьного друга, Владика Студенникова, отец занимал весьма высокий пост в комбинате «Карагандауголь», а я у них дома болтался довольно часто.) Насколько я могу вспомнить, никаких комплексов на этот счет у меня не было, то есть я как бы по умолчанию считал, что все это ко мне лично не относится. Да и никто из моих сверстников никогда не пенял мне на ситуацию с отцом. Однако много сильнее угнетало меня другое обстоятельство — откровенное жидофобство, широко распространившееся в населении с окончанием войны. В партии и тем более в органах знали отношение Сталина к евреям. И разумеется, там было много таких, которые старались угодить вождю вообще, а в этом отношении с особенным удовольствием. В населении намеренно и постоянно распространялись слухи о том, что евреи-де трусливы по своей природе, избегали фронта, отсиживались по тылам, но не на тяжелой работе на оборонных заводах, а все больше по продуктовым магазинам и ларькам. Я постоянно слышал это от своих сверстников, которые лишь пересказывали то, что обсуждалось в их семьях. После известных истерических кампаний в печати по поводу так называемых «безродных космополитов», а потом и «врачей-вредителей» (в основном евреев) жидофобство стало вполне официальной государственной политикой, которую значительная часть русского населения молчаливо или даже открыто приветствовала. В сочетании с безудержным лицемерием по поводу «единой семьи социалистических наций» все это воспитывало столь же безудержный цинизм, разъедавший самые корни советской системы. По сути она сама готовила себе могилу.

Как-то через пару лет после возвращения отца из тюрьмы после второго ареста, когда он обязан был трижды в месяц отмечаться в горотделе милиции (ну не смешно ли при том, что он был в должности начальника отдела (!) в тресте «Карагандажилстрой» и ежедневно до поздней ночи проводил время либо на стройках, либо в самом тресте), я спросил его относительно причины ареста и самой концепции «врага народа». Обсуждать это он явно не хотел, считая меня еще ребенком, и сказал лишь коротко: «Лес рубят — щепки летят!» Удобное, надо сказать, объяснение как для самих бывших гулаговцев (по крайней мере для тех из них, кто сохранял веру в режим), так и для их семей. Оно и было широко распространено в то время. Мне, однако, такое фаталистическое объяснение не казалось разумным. Хуже того, я не только наивно счел, что «щепок» при такой «рубке», вообще говоря, быть не должно, но интуитивно усомнился даже в самой «рубке леса» подобного рода. Как раз на этой почве у нас с отцом и начались очень жесткие дискуссии, распространяясь по мере моего взросления на все более широкий круг политических вопросов. Когда я в запальчивости орал отцу, что придет время и его преступную партию будут судить (кто помнит 50-е годы, тот понимает, что за подобные высказывания можно было легко схлопотать и более десятки, стань это известно органам), мама делала страшные глаза, шипящим голосом умоляла, чтобы мы разошлись, и бежала к двери, чтобы проверить, не слышит ли кто из соседей. С отцом мы иногда после таких споров по месяцу не разговаривали, но при этом я сохранял к нему уважение за его честность и порядочность в обычном житейском смысле. Более того, даже гордился (правда, глубоко внутри) тем, что его уважали все вокруг как высококлассного инженера.

По окончании школы в 1954 году я сдавал экзамены на геологический факультет МГУ, но принят не был: мало того, что еврей, еще и отец с судимостью по статье «58-кра», означающей «контрреволюционная агитация», хотя на самом деле был он верноподданным сталинистом. И даже справка о том, что он реабилитирован, представленная мною с документами, не помогла.

Между прочим, полезно вспомнить, как меня не приняли в МГУ. Я сдал пять экзаменов, включая главные — сочинение и две математики, — на «отлично». По физике и химии оценку мне намеренно снизили на «хорошо» и отказали при 33 баллах из 35. Для всех благонадежных, к которым относились русские, а также все с рабочим стажем, демобилизованные из армии и небольшая часть нацменьшинств из Средней Азии и с Кавказа, проходной балл был 32. Забавны сами способы снижения оценок. Согласно указаниям тогдашнего проректора Вовченко — известного жидофоба — специально отобранные экзаменаторы обязаны были в случае, когда анкетно неблагонадежный абитуриент отвечал отлично по билету, задавать дополнительные вопросы. Химик предложил мне написать структурную формулу закиси-окиси железа. Я объяснил, что это вещество не является химическим соединением и потому не имеет структурной формулы. Экзаменатор настаивал. Я, полагая, что он проверяет прочность моих знаний, продолжал настаивать на своем. Тогда экзаменатор сказал: «Ну все-таки, а если это соединение, то какова была бы формула?» Я выписал единственно возможный вариант, исходя из валентности железа и кислорода. Он ничего не ответил и поставил «хорошо». С физикой было аналогично. Дополнительный вопрос — какие частоты колебаний воспринимает ухо человека? Я ответил, что два учебника приводят разные величины: в школьном курсе физики Соколова в качестве верхнего предела указана одна величина (сейчас уже не помню точно, но, возможно, 20 килогерц), а в сборнике по физике для поступающих в вузы Третьякова — другая (кажется, 30 килогерц). И опять, ничего не объясняя, экзаменатор поставил «хорошо». Конечно, можно было бы проявить упорство и опротестовать обе оценки, но я так расстроился и настолько потерял всякое уважение к режиму, что вернулся в Караганду.

За шесть лет до этого брат мой оказался почти в аналогичной ситуации, но проявил настойчивость. Во-первых, он был медалистом, возглавлял в школе физический кружок и переписывался с нобелевскими лауреатами Ирен и Жолио Кюри по-французски. Поступал он в МГУ на физфак и, конечно, на отделение атомной физики, хотя это было самое закрытое отделение. Медалисты экзамены тогда не сдавали, но проходили так называемое собеседование. Ему, разумеется, отказали. Но он опротестовал решение, чего никто не ожидал. Чтобы замять дело, ему предложили сдавать экзамен по физике, но на астрономическое отделение мехмата. Экзаменовала его дама, специально отобранная для завалов анкетно неблагонадежных. Она беседовала с братом три часа и все же не решилась поставить ему «неуд». Университету пришлось выполнить обещание, ибо даже с оценкой «три» его обязаны были принять как медалиста.

Очень характерно, что в проблеме «МГУ и евреи-абитуриенты» за последующие десятилетия практически ничего не менялось. Уже мой сын (кстати, в паспорте «русский по матери», хотя все мы знаем и всегда помним, что «бьют не по паспорту, а по роже») в начале 80-х все же «просочился» на географический факультет. С его экзаменами были те же проблемы (за сочинение получил «тройку» за «нераскрытие темы»). Но с главным предметом — географией — сильно повезло. Он получил «отлично» только благодаря тому, что официально «заваливающего» экзаменатора случайно заменил другой. Однако на номенклатурное отделение экономической географии зарубежных стран его, конечно, не взяли и предложили физическую географию. Он закончил кафедру гляциологии. Руководители кафедры настойчиво просили ректорат оставить парня при университете, хотя бы на половине инженерной ставки, однако очередной жидофоб В. Садовничий (наследник Вовченко на посту главного надзирателя за этнической чистотой университетских кадров) категорически отказал.

Таким образом, своего рода резюме по истории одной семьи на протяжении четырех поколений, если включить сюда еще и деда, расстрелянного в Бабьем Яру, отца с его повторными арестами и мать, которая хотя и закончила успешно в начале 30-х годов инженерно-химический факультет, но никогда не работала по специальности. Советский режим практически поломал ей всю жизнь и не дал проявить весь ее потенциал. По сути, почти никто в нашей семье не смог построить свою жизнь по своему усмотрению, и не потому, что не имел природных способностей и уступал в честном соревновании с другими, а лишь в силу своего этнического происхождения. В этом смысле я никак не могу понять, относится ли наша семья к так называемому «малому народу», который, согласно байкам шафаревичей, прохановых и прочих кондратенок, высасывал соки из «большого народа» (то есть из русских) и делал последнему геноцид. Очень хотелось бы найти тех самых жидомасонов, конспиративно задумавших свое черное дело, посмотреть пристально в их хитрые глазенки и набить им морду! Вот только одна малость меня как-то смущает — жидомасоны эти пытаются уничтожить человечество (и прежде всего русский народ) уже несколько столетий, а больше всего при этом страдает как раз «малый народ», то есть сами же евреи. Ну не загадка ли это?

По возвращении в Караганду меня взяли с моими «эмгэушными» оценками в местный мединститут, где я проучился два с половиной года.

И опять же мистические совпадения. В военные годы это был 4-й Московский мединститут, мама работала там на кафедре гигиены старшим лаборантом и жили мы при этой кафедре. В конце 70-х Орлова расстанется с Квартирой на Горького и переберется в другую — на Трифоновской улице, поблизости от того дома, где мама работала и мы жили в 40-х. Это был район одной из старейших московских больниц, МОНИКИ. На углу Трифоновской и одной из поперечных ей улиц стояло одноэтажное здание станции переливания крови, от которого по обеим улицам простирался больничный забор. В годы войны эта больница была военным госпиталем. На заросших травой пространствах между корпусами часто лежали на носилках только что прибывшие и полные вшей раненые либо прямо на траве отдыхали уже выздоравливающие солдаты. Мы, дворовая мелкота, шныряли между ними как мыши и часто подхватывали вшей. В том одноэтажном доме как раз и помещалась кафедра гигиены 4-го мединститута, который в самом конце 40-х переместили в Караганду. Как-то в этом доме случился к вечеру пожар, который произвел на меня сильное впечатление. (Даже будучи уже взрослым, я всегда боялся, что нечто тлеющее в квартире может привести к пожару, почему всегда тушил свои окурки, сплевывая на них, чем многих сильно раздражал. Но они не понимали, что это глубоко по Фрейду.) В соседней, еще меньшей комнате жила уборщица кафедры — незамужняя Шура, у которой время от времени почему-то рождались дети. Старший мальчик был назван в честь меня. Родился он с большой головой, и я прозвал его почему-то «бурбоном». Так он и рос с этой кличкой — Витька-Бурбон.

В середине 60-х я нашел эту семью при той же больнице, в жилом доме для работников — в квартире, полученной Шурой за выслугу лет. Бурбон был женат и уже успел отсидеть небольшой срок за драку. Они помнили нашу семью, поскольку Шура рассказывала им много хорошего о моей маме и всех нас. Бурбон встретил меня если не как отца родного, то определенно как старшего брата. Он знал, в честь кого был назван и кто «приклеил» ему кличку. У меня были порывы настроить его на учебу и вообще потянуть вверх по социальной лестнице. Но время было упущено, у меня была своя семья, да и расстояние между нашими районами было неблизкое — просто так не забежишь. Благородные порывы тихо скончались, а с ними и контакты. А жаль, еще одна душа могла бы обрести свет знания. Прохановы-шафаревичи, правда, сказали бы, что, напротив, это Бурбону благословение было свыше и оградил его православный ангел от тлетворного жидомасонского влияния.

В те 40-е годы я совершил главный героический поступок в своей жизни. Сестра моя дружила с двумя девочками, часто забегавшими к нам домой. В одну из них (на шесть лет старше) я был очень влюблен, как это случается в семь лет. Она казалась мне сказочной восточной принцессой (она была татаркой). У нее была длиннющая толстая коса, а черные ее волосы на солнце даже блестели. По словам сестры, эти волосы часто промывали простоквашей. В этом тоже была некая таинственность, учитывая то голодное время. Загадкой был еще ее отец, о котором сестра сказала маме, что он митрополит. Я никак не мог понять, что и как он «палит в метро» либо, возможно, занимается там политработой. Эту тяжелую умственную задачу я решал месяца два-три, пока мама не объяснила мне, что бывают мечети, где татары молятся Богу, а митрополит там главный чин и никакого отношения к метро не имеет. Среди дворовых ребят был один, лет тринадцати, считавшийся главарем местной шпаны. Как-то сестра с подружками пробегали через двор к нашему дому, а мы, мелкота, играли консервной банкой в футбол. Внезапно, как коршун, тот парень подлетел к моей принцессе, схватил ее чудную косу, вытащил длинную бритву и уже нацелился обрезать ее. С диким и непрерывным воплем «ма-а-а-ма-а» я бросился к нему на спину, зацепив руки вокруг его шеи. Парень от неожиданной наглости со стороны такой букашки застыл в шоке, отпустив косу. Девчонки немедленно смылись в дом с призывом к маме и моему брату (все же он был старше меня на пять лет). Инцидент завершился вполне пристойно: главарь меня и пальцем не тронул, видя, что вся глазевшая дворовая общественность, включая отдыхавших поблизости солдат, одобрила мое рыцарское поведение. Об этом и многом другом я часто вспоминал, когда проезжал на трамвае мимо этой больницы по пути к новой квартире Орловой на Трифоновской. Когда с очередным визитом к Орловой мы отправлялись вместе с Натальей Броуде, то обычно брали такси и подъезжали с другой стороны, что счастливо избавляло ее от моих воспоминаний, но теперь не удастся, так как просмотреть весь этот текст ей все-таки придется.

Как я упомянул, 4-й Московский мединститут перевели в Караганду, а отца почти тогда же взяли на повышение в Новый Город. Теперь и мама могла работать, и она устроилась старшим лаборантом на кафедру фармакологии. И уж совсем удивительно вот что. У каждой студенческой группы там был свой прикрепленный куратор из преподавательского состава. В моей группе таким куратором была преподаватель общей химии Лидия Львовна Каменская — очень интеллигентная и милая женщина. Поразительно, но 45 лет спустя, когда я стал часто бывать в Бостоне (поскольку там работает теперь Наталья, да и дети наши частенько туда приезжают), оказалось, что там же живет и Л. Л. с дочерью Викой, с которой Наталья часто общается. К тому же каким-то образом и Орлова знает и общается с Викой. Как и почему это происходит? (Недавно Вика прислала мне из своих запасов очень важное для меня лекарство, от которого Л. Л. отказалась. В Штатах, надо сказать, такого рода подарки как-то не очень приняты. А вот среди немногих наших давние привычки еще сохраняются!)

В 1957 году я перевелся из Караганды во 2-й Московский мединститут, где довольно быстро познакомился и близко сошелся с некоторыми из персонажей этих рассказов, в частности с Женей Герфом, Кириллом Гринбергом и Таней Сиряченко. Пока я был московским студентом, родители переехали в 1958 году в Ульяновск, куда незадолго до этого переместилась моя сестра с двумя детьми, поскольку муж ее получил там подходящую должность в конструкторском бюро полусекретного авиационного завода. (При всем очевидном жидофобстве власти, однако, понимали, что разработка военной техники нуждается в хороших специалистах, среди каковых евреи почему-то встречались довольно часто. Возможно, жидомасоны имели тут свои расчеты! Интересно, что думают прохановы-шафаревичи о всех тех многочисленных евреях, которые активно участвовали в создании советской военной мощи и советской науки вообще? Зачем жидомасонам это нужно было?)

По окончании мединститута в 1960 году я был распределен на работу рентгенологом подальше от Москвы. Выбрал я районную больницу на станции Никифоровка, в 10 часах езды от столицы, чтобы бывать иногда на семинарах А. А. Ляпунова по кибернетике и матлогике в МГУ. Но дядя Мац сказал, что я должен помогать родителям и сестре. Так я попал в Ульяновск, где начал свою карьеру врачом-рентгенологом в областной больнице.

Кирюша Гринберг отправился заниматься любимой психиатрией в уездный городишко Кимры на верхней Волге. Мы долго смеялись, когда позже он рассказывал, что в приемном покое этой больнички поступающих больных встречала настенная фотография Ильича с вытянутой рукой, известная под названием «Верной дорогой идете, товарищи!». Если помните, то огромная ее копия встречала также всех советских на пути к знаменитой ярмарке в московских Лужниках. Женя Герф (впрочем, по паспорту русский) был распределен в Гурьев, патологоанатомом в областную больницу. В тот момент узкая специализация его не очень волновала, поскольку он увлекался писанием стихов и рисованием картин. Некоторые из них у меня хранятся и поныне. Один его рисунок я здесь воспроизвожу в другом фрагменте.

Что такое Ульяновск в 50—60-е годы, вполне говорит одна байка, популярная тогда в тех местах. В конце 50-х родину пролетарского вождя, *впервые за сорок лет* советской власти, посетил один из тогдашних столпов режима — А. Микоян (член Политбюро и одно время даже «президент» СССР). Он был столь изумлен общей картиной города, его жилым фондом и бытовой инфраструктурой, что якобы оставил в Книге почетных гостей такую запись: «Благодарю руководителей города за то, что они сумели сохранить его таким, каким он был в детские годы Ильича» (то есть попросту в прошлом веке!). Местные власти долго ломали свои головы, как понимать эту «старую армянскую лису», про которого ушлый до баек советский народ любил говорить: «От Ильича до Ильича без инфаркта и паралича!» — то ли похвалил, то ли указал на недоработки по части качества жизни в городе.

Итак, ясно, что попал я в очень идеологическую и бедную провинцию. Продукты мы нередко получали с оказией от родственников из Москвы, и даже с сигаретами были постоянные проблемы: купить их можно было только в двух-трех палатках в центре города, куда надо было добираться трамваем более часа и потом часа два томиться в очереди. Ежедневные поездки на работу в областную больницу и обратно местным трамваем были близки к героическим будням восточных многоборцев. (Часто я ездил просто на подножке, держась за людей.) В доме у нас не было не только телевизора, но даже обычного радиоприемника. О таких вещах, как выйти к вечеру прогуляться и зайти, скажем, в кафе (вспомним, что мне всего-то 23 года), смешно даже говорить — в центре города было два как бы ресторана при очень дремучих гостиницах (о туалетах я умолчу). Впрочем, через год, скопив к отпуску часть денег и при существенной поддержке дяди Маца, я все же купил первый настоящий радиоприемник с обилием коротких волн (ну конечно, чтобы музыку и «голоса слушать») и проигрывателем (а это уже для классической музыки). И еще я купил печатную машинку — гэдээровскую красавицу «Эрику». (И какой же образованный еврей не любит быстрого скольжения пальцами по клавишам, чтобы осчастливить страдающее человечество своими размышлизмами!)

В конечном счете с житьем-бытьем в этом городе можно было примириться, особенно после того, как я случайно познакомился там с последним живым русским философом-идеалистом из платоников, А. А. Любищевым, и частенько общался с ним на почве общих интересов в генетике. (С А. А. связан забавный эпизод. Еще в 50-х я нашел среди дядиных книг одну, опубликованную Любищевым в

1925 году. В ней он блестяще излагал хромосомную теорию наследственности и роль генов в индивидуальном развитии. На титульном листе автор написал краткое пожелание какой-то женщине. Познакомившись с ним, я, естественно, показал ему этот экземпляр. Он написал на титульном листе второе пожелание, 45 лет спустя, теперь уже мне. Подобное в жизни авторов книг случается, наверное, нечасто.)

Я постепенно втягивался в работу, даже начал самостоятельное исследование по «рентгенографической диагностике заболеваний придаточных пазух носа»!), благо клинический материал стекался ко мне со всей Ульяновской области. Кроме того, еще годом ранее, используя дядину квоту в Московском доме ученых, я получил из Франции замечательную книжку «Малый рак желудка», которую теперь с удовольствием переводил на русский, повышая свою квалификацию рентгенолога. (Надо отдать должное советской власти — иногда она давала профессорской элите возможность приобрести на их деньги узкоспециальные научные книги, публикуемые на Западе. Другое дело, что делалось это на фоне всеобщей бедности.)

Короче говоря, мое почти двухлетнее пребывание в Ульяновске можно было оценить как в известном анекдоте о пьянице, который, не имея ничего для опохмелки, решил повеситься и с этой целью забрел в заброшенный дом, но, найдя там недопитую бутылку водки и большой окурок, подумал: «*Жизнь, кажись, налаживается!*» — и передумал вешаться. Хуже, однако, было то, что меня, единственного молодого врача «мужеского пола», больничный комсомол, состоявший на 99 % из молоденьких сестер и санитарок, избрал секретарем комитета. Напомню, что в негласной партийно-административной иерархии такая должность хоть и в самых нижних строках «регистра», но все же номенклатурная (учитывая областной уровень больницы). В результате я автоматически стал членом Ульяновского горкома комсомола и даже попал делегатом на областную комсомольскую конференцию. Следующий потенциальный шаг (тоже почти автоматический) — член обкома комсомола и делегат на Всесоюзный съезд ВЛКСМ. Эх, какую мог бы я сделать удачную по тем временам карьеру (даже будучи евреем), особенно если бы поспешил с вступлением в партию! Теперь, быть может, я оказался бы среди так называемых новых русских или даже олигархов, если бы, конечно, меня не успели отстрелить еще на ранней стадии номенклатурной приватизации. Но, как говаривал «великий пролетарский писатель» и друг деда Либерзона: «Рожденный ползать — летать не может!» Червь скрытого диссидентства поселился во мне еще в подростковом возрасте. К тому же на той областной конференции я вел себя странно для провинциального комсомольца — имел наглость посылать в президиум конференции «идеологически невыдержанные» запросы. Короче, партийной карьеры не случилось.

Узелок третий
КАК Я ОКАЗАЛСЯ В КВАРТИРЕ

Летом 1962 года я приехал в Москву, в свой очередной отпуск. Мой друг Женя Герф, став мужем Орловой, уже был в городе и проживал в той самой Квартире. Естественно, в этот приезд я ближе познакомился с Орловой и довольно быстро был введен в дом. Каковы мои первые впечатления? Никаких подробностей о первых неделях не помню. Осталось лишь некое общее эмоциональное ощущение — я попал в дом, о котором давно мечтал.

Это не означало, конечно, что у меня были серьезные проблемы с моими родителями. Отнюдь нет — я очень любил маму, которая была просто ангелом или «золотым человеком», как говаривали все наши соседи во всех домах, где мы жили. Ира Сапожникова (наша общая подруга) сказала о своей маме верно и красиво. Я хотел бы повторить ее слова применительно к моей маме: «Можно сказать, что моя мама положила всю себя полностью, все, что у нее было: красоту, молодость, здоровье, силы, образование, в конечном счете жизнь — на алтарь безумного беспокойства за своих детей». Я мог бы добавить сюда еще и беспокойство за моего отца, а потом и за многочисленных внуков. Несмотря на превратности судьбы, она сохранила интерес к культуре, много читала, но безумно боялась повторения репрессий и наших политических споров с отцом.

В доме у Орловой я впервые попал в иную духовную атмосферу. Старшие не опасались высказывать свое мнение по довольно щекотливым политическим вопросам при молодежи, с уважением выслушивали наше мнение, и вообще во всей Квартире царила какая-то мягкая уважительность и теплота взаимоотношений. Сама Орлова производила впечатление этакой Наташи Ростовой, пожалуй, только ярче и с большей широтой взглядов. Была она моложе нас, в постоянном потоке позитивных эмоций, всегда центр внимания, независимо от возрастного состава компании. Непрерывно рассказывала что-то очень интересное и всегда блестяще, образуя вокруг себя некую тусовку. В то время в Квартире появлялись Юрий Коваль и Юлий Ким (иногда вместе), оба прекрасно пели совсем не официозные песни под гитару. Но чаще Ю. Коваль приходил один и много пел; уже к ночи молодежная часть компании отправлялась веселиться к нему или в чей-нибудь иной дом. Ясно, что мне, только что приехавшему из провинции с ее тухлой антиинтеллектуальной атмосферой, где, кроме А. А. Любищева, не с кем и не о чем было говорить, все это казалось неким духовным раем.

Было еще одно обстоятельство. Если бы в Квартире меня просто вежливо терпели, я это сразу почувствовал бы и бывал бы там редко. Но так случилось, что меня в доме вроде как полюбили. Поэтому весь свой отпуск в том году я фактически чуть ли не ежедневно приезжал на Горького и участвовал в жизни семьи. Замечательными были посиделки к вечеру за огромным столом с чаем, сушками, печеньем, а чаще с тем, что было приготовлено к ужину для всей семьи. Из кабинета появлялись Раиса Давыдовна и Л. Копелев, из своего угла выходила младшая Светкина сестра Машка (еще школьница), забегал кто-нибудь из родственников (часто тетя Люся, на самом деле сестра Р. Д., со своими детьми, и еще копелевские дочери — Майя и Лена, примерно нашего же возраста) или кто-либо из Светкиных подруг (Ира Сапожникова, Ира Батуринская, Алла Лубович), а позже и вернувшийся в Москву наш общий друг Кирилл Гринберг, и так можно перечислять очень долго. В разные дни состав менялся, но в основном это были близкие все люди.

В это же время у Орловой зародилась идея фикс женить меня на одной из ее подруг, чтобы оставить в Москве. Бабушка Либерзон готова была «пожертвовать» своей младшей внучкой («Гиндилиса надо взять в дом!»), но только настаивала, чтобы я подождал, пока Машка закончит школу и поступит в вуз. Я проникновенно смотрел на Машку и спрашивал ее, что она думает, Машка загадочно улыбалась, но ничего не обещала. Тем временем Орлова принялась за дело всерьез и познакомила меня с одной своей подругой (Л. И.) с химфака МГУ. И надо сказать, что не ошиблась в смысле моих предпочтений. Я «влип» с первого взгляда. Мы начали встречаться, но, будучи сильно инфантильным по части ухаживаний, я безумно стеснялся и больше всего боялся, что предмет моего интереса заподозрит меня в намерении заполучить постоянную московскую прописку. Очевидная глупость с моей стороны, поскольку Орлова, по-моему, изначально объяснила ей ситуацию, что-то типа того: «Попытайся, да вдруг получится».

Короче, роман развивался очень вяло. С расстройства я сбежал за город и засел в Кучино у старшего брата. (Как и многие сотрудники Астрономического института мехмата МГУ, он жил тогда при загородной обсерватории ГАИШ, располагавшейся в бывших конюшнях какого-то дореволюционного сановника, в получасе езды электричкой по Курской ветке.) Там я смог высидеть лишь четыре дня, выдав нагора четыре «стиха». Учитывая мою полную художественную неодаренность (музыкальная глухота, цветовая слепота, пространственная тупость и т. д.), это можно было считать подвигом. Машинописный оригинал из шести страниц с этими стихами отобрала у меня Орлова, с тем чтобы много лет издеваться, а потом, конечно, утеряла при многочисленных переменах в Квартире и переездах. Конечно, стихи были скверные, но начальные четыре строки одного из них я помню до сих пор, и они вполне показательные:

Вечер был расцвечен фонарями-окнами,
Шинами шуршащими полон был асфальт.
Шел я рядом с девушкой и все время мучился —
Почему случается как-то все не так!

Стих завершала строчка, которая была принята в Квартире на ура: «Ну скажи же, почему?» Это «скажи же» вызывало у Орловой зубную боль, а «мучился» она при цитировании каждый раз заменяла на очевидное «пучился».

Что, впрочем, не было такой уж неправдой. Многие знали, что я любил иногда шокировать новичков в нашей компании своими рассказами за чаепитием о том, как это неприятно, когда все время пучит. Как-то за веселым вечерним чаепитием, когда за столом было человек пятнадцать и травили последние политические анекдоты, Орлова громогласно обратилась ко мне: «Гиндилис, прошу специально тебя — должна прийти пара молодых грузинских поэтов, очень интеллигентные ребята, пожалуйста, обойдись без скабрезностей!» Как раз в тот момент в передней послышались чьи-то голоса с приветствиями открывшему дверь, но я уже успел громко отреагировать на ее реплику: «Неужели ты полагаешь, что я пошлю их на три буквы, как только они зайдут?» Ответ мой совпал с «явлением народу» тех поэтов из Тбилиси. Естественно, все дружно рассмеялись, но ребятам объяснили, что это не относится к ним, а вызвано «воспитанием» одного из присутствующих.

Я спокойно выносил все издевки, впрочем, вполне доброжелательные, понимая, что в этой Квартире среди блистающих талантами по части стихосложения, пения, рисования или рассказывания мои стенания — не более чем подростковые частушки. Зато я брал реванш во время танцев, поскольку, по общему признанию, был откровенно свободен в своих телодвижениях и мог продолжать их долго и с упоением.

В конечном счете роман мой ничем не кончился, и я засобирался обратно в Симбирск, заранее купив билеты на поезд. Как-то за пару дней до отъезда я зашел в Квартиру, чтобы проститься. Орлова участливо убеждала меня, что с девушкой не все еще потеряно, надо только проявить себя более зрелым ухажером. Но одновременно подсунула мне «Вечернюю Москву» с объявлением, что Институт радиационной и физико-химической биологии АН СССР объявляет прием в аспирантуру. При этом все как один: и Р. Д., и Л. З., и бабушка Либерзон — стали убеждать меня, что я должен поехать в тот институт и хотя бы узнать, каковы условия приема документов. Я отнекивался, ссылаясь на уже купленные билеты и на полную безнадежность поступить в академическую аспирантуру, будучи беспартийным евреем из провинции (отца, правда, к тому времени реабилитировали, так что я не обязан был упоминать о том, что он из ГУЛАГа). Народ настаивал, и я без особого энтузиазма пообещал, что заеду туда, хотя бы из уважения к их доброй заботе обо мне. Еще к ночи в тот день я вовсе не думал, что с утра соберусь посетить этот загадочный ИРФХБ АН СССР.

Узелок четвертый
В АСПИРАНТУРУ «С УЛИЦЫ»

Наверное, я что-то обсуждал с дядей в тот вечер, и он, разделяя мои сомнения, все же советовал посетить институт. Утром следующего дня я отправился на 1-й Академический проезд (позже улица Вавилова), где в монументальном восьмиэтажном здании эпохи «сталинского ренессанса» еще недавно помещался Институт горного дела, выселенный поближе к подмосковным шахтерам, на волне хрущевской политики «сближения» академической науки с производством. Здание было отдано под два новых института — химии природных соединений (ИХПС, в котором позже окажется моя будущая супруга) и упомянутый выше ИРФХБ (где уже тогда работала моя будущая теща).

По-видимому, это была та полоса в моей жизни, когда счастливые стечения обстоятельств раз за разом определяли неожиданные последствия. В то время многие академические институты считались как бы частично закрытыми и никто не мог войти в здание без специального пропуска. Внутри здания у главного входа всегда был пост вахтеров охраны. И я — «парень с улицы» — не имел ни малейшего шанса пройти в дирекцию. Когда я сказал вахтеру, что пришел по объявлению в газете, он удивился, но позвонил куда-то и сообщил обо мне. Странно, но в трубке ответили, чтобы меня направили на третий этаж к ученому секретарю — Б. Готиху.

Так я впервые попал в «предбанник» кабинета известного советского биохимика академика В. А. Энгельгардта, исследования которого сыграли важную роль в зарождении молекулярной биологии. Поскольку я читал много довоенных книг по генетике, а также новейшие по биохимической генетике, изредка и «странным образом» публиковавшиеся Издательством иностранной литературы вопреки официальному запрету на генетику, разумеется, я знал работы В. А. и его значимость в АН СССР. Кроме того, еще в Ульяновске я проштудировал книгу известного зарубежного биохимика Браше. Из авторского предисловия у меня задержалась в голове интересная информация, что Браше был медиком по образованию и не сразу выбрал клеточную биохимию как главный предмет своих научных интересов. Забавно, что редактором русского перевода этой книги был профессор Я. М. Варшавский, оказавшийся замдиректора в институте, куда я явился.

Короче, в предбаннике меня встретил Борис Готих и в первый момент даже удивился моей фамилии, о которой ему предварительно никто не звонил. Видимо, от растерянности он мне и сказал, что ждал кого-то иного. Но поскольку я твердо заявил, что «по объявлению в газете», он решил не вовлекаться глубже и тут же направил меня в кабинет именно к Я. Варшавскому. Яков Михайлович изучал меня короткое время, и его иронический скепсис усилился, когда на вопрос типа «Откуда я на них свалился?» я хладнокровно ответил, что из Ульяновской областной больницы. Даже сейчас это должно казаться смешным всякому, знавшему, кого и как принимали в аспирантуру АН СССР в то время. Но я исходно рассматривал этот визит как формальность, поэтому в первых разговорах с этими учеными был совершено спокоен и обнаруживал ясность мышления. Обычно новички очень волнуются, особенно если знают, что кандидатов в аспирантуру несколько и будет жесткий отбор. Короче, Яша стал убеждать меня, что их институт «находится на самом острие новой биологии, где используются очень точные и сложные методы физики, химии и математики», намекая тем самым, что мне, «клистирнику из провинции», все это не по зубам. В ответ я меланхолично заметил: «Ну и что, Браше тоже был врачом, а потом стал известным биохимиком». После этого Я. М. посмотрел на меня с интересом и стал спрашивать, чем, собственно, я хочу заниматься, какие научные проблемы меня волнуют. Без напряжения я кратко изложил, что интересуюсь генами человека и наследственными болезнями, в том числе и влиянием радиации на хромосомы. Этого он совсем не ожидал, так как генетику в то время нигде не преподавали и о генах официально не упоминали, поскольку, согласно Лысенко, хромосомы — это артефакт, а генетика — это формально-буржуазная наука (иногда даже фашистская). Никите Хрущеву, как и Сталину, умственно темный Лысенко был ближе и понятней, чем многие выдающиеся советские ученые.

Аспирантура вообще-то была объявлена в две разные лаборатории. Поэтому, завершив нашу короткую беседу, Я. М. вывел меня в коридор со словами: «Ну так к кому мы идем? Прямо перед нами лаборатория Прокофьевой-Бельговской, а там влево биофизическая лаборатория профессора М. Н. Мейселя», — и посмотрел вопросительно. Я сказал: «Ну, конечно, к Александре Алексевне — она же хромозомист!»

Здесь уместно упомянуть, что за два года до этого события, то есть перед самым выпуском из мединститута в 1960 году, профессор И. Е. Лукомский, руководивший кафедрой госпитальной терапии, отдал мне два часа своей заключительной лекции для выпускников, с тем чтобы я рассказал сокурсникам о генах, хромосомах и наследственных болезнях. При подготовке к этой лекции я раскопал в Ленинской библиотеке научное приложение к полузакрытому докладу советской делегации в ООН на французском языке (ибо русская версия была, очевидно, в спецхране) о вредном воздействии радиации на хромосомы. Хрущев тогда очень хотел запретить американские ядерные испытания, и потому власти смотрели сквозь пальцы, что к составлению доклада были привлечены старые кадры генетиков, среди которых была и А. А. Прокофьева. Понятно, что я знал, какую аспирантуру выбрать. Та моя лекция для сокурсников чуть было не завершилась скандалом, когда после первого часа одна из преподавательниц вдруг встала и заявила, что все сейчас сказанное есть «реакционный вейсманизм-морганизм, давно осужденный партией», и она «вообще не понимает, кто разрешил этому студенту выступать с его идеологически вредными взглядами». Я, однако, сохранял спокойствие и продолжил лекцию после перерыва, так как вообще-то знал, что И. Е. был главным терапевтом Кремлевской медслужбы и, наверное, не очень беспокоился за возможные последствия для себя и меня.

Мы подошли к двери в лабораторию, которая в этот момент открылась, и показалась сама Мадам (так ее обычно звали все, хотя близкие ей сверстники чаще говорили — Шурочка). О ней я знал только по ее статьям. Выслушав краткую справку Я. Варшавского обо мне, Мадам возвратилась к своему столу, усадила меня и завела беседу. Те, кто знал ее или слышал о ней, поймут, если я скажу, что беседа была очень занятной. В комнате с ней работали еще три человека: молоденькая яркая брюнетка, очевидно лаборантка, другая молодая женщина с хитринками в доброжелательных глазах, позже оказавшаяся Ириной Вешневой, или «бабусей» (спустя годы она бросит работу и займется чужими детьми, в том числе и моими; см. о ней подробнее в части 2-й), а еще детского вида парень — МНС Стасик. (В последующей истории нашей лаборатории прославился благодаря характерному ответу в академической анкете — на вопрос «С какими вредностями работаете в лаборатории?» написал «Гиндилис». В ответ я называл его «Ильич», так как этнически он был получуваш-полуеврей. Никто тогда не знал, что реальным отцом Ленина, возможно, был домашний врач семьи Ульяновых, коренной русский человек, хотя и это, возможно, лишь досужие домыслы; см. по этому поводу перепечатку в нью-йоркском «НРС» от 28 декабря, с. 16.)

Мадам тут же начала гнать волну, сообщив, что к ней в аспирантуру подано уже несколько заявлений и она даже не знает, что ей делать, и вообще-то она ждала в данный момент другого кандидата. Затем она стала выяснять подробности моей биографии и постепенно перешла к своим «коронным» вопросам, которые задавались всем, кто приходил к ней в лабораторию. В тот момент я об этом не знал. Глядя на меня испытующе, она, например, спрашивает: «Чем отличается ваш сперматозоид от яйцеклетки, скажем, вот этой девушки за соседним столом?» Обычно молодые люди в этом случае краснели, что доставляло ей большое удовольствие. (В то время не очень было принято обсуждать в официальной обстановке все, что имело отношение к сексу.) Несколько лет спустя я присутствовал при ее беседе с одним грузинским парнем, который на тот же вопрос ответил довольно сурово, что в Грузии не принято обсуждать такие вопросы с женщинами. Он, разумеется, слукавил, но мне такой ответ в голову не пришел бы. Пришлось отвечать по сути. Правда, другие вопросы, типа, скажем, «чем мейоз отличается от митоза», не содержали в себе ничего пикантного, и хотя в то время на этот вопрос не ответили бы 75% университетских преподавателей биологии (об учителях в школах и говорить не приходится), я ее не разочаровал.

Впрочем, был еще один «коронный» вопрос. Мадам задавала его почти всем молодым искателям научных приключений, приходившим к ней в лабораторию, особенно «особям мужского пола», как она любила определять словами факт половой принадлежности собеседника. «Вы знаете, — начинала она сладким голосом сирены, — по моим наблюдениям, мужчины идут в науку обычно по трем причинам: ради денег, ради славы или чтобы произвести впечатление на любимую девушку. А вы ради чего?» Конечно, Мадам сильно упрощала разнообразие мотивов, но доля правды, вполне циничной, в ее словах была. (Мне потребовалось много лет и много шишек, чтобы понять, что так называемые «интересы науки и дела» — это самое последнее, чем руководствуются многие, приходящие в этот сложный мир амбиций и карьеризма.)

В какой-то момент возникла лишь одна заминка — когда она спросила, есть ли кто-нибудь, кто мог бы рекомендовать меня. В первый момент я даже растерялся, лихорадочно вспоминая разных академиков, о которых что-либо слышал. Наученный советским бытом, где часто господствовал принцип «блат выше наркома», я в первую очередь подумал о «больших людях». Но ничего путного в голову не приходило, поскольку у меня не было личных знакомств в академическом мире и тем более среди ее коллег-генетиков. Обидно, что в тот момент я не вспомнил об А. А. Любищеве, но это понятно, так как он жил в Ульяновске, а я, естественно, перебирал в уме возможных москвичей. По счастью, я все-таки нашелся, вспомнив о С. Н. Ардашникове. (Еще будучи в мединституте, я по рекомендации дяди Маца познакомился с женой С. Н. и с ним самим и нередко навещал его дома вместе с Кириллом Гринбергом. В 30-х годах С. Н. был ученым секретарем знаменитого Медико-генетического института в Москве, по сути первого и единственного в мире в этой области в то время. Директора института С. Левита, известного советского генетика, расстреляли, а институт разогнали.) Услышав от меня фамилию «Ардашников», Мадам была удовлетворена и в заключение сказала, что я должен представить ей через две недели реферат «О воздействии радиации на наследственные структуры человека», после чего комиссия решит, допускаюсь ли я к экзаменам.

Я выкатился от нее в совершенной прострации, ибо все произошло столь стремительно — фактически в течение получаса, после чего я стал постепенно осознавать, что моя жизнь может скоро неожиданно сильно измениться. Я немедленно помчался в Квартиру на Горького, где мое сообщение встретили с восторгом. Однако все понимали также, что нет никакой гарантии успешного завершения столь необычного предприятия. Ведь речь шла о приеме в академическую аспирантуру (которая при советском режиме почему-то всегда считалась более номенклатурной, чем просто научные позиции) в один из новейших институтов, где часть исследований была закрытой (как оказалось позже, лаборатория Мадам занималась исследованием хромосом космонавтов). В этой ситуации даже такая мелочь, как то, что в анкете я мог указать мое членство в Ульяновском горкоме комсомола, была важным формальным плюсом с точки зрения бдительных кадровиков в Академии.

Была, однако, еще одна неопределенность: как молодой специалист я обязан был отработать по окончании института не менее двух лет, чтобы иметь формальное право сменить место работы и жительства. Мой срок завершался в ноябре, а документы надо было подавать в сентябре, то есть все зависело от того, что скажет главный врач Ульяновской областной больницы. Опять же, к моему счастью, он оказался добропорядочным человеком, и хотя, отпуская меня, он терял перспективного специалиста (фактически я единственный из рентгенологов его больницы почти ежемесячно летал на санитарном самолете во все районы области, где во многих больницах своих рентгенологов не было), он предпочел не ломать мою судьбу, понимая, что для меня второй такой шанс вряд ли случится.

В конечном счете в аспирантуру меня взяли, поскольку все экзамены я сдал на «отлично». При этом председатель комиссии М. Н. Мейсель сказал в заключение экзамена по спецпредмету, что он давно не слышал такой интересной лекции по генетике человека. Я упомянул это с целью не себя похвалить, а лишь показать, в каком загоне находилась генетика в то время. Мадам собрала обо мне всю доступную информацию, которая вроде бы не содержала ничего порочащего. В свою очередь, бдительные академические кадровики тоже не сочли нужным к чему-либо прицепиться. Я думаю, что главным здесь было два фактора. Первое: Мадам, в отличие от многих, надо ей отдать должное, не боялась брать в сотрудники способных молодых людей и даже находила в этом некий «fun», то есть она захотела меня взять и убедила в этом В. А. Энгельгардта; и второе: благодаря последнему этот институт изначально был одним из самых либеральных в академии и мое этническое происхождение не было для директора чем-то раздражающим. При всех советских «но» В. А. был большим ученым.

Я перебрался в Москву. Потекла совершенно новая, крайне насыщенная жизнь, представлявшая собой причудливую смесь глубокого интереса к науке, переживаний по поводу политической ситуации в стране, радостей общения с близкими друзьями и фрустраций по поводу ежедневного быта.

Узелок пятый

ОДИН ВЕЧЕР С «ИВАНОМ ДЕНИСОВИЧЕМ»

Несмотря на занятость научной работой и другими аспирантскими делами, я продолжал довольно часто бывать в Квартире просто так и, конечно, по поводу семейных дат ее многочисленных персонажей. На этих встречах беседы с Л. Копелевым и Раисой Давыдовной, изредка с Л. К. Чуковской и многими другими литераторами обогащали мое мироощущение как раз в том направлении, которое казалось мне правильным, хотя я не всегда соглашался с частностями. Теперь многого я не помню. Но кое-что в памяти осталось.

Мы часто объединялись с Герфом в наших спорах с Левой и Р. Д. по вопросам марксистской философии. В нашем с ним дуэте расхождения бывали редко, поэтому мы объединились под общим именем, взяв начальные буквы наших фамилий и мое отчество, на французский манер. Получилось забавно — «Мирон Гиге». На одном из рисунков Герфа, который я попросту отобрал у него, он сделал надпись: «Друг мой Мирон! Какой урон! Это не украдено, а подарено. Гиге Мирону от Мирона Гиге. Сент. 62 г» (илл. 12). В тех спорах мы с Женькой пришли к весьма интересной мысли о том, что диалектика является в большой мере иллюзией (и гегелевская, и Марксова ее версии). Я и сегодня от этой точки зрения не отказался бы.

Суть простая. Реальный мир на самом деле совершенно непрерывный. Но наши органы чувств и природа нашего мышления таковы, что они как бы разрезают эту непрерывность на «различимые» отдельности — дискретные части. По мере познания в нашем сознании все же возникает интуитивное чувство глобальной непрерывности, которое находится, однако, в противоречии с конкретными восприятиями этого мира. Диалектический способ объяснения всего окружающего как раз и возникает в ответ на это противоречие, чтобы создать иллюзию (разумеется, ненамеренно) как бы снятия его. С этой точки зрения кажутся ненужными и споры между так называемыми объективными и субъективными версиями в философии. Да, мир существует объективно, вне нашей воли, но воспринимаем мы его и интерпретируем способом, присущим только нам, землянам. Другие примеры пока не известны.

Впрочем, это уже из области интересов моего брата, занятого поисками внеземных цивилизаций. Как раз в связи с этой проблемой за пару лет до описываемых событий И. Шкловский, Н. Кардашев и мой брат написали в «инстанции» очень закрытый проект о создании радиотелескопа с целью «прослушки» космоса. Почему секретный? Да потому, что в то время такие вопросы решались только при участии Минобороны. Сами они на пишущей машинке профессионально не печатали. Попросили меня отстучать только три экземпляра и забыть об этом надолго. Как вы понимаете, я заложил четыре копии, и последняя хранится в моем архиве поныне. Радиотелескоп тот они построили где-то на Кавказе. Стройкой руководил, как оказалось, старый друг моего отца с участием и брата. Правда, разумную жизнь в космосе ни американцы, ни Коля Кардашев с моим братом пока не обнаружили. А И. Шкловский в конце жизни и вовсе пришел к выводу, что иной разум если и существует где-то в космосе, то совсем не горит желанием ставить об этом в известность кого-либо, в особенности нас, так как земляне еще определенно неразумные. Возможно, и так. Но хотелось бы надеяться.

В те годы своих увлечений философией я назвал эту концепцию «субъективным материализмом». В нормальном государстве мы с Герфом могли бы развить эти идеи и опубликовать вполне приличные работы на данную тему. Но понятно, что не в Союзе и не в то время. Вот вам другой занимательный случай. Когда я рассказал его Леве и Р. Д., они долго смеялись. Еще в студенческие годы я почитывал журнал «Вопросы философии» и как-то наткнулся там на статью одного члена академии о логических ошибках. У того автора возникли сложности с правильным истолкованием *софизма* (намеренно допущенной логической ошибки, в отличие от *паралогизма*, когда ошибка делается по незнанию, то есть ненамеренно). Поскольку пролетарский вождь Ильич злобно клеймил буржуазных философов за их софизмы, в советской философии эти логические ошибки тоже очень не любили и всегда находили в них обязательные классовые корни (вроде как буржуазные философы намеренно и постоянно подсовывают пролетариату всякие софизмы, чтобы защитить капиталистов). Но тот академик обратил внимание на «исключительно важный факт», что на подмостках сугубо советской эстрады и просто в патриотической советской литературе софизмы все-таки используются, но с благородными целями, например для создания комических ситуаций, публику посмешить. В этом случае, как утверждал этот «философ», не следует называть такие благие логические ошибки софизмами, а предлагал ввести новую советскую логическую категорию —

остроумие. Уже много сотен лет формальная логика была довольно устоявшейся наукой, и введение в ней новой категории или логического закона — дело неслыханное. (Это вам не физика элементарных частиц, где что ни десятилетие, то куча новых экстравагантных свойств вещества обнаруживается — кварки, например, заряженные разным цветом (!), и т. п. Между прочим, на Западе говорят «кворки», и трудно сказать, какое из этих двух на слух приятнее.) Короче, я очень возбудился по поводу очевидной глупости академика и написал вполне приличную критическую статью о том, какой он глупый. Показал нашему профессору философии. Он уже тогда выпивал, но не так сильно, как после служебного повышения через несколько лет. Позже я понял, что советским философам ничего другого и не оставалось, кроме как тихо спиваться. Профессор мой участливо посмотрел на меня тогда и сказал, что текст грамотно написан, но печатать его не будут, поскольку я слишком молод, да и «всякое такое», а поэтому для меня же лучше будет заниматься прямой моей специальностью — медициной. Так я не стал философом.

Случались при мне в Квартире и очень жаркие продолжительные дебаты. Две особо занимательные дискуссии остались в памяти.

Одна произошла, по-видимому, накануне Нового 1963 года. В Квартире собралось, как обычно, человек пятнадцать — всех не помню, но точно присутствовал один из прежних ухажеров Орловой еще по школе. (Некто Гога Полонский. Кто помнит фильм 70-х «Доживем до понедельника», так в основе его написанный Гогой сценарий, в котором он отобразил якобы свой школьный «роман» с Орловой. Его самого в фильме играл актер Тихонов, более известный как Штирлиц. Здесь дело не в том, что Светкин муж был мне близкий друг, а Гогу я «в упор» не знал. Просто он слишком открыто, навязчиво и нелепо демонстрировал свое неизжитое чувство. Я всегда ощущаю себя неловко в ситуациях, когда кто-то проявляет неделикатность, граничащую с бестактностью.)

Короче, когда я зашел «в гости» в тот день, Орлова быстро провела меня в свою комнату, где Герф уже читал какие-то машинописные листы. Он дал мне часть из стопки. На титульном листе я прочел: «Один день Ивана Денисовича», А. Солженицын. Это был первый экземпляр с личной подписью автора. Кто он такой, я понятия не имел. Из всей обстановки было ясно, что читают «запрещенку». Я включился в чтение. С первых же страниц стало ясно, что это из жизни политзаключенных в советских лагерях. Для меня это не было откровением. (С 10 лет я сам жил в Караганде, где было полно ссыльных, да и настоящих лагерей в ближней округе тоже было немало. Разумеется, кое-что, хотя и редко, рассказывал мне отец.) Удивил меня язык повести, показавшийся отчасти нарочитым. Понятно, что в лагерях мат был самой распространенной версией русского административного языка, но его хватало и в обычной жизни на воле. Поэтому потуги автора отобразить это, но странным замещением «хуево» на «фуево», показались мне не очень художественными. Но главное, что сам центральный образ простого человека, который выживает в тяжелых лагерных условиях за счет своего рода приспособленчества, не вдохновил меня.

К позднему вечеру, когда значительная часть доступного текста (в тот вечер читали, по-моему, только первую часть повести) была прочитана, в столовой за чаем разгорелась дискуссия. Все высказывались только в «восклицательном» тоне. Я пытался охладить всеобщий пыл, указывая на места, не вполне убедительные, и на язык, который не казался мне естественным. Кроме того, я настаивал, что явное противопоставление так называемых «простых» людей «культурным» (учителям, ученым, писателям, инженерам и т. п.) в тяжелейших условиях лагерной жизни отражает скорее некую скрытую философскую позицию автора, чем более необходимое в тот момент разоблачение самой сути системы ГУЛАГа. Женька меня отчасти поддерживал, тогда как Гога прямо «слюной брызгал», возражая нам. Возможно, я был тогда не прав, если оценивать эту повесть только в ее социально-политическом контексте момента, то есть как первую попытку открыто рассказать советской публике о лагерях, что должно было многим раскрыть их зашоренные глаза. Но в контексте большой художественной литературы я и сейчас не вижу в этой повести ничего выдающегося. Например, более поздний «Матренин двор» произвел на меня намного более сильное впечатление и в смысле идеи, и в художественном отношении. И даже «В круге первом» я читал с большим интересом. Но это, как говорится, дело вкуса. В целом же по отношению к Солженицыну у меня с самого начала не было никакого трепета. Более того, с течением времени чем больше я узнавал о его взглядах и стиле общения, тем меньше почтения я испытывал к этому имени.

Описанная выше, видимо, самая первая групповая читка Солженицына в Москве состоялась, скорее всего, за пару дней до Нового 1963 года. Я так думаю, потому что с ней косвенно связан факт явно подростковой выходки, в которой я участвовал. Гога, распалявшийся в этой дискуссии больше всех (он считал себя литератором, в отличие от нас, медиков, далеких от литературы и искусства), сильно надоел нам с Женькой. Поэтому в новогоднюю ночь, часа в два или три, мы решили «попугать» его. Я позвонил ему домой, но к телефону, к сожалению, подошла его мама. Я уже был «в запале» и понес какую-то чушь. Хотя ничего скабрезного или угрожающего сказано не было, но все же это была выходка отнюдь не для моего возраста. Потом я, конечно, сожалел об этом. Зато теперь могу точнее вспомнить дату «первой групповой читки Солженицына в Москве». Разумеется, позже я встречал писателя в Квартире и, возможно, даже участвовал в общей беседе с ним, но никакого впечатления в памяти не осталось. (Впрочем, если интересуетесь моим мнением подробнее, потерпите до «Посвящения» в конце 1-й части.)

Узелок шестой
«ДЕ ВОТ БЕРБЕРЫ...»

Другая, еще более жаркая дискуссия разгорелась в Квартире по случаю концерта Д. Шостаковича в Доме композиторов, где в тот раз исполнялась его музыка на еврейские темы. Обитатели Квартиры были на том концерте почти в полном составе и меня тоже пригласили. Это был крайне редкий случай для того времени, чтобы на официальных афишах вообще появилось слово «еврейский». Сионисты, сионистский — это сколько угодно, в газетах, журналах, по телевизору, но только не евреи или еврейский. Эти слова были как бы неофициальным табу. Все знали, что евреи в Союзе живут, и видели их каждый день на улице и на работе. Но, с другой стороны, официально они в жизни страны как бы не участвовали. Украинцы, грузины, армяне, литовцы, казахи, а также десятки так называемых малочисленных народов участвовали в этой жизни именно как самостоятельные этносы. Евреев же не было. (Была, разумеется, где-то далеко на востоке ЕАО, но кто ж воспринимал это всерьез!) Появление, скажем, персонажа-еврея в кино или в театре было событием, которое долго обсуждалось в еврейских семьях. Понятно, что концерт Шостаковича воспринимался как большое событие, но, конечно, только в определенных кругах. Простому народу все это было «до лампочки», он о самом композиторе если и знал что-то, то понаслышке. К такого рода «социальной шизофрении» все давно привыкли.

Возвращаясь в Квартиру после концерта, между нами слово за слово еще на улице стала разгораться дискуссия о том, существует ли вообще такое явление, как «национальный характер», что это такое и отличаются ли евреи в этом отношении от русских и других этносов и сами русские от других народов и т. п. Будучи генетиком, да еще и медиком, располагая массой данных, я, естественно, занимал весьма радикальную позицию по этому вопросу, утверждая, что у каждого этноса есть свои характерные (в статистическом смысле) комбинации психологических особенностей интеллекта, характера и поведения. При этом я настаивал, что исторические и географические условия зарождения этноса, как и язык и культура его, разумеется, важны при формировании национального характера, но полностью исключать влияние нейропсихологии и, следовательно, генетических факторов было бы ошибкой. Лева и Раиса Давыдовна как стойкие марксисты (во всяком случае в то раннее время) дружелюбно, но «жестко клеймили» мои взгляды как расистские.

Я отбивался, напирая на то, что расизм состоит вовсе не в том, что исследуют и находят какие-то конкретные морфологические, физиологические или психологические различия между расами и этносами. Он начинается только тогда, когда такие различия обсуждаются в терминах «лучше-хуже» и предлагаются социальные и юридические предпочтения тех или иных вариантов, как это делали нацисты. Другими словами, стандартные обвинения генетики в расизме со стороны и западных либералов, и советских марксистов основаны на их неосведомленности в этом предмете, а часто и на сознательной подтасовке аргументов. Разумеется, первичная мотивация негативизма к генетике у тех и других разная. Я также пытался показать на примерах, что часто расизм даже не нуждается в генетике и использует аргументы совсем с противоположных позиций. В связи с этим особо забавно было процитировать Ф. Энгельса, который однажды сильно «прокололся» в смысле расизма (то ли в «Диалектике природы», то ли в «Анти-Дюринге», у меня нет под рукой оригиналов, чтобы указать страницы).

Дело в том, что в его время четкие представления о наследственных механизмах еще не сложились (хромосомы и гены стали серьезно обсуждаться в науке уже после Энгельса). Тогда была распространена теория Ламарка о наследовании благоприобретенных признаков. Именно эту теорию наши «сталинские ленинцы» очень любили и положили в основу так называемой «советской мичуринской биологии» и «лысенкоизма». Суть ее очень простая. Любые признаки организма определяются воздействиями той среды, в которой организм обитает. Это значит, что при желании человек может якобы направленными воздействиями менять свойства организмов в нужном ему направлении. С этой точки зрения понятно, что на развитие, например, детской психологии или национального характера гены никак не влияют. Здесь я не собираюсь дальше углубляться в эту тему, поскольку она требует более серьезного обсуждения (кое-что можно найти в части 2-й этих мемуаров). Цель иная — упомянуть, как завершилась дискуссия, когда мы вернулись в Квартиру и все еще продолжали вовсю спорить за вечерним чаем.

В какой-то момент дискуссии я решил процитировать классика, который в свое время высказал мысль, что *африканским детям* (конкретно Энгельс говорил о *берберах) намного труднее осваивать математику, чем европейским, так как европейцы имеют дело с таким знанием много столетий и это уже стало их благоприобретенным признаком, который теперь, скорее всего, и наследуется.* То есть откровенно расистская точка зрения прямо следовала из теории, которую генетики всегда отрицали и которая была опровергнута еще в прошлом столетии (знаменитые опыты Вейсмана с отрубанием хвостов у крыс непрерывно в 19 поколениях — длина хвоста, конечно, оставалась постоянной, вопреки Ламарку). Я не пытался этой цитатой доказать, что наш классик был расистом. Просто в его время отсутствовала научная теория наследственности и он использовал то, что было под рукой. Суть в ином. Настоящие расисты готовы манипулировать любыми теориями и «фактами», обычно взаимоисключающими, чтобы пропагандировать свои взгляды. Генетика сама по себе не дает расистам ни одного аргумента. (Забавно: если бы Ф. Энгельс сказал подобное о берберах в современных Штатах, то Джесси Джексон, Эл Шарптон и правозащитные организации растерли бы его в порошок, а Луис Фарахан, возможно, оставил бы в покое евреев и переключился бы на немцев.)

Собравшись цитировать мнение классика о берберах и обращаясь к Леве, я начал фразу словами: «Ваш любимый Энгельс говорил в свое время, что-де вот берберы...». Поскольку я говорил быстро, то указанные три слова слились как бы в одно «девотберберы» и никто в первый момент ничего не понял. Следующие минут десять основная дискуссия была забыта и все добивались от меня только одного — объяснения термина «девотберберы». Я же со своей стороны не понимал, чего от меня хотят. В какой-то момент вся ситуация могла выглядеть со стороны как помешательство, ибо я повторял одно и то же «де вот берберы...», а меня настойчиво спрашивали, что значит «девотберберы». Так продолжалось, пока я случайно не пропустил слова «де вот» и просто повторил цитату из Энгельса иначе: «Берберским детям намного труднее...» и т. д. После этого разразился всеобщий хохот. Проблема была в том, что в моей речи нередко встречались языковые архаизмы (откуда они у московского еврея, я не знаю, но я их всегда любил!), редко используемые в городской речи. Это и привело к забавному недоразумению.

Расстались мы глубокой ночью, каждый очень довольный собой и всеми остальными. С тех пор Орлова дала мне новую кличку — Девотбербер. А по поводу роли генов в психологии личности хочу сделать одно отступление.

Узелок седьмой
«В МОСКОВСКОЙ ПРОПИСКЕ ОТКАЗАТЬ!»

В то раннее время нашего знакомства Орлова не оставляла попыток найти мне невесту. Здесь был, конечно, элемент заботы обо мне, поскольку по окончании аспирантуры меня без прописки все равно не взяли бы на постоянную научную позицию ни в самом ИРФХБ (Институт радиационной и физико-химической биологии, позже — Институт молекулярной биологии, ИМБ), ни тем более в любом другом месте Москвы. Но основная ее мотивация была, как мне кажется, иной — она хотела, чтобы близкие ей люди разделяли вместе с ней ощущение счастливого общения. В этом она вся — всегда была и остается теперь, когда все заметно постарели. Шутки и приколы на мой счет по поводу выбора невесты, впрочем, доброжелательные и без скабрезностей, были постоянным сопровождением моих отношений с ее ближайшими подругами: Ирой Сапожниковой, И. Батуринской, А. Лубович и другими. Наиболее близко мы сошлись с Сапожниковой. Но уважительные и теплые отношения между нами были как у близких родственников, по сути брата и сестры. Во всяком случае таковы были мои ощущения. Как я упоминал раньше, мой инфантилизм некоторым образом охранял меня от резких движений (что, однако, вовсе не исключало попыток постоянно влюбляться и даже «страдать» по случаю). Ирка, с другой стороны, сильно недооценивала саму себя и потому была очень «зажатой» в своих взаимоотношениях с относительно новыми для нее людьми. Ее скромность и чувствительность очень ее сковывали, она боялась оказаться «не вписанной» в ситуацию, хотя объективно для таких опасений не было никаких оснований. Впрочем, у нас с ней сложились чудные отношения и оставались такими много лет спустя, когда мы оба уже имели свои семьи.

На какое-то время Орлова оставила меня в покое, поскольку они с Герфом ждали ребенка и беременность принесла ей много новых ощущений, забот и интересов. Поскольку аспирантское рабочее расписание не такое жесткое, как у врачей «скорой помощи», где в то время работал Герф, я иногда приходил относительно рано, чтобы погулять с ней, как это делали все близкие, у кого было время. Мы часто вздорили с ней по поводу курения. Хотя сама она продолжала курить, меня она тем не менее обвиняла в том, что я отравляю ее будущего ребенка, так как курю прямо ей в лицо (что, конечно, не соответствовало истине). Я поднимал ее на смех, утверждая, что мой дым не может достичь ее будущего Леньки. То, что потом в молодости Леня стал курить, я не относил на свой счет, во-первых, потому, что и Герф и Орлова оба курили (правда, Кома, ставший позже приемным отцом, таки да, не курил), а во-вторых, в России курит большинство мужчин. (Между прочим, теперь Орлова утверждает, что все это я помню неправильно и что злилась она на меня потому, что обкуривал я Леньку, на самом деле, когда он уже родился, и чуть ли не прямо ему в лицо, когда она его кормила. При всех своих недостатках я все же врач и вряд ли вел бы себя столь явно вопреки врачебным стандартам!)

Однако уже здесь в Штатах я обратил внимание на постоянный Ленькин кашель, когда мы переговаривались по телефону (к тому же он как-то гостил у меня в Чикаго проездом). У Орловой я узнал, что он курит как сумасшедший. И теперь у меня зародилось некое сомнение, потому что в генетике, вообще говоря, известен феномен «импринтинга», когда внешний фактор может индуцировать изменения в геноме, но не в смысле структурного нарушения гена (что называют мутацией), а в смысле изменений во «временном расписании» работы нормальных генов. Чисто теоретически нельзя исключить, что никотин или смола, с которыми Ленькин геном познакомился еще в Светкиной утробе, могли индуцировать некие изменения, позже способствовавшие его пристрастию к курению (типично, надо сказать, ламаркистская точка зрения о наследовании благоприобретенных признаков). Но, строго говоря, это очень «притянутые» соображения. Больше для Орловой, чтобы у нее были основания корить меня в очередной раз. Вместе с тем меня действительно беспокоит его неграмотное курение (бросить курить — по себе знаю — для многих почти невозможное дело), и я убеждал его перейти на щадящий режим курения — *никогда не натощак, никогда не с кофе, только после чая с черным гречишным медом, только самые слабые сигареты с длинным фильтром, не чаще одной сигареты в час, а лучше одну через каждые два-три часа.* И смешно судить табачные компании за наши болезни, когда мы сами знаем, что от чего. (Другое дело, когда эти компании прицельно охотятся своей рекламой за подростками. За это надо наказывать, но не с тем, чтобы уничтожать промышленность. У меня есть серьезное подозрение, что в широком распространении реальных наркоманий в Штатах, возможно, имеется, среди прочих причин, элемент реакции на уменьшение курения.) Пока Орлова оставила меня в покое с женитьбой, я стал давить на Мадам, что пора бы, если она планирует оставить меня в своей лаборатории, что-то предпринять с моей пропиской. Поскольку в начале этих мемуаров я обещал «аромат эпохи», расскажу подробности.

Были заготовлены официальные прошения на имя начальника Мосгормилиции за очень внушительными подписями. Судите сами (для убедительности привожу все регалии): академик Н. Н. Семенов, секретарь отделения Академии наук, член ЦК, директор Института химической физики; далее В. Н. Столетов, министр высшего образования, академик АПН, заведующий кафедрой генетики биофака МГУ; наконец, академик В. А. Энгельгардт, директор ИМБ, член ученого совета при Совмине. Разумеется, все прошения утверждали, что успехи советской науки в такой-то области прямо зависят от исследований аспиранта такого-то. К этим прошениям прилагались другие бумаги, включая выписки из домовых книг дома 3 по Левшинскому переулку, из которых следовало, что из 26 лет моей жизни я 16 лет был прописан в той же квартире, где и родился, а прописку потерял в связи с незаконным арестом отца, который ныне благополучно реабилитирован. Все это я предъявил одному генералу милиции, на прием к которому попал с огромным трудом. Генерал (очень грузный мужик, с багровым лицом и пренебрежительным взглядом) обозревал все эти бумаги ровно полминуты, а потом сказал: «Отец твой имел право вернуться в Москву сразу после реабилитации и восстановить прописку и себе и тебе. Он этого не сделал, так что жалуйся ему! Он у тебя в Ульяновске, кажется, живет? Ну вот и ты поезжай туда двигать нашу науку!» Я стал лепетать вроде того, что он не вернулся в Москву, потому как не хотел *усугублять* жилищные нужды города и, кроме того, от меня его решение никак не зависело. На это генерал заметил: «Вот отец у тебя коммунист, сознательный, значит. Ты бери с него пример и тоже не усугубляй!» С этим я и выкатился из кабинета. Попыток своих я, однако, не оставлял и потом дошел с этими бумагами вплоть до Президиума Верховного Совета РСФСР. В приемной этого «высокого учреждения» (она помещалась напротив Ленинской библиотеки и бывших царских конюшен на Манежной площади) я окончательно понял, что советский режим рано или поздно рухнет. Дядя Мац, видя мое полное расстройство, как-то сказал: «Я могу устроить тебе прописку, мне нужно только твое согласие. Обойдется это мне в шестьсот рублей» (сумма его месячной зарплаты, на которую жили они с тетей, многочисленная семья другой тети, а также частично я и мои родственники). И шутя добавил: «Возмешь меня с тетей на содержание, когда я буду на пенсии». Я категорически отказался, даже не обсуждая, сказав: «Если я это сделаю, я лишусь морального права что-либо говорить по поводу этого гнусного режима».

Таким образом, у Орловой снова появился стимул воплотить в жизнь свои давние замыслы. Правда, Леня только что родился (декабрь 1963 года) и новые заботы заметно изменили ее прежнюю жизнь относительно свободного плавания в лучах беззаботной молодости. Я, с другой стороны, все глубже погружался как в научные исследования, так и, естественно, в околонаучную жизнь.

Узелок восьмой
В ГЛУХУЮ ТАЙГУ С ФОНЕНДОСКОПОМ

Как-то мне пришлось сопровождать Женю Герфа в его поездке в глухие архангельские места, куда сослали ленинградского поэта Иосифа Бродского по статье «тунеядство». Группа друзей поэта просила нас осмотреть его и решить вопрос о том, насколько серьезны его проблемы с сердцем. В отличие от меня, Женька был знаком с И. Бродским, да и сам входил в эту группу друзей поэта. Более того, с попытками друзей воспрепятствовать ссылке было связано кратковременное помещение его в психиатрическую больницу (знаменитую «Канатчикову дачу», или больницу им. П. П. Кащенко) — в отделение, где врачом-консультантом работала тогда наша сокурсница и близкий друг Таня Сиряченко. Занятый своими аспирантскими делами, я во все это прямо не вовлекался, но вообще-то знал о происходивших событиях, поскольку обитатели Квартиры многие вещи обсуждали в моем присутствии.

Орлова просила меня присоединиться и как врача, и как друга для надежности и большей уверенности самого Женьки. Ехать-то предстояло в глухие таежные места (по-моему, в конце зимы 1964 года), а поездка была совершенно приватной, и кто знает, что власти могли придумать. Он нервничал еще и по той причине, что отец его, высококвалифицированный переводчик с японского, сам работал в органах, так что Женькино участие могло отразиться на его отце. Я как академический аспирант, конечно, рисковал карьерой, но о своем отце не беспокоился, поскольку считал, что к нему это не относится и к тому же он уже собирался на пенсию.

Короче говоря, на меня была возложена ответственность за подарки для хозяйки, к которой поселили Бродского, и для ее малолетнего сына, а также за всякие лекарства и медицинские мелочи, включая аппарат для измерения кровяного давления и, конечно, врачебную «прослушку», или фонендоскоп. (Это основной врачебный инструмент для прослушивания сердца и легких, который все наверняка видели, но о названии, возможно, не слышали — надо или не надо, у каждого врача всегда болтаются вокруг шеи две резиновые трубки, соединенные мембраной.)

В этой поездке Герф поначалу жутко на меня злился из-за моего внешнего вида и частично из-за моего поведения. Действительно, выглядел я в тот момент как пижон. Как раз незадолго до этого Мадам подарила мне за достижения в работе, а также в порядке материальной помощи (учитывая мизерность аспирантской стипендии) дорогую и очень клевую куртку из-за кордона. На голове моей было тоже что-то очень модное. О светло-кожаных либерзоновских перчатках «от М. Горького» я писал в самом начале. И для завершения лицо наполовину прикрывали элегантные темные очки, так как днем было уже много солнца. Тогда даже в Москве такие очки носили не многие. Об архангельской глуши и вовсе говорить нечего. Конечно, Женька нервничал. Он убеждал меня, что опасно привлекать к себе внимание так явно. На это я ему резонно замечал, что он наивен, если думает, что о нашем визите никто не знает. Напротив, говорил я, мы еще в поезд Москва—Архангельск не успеем сесть, как в местном отделении милиции той станции, где мы должны сойти с поезда, уже будет лежать телефонная депеша о нашем возможном появлении. Позже он несколько смягчился. Вообще-то я согласен с ним, что можно было выглядеть и поскромнее. Но, с другой стороны, согласитесь, есть определенная романтика в таком путешествии, а мне всего-то 27 лет. Вдруг на «большую и светлую любовь» натолкнусь по дороге (я был еще холост тогда). Короче, через день и без особых приключений мы сошли на нужной станции, нашли нужный зимний тракт и на попутном транспорте добрались к 80-му километру, где располагался интересующий нас леспромхоз. Язык довел нас до цели поездки — избы И. Бродского.

В первый момент я восхитился. Дом был как в русских сказках — на высоких «курьих ножках». Кругом довольно высокий белый снег, в отдалении редкие избы сходной архитектуры и темный плотный таежный лес. Мы поднялись по длинному и высокому крыльцу к входной двери. Попали в первые темные сени. Позже я обнаружил там подобие туалета, ибо это была просто широкая доска, приподнятая до уровня чуть ниже колен, а в ней две огромные круглые дырки. В любую из них спокойно могли провалиться сразу два меня. Садиться на доску было абсолютно неприемлемо. А сидеть «орлом» сложно: держаться было не за что. Окошек не было. Какой-либо лампочки для освещения тоже. Из этих сеней-туалета мы попали во вторые, куда из основной части дома уже вышла хозяйка. Мы спросили о постояльце. Она указала на другую дверь в этом же пространстве, и мы постучались.

Когда мы буквально втиснулись в эту каморку и увидели Бродского, стало ясно, что втроем там даже сидеть негде. Почти все пространство занимал топчан, на котором он спал. Ближе к ножному концу топчана было окошко, верхняя часть которого, ввиду отсутствия стекла, была заткнута неким подобием подушки. Прямо у двери притиснулся якобы столик в виде опрокинутого деревянного ящика, на котором мы увидели кружки для питья и пепельницу с окурками. Было очень холодно, так как комната явно не отапливалась. Мой пижонский вид был здесь явно нелепым. Теперь я уже не помню многих подробностей нашего пребывания там на протяжении двух или трех суток. Остались только обрывки отдельных картин и смутные ощущения.

Впрочем, мои функции были четко определены. Прежде всего я преподнес подарки самой хозяйке, среди которых я помню только свечи, поскольку покупал их отнюдь не в магазине, а в какой-то московской церкви. Малолетнему ребенку, 7–8 лет, был куплен красивый набор для склеивания модели новейшего советского пассажирского самолета — не то ТУ, не то ИЛ. Собственно, этим я и занимался с ребенком все последующие сутки-двое.

В какой-то из подходящих моментов мы осмотрели и «выслушали» Бродского. Уже тогда было ясно, что полнота его, хотя и не чрезмерная, была все же «нездоровой» — без специальной диеты и здорового образа жизни («не курить, не пить, ничего жирного, физические упражнения» и т. п., согласно известным стандартам, которых в то время мало кто придерживался) ранний атеросклероз сосудов сердца ему был обеспечен. Ничего остро угрожающего в тот момент в его сердце не было, кроме слабо выраженных признаков так называемой дистрофии сердечной мышцы. Однако было бы удивительно их отсутствие при том образе жизни, который у него был в этом леспромхозе. Физические упражнения — это, конечно, замечательно. Но, когда мы посетили с Герфом «рабочий участок поэта», я внезапно понял, что это не просто ссылка.

До этого я воспринимал все вокруг как элемент некой экзотики, тем более что убогость быта и поголовное пьянство вовсе не новость для меня, жившего в поселках в Казахстане или в городе Ульяновске. Ну да, из Ленинграда поэт попал в глухой таежный поселок. Такая смена ежедневного быта и общения для человека интеллектуального творчества — тяжелое испытание. Но перетерпеть пару лет можно. Могло быть еще хуже. И вдруг я наглядно вижу, в чем, собственно, состоит работа поэта. Представьте себе большое поле после вырубки таежного леса, на котором среди многочисленных пней разбросаны огромные каменные валуны (последствия перемещений древних ледников). Некоторые из таких валунов превышают размером рост человека. Работа состоит в том, чтобы перекатывать с напарником такие валуны на стальные листы и перемещать их к дороге или к краю поля. В зависимости от размеров валуны перетаскивают либо собственными усилиями, либо с помощью лошадки. Понятно, что в отдельных случаях нужен и трактор. Это вам не ссылка поэтов во времена царизма. И даже не ссылка Ленина в Шушенское. Кстати, меня всегда занимал вопрос, чем конкретно занимался товарищ Сталин в тех многочисленных ссылках, из которых он постоянно и так удачно бегал. Каменные валуны на себе не перетаскивал — это мы знаем определенно. А Никита Хрущев, который ту «битву с тунеядством» если и не сам придумал, то с энтузиазмом поддержал, он-то в каких ссылках при царизме бывал? Впрочем, вся такая риторика наивна. Тоталитарный режим он и есть по определению античеловечный, антиличностный. Три—пять лет такой ссылки — и вряд ли кто-либо сегодня слышал бы о поэте И. Бродском: спился бы и зачах физически, ибо его генами было предписано, к сожалению, иметь ранний атеросклероз сосудов сердца. А бороться с этим, хотя бы частично, медицина научилась лишь тридцать лет спустя. Потому и умер поэт совсем рано, к тому же, по слухам, совсем игнорировал профилактику — курил и пил кофе без меры.

В «интеллектуальных беседах» я участия практически не принимал, занятый сборкой модели самолета. Общение с И. Бродским было прерогативой Е. Герфа. Они пили водку и чай, закусывая сухой колбасой, прогуливались по единственной дорожке, протоптанной к избе, читали один другому собственные стихи и что-то обсуждали. Производили впечатление глухарей на току. Водку я вообще никогда не пил. Один раз прогулялся с ними — из вежливости — и заскучал. Каюсь, грешен — далек от поэзии. Вот если бы они о политике и философии говорили, то я бы непременно вклинился, а позже отчитался бы современникам, что конкретно о том или сем нам поведал знаменитый поэт. Но я не сподобился.

Никаких неприятностей для нас с Герфом из-за этой поездки не случилось, хотя вообще-то могли бы и «взять за задницы». Но, перефразируя известное изречение, оставалось признать, что «пути органов не всегда исповедимы». Самого Бродского я с тех пор никогда не встречал, даже будучи уже в Штатах.

По своим творческим устремлениям И. Бродский, конечно, не вписывался в официозную советскую поэзию, будучи просто далек от таковой. Однако не был он и активным антисоветчиком. Преследования его были организованы завистниками и пустышками в секции поэзии Ленинградского отделения Союза писателей. Я знаю немало подобных случаев, когда нерядовые советские граждане использовали «партию и органы» для уничтожения конкурентов или критиков. «Успех дела» зависел, конечно, от многих факторов, но прежде всего от степени личных контактов добровольных стукачей с органами и от желания последних оказаться вовлеченными. При этом возможный моральный ущерб для системы учитывался в последнюю очередь, если вообще рассматривался. (Сходный случай с одним моим знакомым генетиком я описываю во 2-й части.) Кстати, и в нынешние времена мало что изменилось по части зависти и злословия в «литературном мире» России.

Вот, скажем, некто Э. Лимонов с коротким эссе под заглавием «Поэт-Бухгалтер (Несколько ядовитых наблюдений по поводу феномена И. А. Бродского)» выступает в «державно-патриотическом» еженедельнике «Завтра» № 43 (360), 25.10.2000. Читаем там: «Для невинного и неискушенного читательского восприятия писатель — святыня. Для своего брата-писателя он более или менее любопытный шарлатан со своими методами оглупления публики. <…> Никто не знает, как нужно писать. <…> Бродский тоже не знает. Его стихотворения все больше и больше напоминают каталоги вещей. Вещи — его слабость. Почти все стихотворения написаны по одному методу <…>. Метод сравнения употребляется им бессчетное количество раз. Назвал предмет — и сравнил, назвал — и сравнил. Несколько страниц и сравнений — и стихотворение готово. <…> Иосиф Бродский никогда не бывает в состоянии восторга. <…> Человек он невеселый. Классицист. Бюрократ в поэзии. Бухгалтер поэзии <…>. Обращаться с абстракциями: с мирозданьем, Богом, космосом — манипулировать ими Бродский умеет. Куда хуже обстоит дело с человеческими существами. Редкие женщины в его стихах или совершенно недоступны, он их боится, или очень доступны, и тогда они до вульгарности приземлены. <…> Бог, которого Бродский так часто поминает, не дал ему дара любовной лирики, он груб, когда пытается быть интимен. (Эта ремарка о «грубой интимности» в устах литературного эксгибициониста Эдика выглядит особенно нравоучительно. — *В. Г.)* <…> Стихи Бродского предназначены для того, чтобы по ним защищали докторские диссертации конформисты славянских департаментов американских университетов. <…> С помощью еврейской интеллектуальной элиты города Нью-Йорка <…> я уверен, Иосиф Александрович Бродский получит премию имени изобретателя динамита. <…> В истории литературы было неисчислимое множество фальшивых кумиров. А вдруг автор монотонных и трудно запоминающихся (так в оригинале. — *В. Г.)* тяжелых строф — один из них?»

Пустяшный, в сущности, текст, но жидофобам типа прохановых-шафаревичей приятно. (Судя по всему, лимоновский текст был написан давно, еще до получения И. Бродским Нобелевской премии, но «Завтра» опубликовало его почему-то только теперь.)

Не следует, однако, думать, что злословие по адресу литераторов-эмигрантов есть прерогатива только «державно-патриотической» прессы. Вот, например, некий В. Соловьев, проживающий в Штатах как «визитирующий лектор» (по его собственным словам, «то есть ничего не делаем, но зарплату получаем»), пропагандирует свои мемуары в нью-йоркском «НРС» (от 19 января 2001 года). Среди нескольких отрывков читателю предлагаются заметки этого автора под дружелюбным названием «Ося Бродский». Если, еще не читая, вы решите, что эти извлечения из главы «Два Бродских» написаны близким другом поэта, вспоминающим что-нибудь занятное, то ошибетесь. Согласно этим заметкам, Бродский был хорошим поэтом только в его ранний ленинградский период (очевидно, когда дружил с В. Соловьевым), а оказавшись в Штатах, превратился в сноба и фактически исписался. Как человек поэт был, оказывается, тщеславным, завистливым, лживым, крайне эгоистичным и равнодушным даже к тем, кто многое сделал для него лично, и т. п. При этом «жареные» факты из жизни поэта излагаются откровенно похабным языком. Очевидно, В. Соловьев быстро усвоил не самые лучшие традиции американского книжного рынка. Хотя в самом желании широкой распродажи своего «творчества» нет ничего дурного, однако должны быть все же какие-то этические рамки для наших воспоминаний, особенно когда сами персонажи покоятся в земле и ответить нам уже не могут. У В. Соловьева, очевидно, другая точка зрения. При всей моей критичности (я действительно не склонен просто так доверять только одному факту всемирной известности того или иного персонажа) мне трудно верить в то, что преподносится столь развязно. Хотя очень может быть, что были у поэта проблемы в отношениях с друзьями, однако создается впечатление, что В. Соловьев приписал Бродскому скорее свои собственные комплексы.

Узелок девятый
НОВОГОДНИЕ НОЧИ

Новогодние праздники до женитьбы я проводил практически всегда с обитателями Квартиры. Орлова была неистощима на разные выдумки и розыгрыши. Как правило, это были большие сборища молодежи с традиционной выпивкой, песнями под гитару, новыми и старыми анекдотами, танцами и безудержным весельем. Две такие новогодние ночи я хорошо помню.

В одну из них Орлова заставила всех прийти в каких-то необычных костюмах. У кого хватило выдумки и подручных средств, действительно сочинили что-то забавное. Как человек нехудожественный я поступил просто — нарядился в тельняшку, с галстуком-бабочкой на голой шее и облачился в огромный махровый в полоску халат Л. Копелева (Лева был много крупнее меня).

В этот раз отсутствовала наша общая подруга Таня Сиряченко (я упоминал о ней в самом начале, в связи с И. Бродским), которая, будучи уже замужем, встречала Новый год у себя дома в очень узкой компании. Мы обменялись с Таней поздравлениями по телефону, но ближе к четырем часам ночи Орлова вдруг предложила нагрянуть к ней домой. Я был в восторге, поскольку Таня еще со студенческой поры была самой близкой моей подругой. И мы отправились на Садовое кольцо, где рядом с Институтом Склифосовского (знаменитая московская скорая медпомощь) Таня с мамой жили в здании солдатских казарм царского времени. (Квартиры там были, надо сказать, великолепные по московским меркам. Я очень любил бывать у Тани в студенческие годы. Ее мама, Сан Сана, с удовольствием кормила меня, мы с ней «чесали языки» на кухне, а потом она терпеливо сносила мои тягостные «импровизации» на пианино.)

Теперь вообразите себе следующую ситуацию. Человек десять молодых людей, ряженые в идиотские одежды, стучатся глубокой ночью в квартиру, где обстановка прямо противоположная. В одной из комнат, полутемной «при свечах» под серьезную классическую музыку, за тщательно сервированным столом три пары — мужчины все в темных костюмах и белых рубашках при галстуках, женщины в строгих вечерних платьях — ведут тихую беседу на серьезные темы. Открыла дверь Таня и, увидев меня в огромном спальном халате с бабочкой на шее, пришла в восторг. Мы ввалились гурьбой в переднюю. Поднялся невообразимый шум. Танин супруг никого из пришедших не знал и сначала решил, что, возможно, это кто-то из Таниных больных пришел с новогодними поздравлениями. Он доцент Н. Г. Шумский, известный в Москве психиатр и как бы научный Танин наставник в Институте психиатрии на базе больницы Кащенко. Вообще говоря, человек очень примечательный во многих отношениях, отчасти сноб, хотя и не в худшей версии. В поведении, речи и общении он придерживался так называемых аристократических манер. (Проживая в квартире у Тани, он частенько писал пальцем на полированной поверхности пианино и другой мебели короткие слова из русского административного языка, давая понять, что пыль надо удалять тщательнее. Сан Сана, вдова погибшего в войну генерала, была не из робких и сама выдавала иногда «сочные выражения», но и она была этим очень недовольна.)

В отличие от мужчин «во фраках», их дамы нас знали. Одна из них, Таня Иваницкая, тоже была нашей сокурсницей и вместе с Таней Сиряченко входила в группу так называемых моих «дочерей». Короче, на какой-то момент всех пришедших запихнули в свободную комнату, где когда-то я «натаскивал» обеих Тань к выпускному экзамену по философии и где обычно проводились большие вечеринки нашей большой студенческой компании. Заиграла танцевальная музыка, все завертелось, а мужчины «во фраках» тоскливо беседовали при свечах в другой комнате, очень недовольные своими дамами и их беспардонными друзьями.

Повеселились мы очень и разошлись только поздним утром. С другой стороны, я понимал, что для Н. Шумского это было основанием быть недовольным. Поэтому я не очень обиделся на него, когда спустя пару лет он не отпустил Таньку ко мне в дом на празднование по случаю рождения моего сына. Ситуация осложнялась еще и тем, что за девять понятных месяцев до этого состоялась моя свадьба, по завершении которой часть молодежи, включая Таню, поехала «продолжать свадьбу» к Орловой в Квартиру. В результате Таня объявилась у себя дома только на следующий день к вечеру. Ну какому супругу это понравится! Он сказал после этого: «К Гиндилису больше ни ногой», — хотя, видит Бог, я невинен, а заводилой всегда была Орлова. Правда, уже много позже, когда Н. Шумский с Таней разошлись, а я стал заниматься генетическими исследованиями в психиатрии и работать в том же институте, мы с ним вторично познакомились и поддерживали вполне уважительные отношения.

Другая новогодняя ночь оказалась более странной. Кто-то из Светкиных знакомых из «литературных кругов» пригласил ее с Герфом на празднование на подмосковной даче автора «Заговора обреченных», сомнительной книги, написанной по заданию партии против «югославских ревизионистов». Сталинскую премию и писательскую дачу в известном писательском поселке Переделкино под Москвой автор заполучил, но больше вроде бы ничем себя не проявил. Принимая это приглашение, Орлова заручилась разрешением прийти с «парой друзей». Тот, кто ее приглашал, очевидно, не знал, что ее «пара» могла означать и пять, и десять человек, в зависимости от случайного стечения обстоятельств. Ситуация оказалась именно такой, ибо все ее близкие друзья, оказавшиеся в тот момент рядом, были ей одинаково близки и никем она не хотела пренебречь. В результате в то новогоднее празднование Орлова прихватила с собой еще человек восемь—десять, а может, и больше. Мы искали эту дачу поздним вечером, в темноте, довольно долго, и потому были голодные и замерзшие. Ввалились мы в дом, когда народ там уже изрядно выпил, закусил и потанцевал.

Дача была двухэтажной, с большим числом комнат, обставленных и декорированных псевдоантиком. По дому слонялось много разных людей с выпивкой в руках, с дымящимися сигаретами, с остатками еды, мало или совсем незнакомых друг с другом. В тот раз я впервые столкнулся со стилем сборищ, очень распространенным в Штатах и называемым «party». В нашем кругу такого рода «встречи друзей и знакомых» практически не случались. Женя, Кирилл и я очень томились, тихо беседуя в каких-то углах. Вокруг Орловой, конечно, была какая-то тусовка из разных лиц, но с общим настроем не того типа, к которому мы привыкли. Уже глубоко ночью и явно не удовлетворенные, мы покинули эту странную компанию, наверное потому, что такой «писательский дом» разительно отличался по своему духу от «литературоведческой Квартиры», к которой мы так привыкли.

Таким образом посреди глубокой ночи мы оказались между какими-то известными писательскими дачами. И конечно, Орлова придумала новый «эпатаж» — мы направились в дом, где жили жена и сын известного советского писателя Всеволода Иванова. Там ее родители в тот раз встречали Новый год. Там же я впервые увидел будущего второго мужа Орловой — сына писателя, Вячеслава, которого все почему-то звали «Кома». Мне было как-то неловко обращаться к нему таким образом, тем более что уже тогда он был известным лингвистом. Прибывшая «молодежь» заполнила собой все свободное пространство в гостиной на первом этаже, нас стали тут же кормить и поить всем, что еще было. Потом были довольно фривольные песенки под гитару в молодежном исполнении вперемежку со свежими политическими анекдотами (которые действительно очень радовали все советское население), а позже и обсуждение интересных литературных и забавных окололитературных новостей, которыми этот знаменитый в Союзе поселок никогда не оскудевал. В конечном счете та новогодняя ночь завершилась много приятнее, чем началась.

Узелок десятый
СВАТОВСТВО АСПИРАНТА

На одном из очередных семейных празднований в Квартире (скорее всего, по случаю Ленькиного дня рождения то есть в декабре 64-го) в привычной компании появилось новое для меня лицо — Наташа Броуде. Сама Орлова была с ней знакома уже пару лет, поскольку они учились в одной студенческой группе на химфаке МГУ. Возможно, Наталья бывала в Квартире изредка и раньше, но наши пути не перекрещивались (все же я не каждый день там торчал и не на всех Светкиных девичниках бывал). Но в тот раз я Броуде отчетливо приметил и, по-моему, даже сказал что-то Герфу и Орловой в том смысле, что девушка «очень даже в моем стиле» (светловолосая, с отменной фигурой, умна, скромна и еще по-детски смущается и т. д.). С подачи Герфа в разговорах мы нередко упоминали Наталью как «Гретхен». Внешне она, вероятно, чем-то напоминала нам этот образ. Более того, позже оказалось, что действительно есть в ней немецкие корни, правда, отец ее еврей (с химфака МГУ), погибший в первые месяцы войны на фронте под Ленинградом, — погиб, так и не дождавшись вестей из Казани о рождении первой и единственной дочери (туда была эвакуирована вся лаборатория В. А. Энгельгардта, в которой работала ее мама, тогда аспирантка).

Через пару дней после нашего шапочного знакомства я столкнулся с Гретхен в институтской столовой. Оказалось, что она делает диплом в одной из лабораторий соседнего института в том же здании (бывший ИХПС — Институт химии природных соединений, ныне — биоорганической химии). Мы мило побеседовали и даже перекусили за одним столом. Но и только. Однако нас тут же зафиксировал народ из моей лаборатории. Я сказал тогда «бабусе» (Ирине Вешневой), что девушка мне «ндравится», и спросил ее, что она думает на сей счет. «Бабуся» меня тут же огорошила известием, что известная в нашем институте своим острым языком на ученых советах Т. В. Венкстерн, с которой мы ежедневно здороваемся, так как наши лабораторные комнаты на четвертом этаже практически соседствуют, оказалась мамой Наташи Броуде. Более того, в тот ранний период моя будущая теща почему-то была ко мне доброжелательна и всегда приветливо отвечала на мои приветствия, несмотря на обычно осуждающее выражение лица. И уж совсем смешно оказалось, что и Наташа с мамой и бабушкой, и Мадам живут в одном подъезде, в академическом кооперативе недалеко от нашего института. Ирина сама тоже жила в том же кооперативе, только в другом здании. Я бывал, конечно, много раз у Мадам дома, но никогда не знал, что на последнем этаже в том же подъезде живет наша Гретхен. (Между прочим, несколько лет спустя Ирина тоже перебралась в этот же подъезд.) В Квартире на Горького мы стали все чаще появляться вместе с Натальей. В доме к ней относились, как и ко всем близким друзьям Герфа и Орловой, с уважением и тепло. Никто не пытался выяснять детали или «высказывать мнение». Между прочим, тоже важная черта по-настоящему интеллигентого дома. (В Штатах, вообще говоря, тоже не очень принято спрашивать о деталях личных отношений и высказывать свое мнение. Но это, как мне кажется, скорее от полного равнодушия, даже если тебя и называют другом дома.)

Этой же зимой Наталья получила университетский диплом и ее взяли в ту самую лабораторию, где она этот дипломный проект делала, то есть в нашем общем институтском здании. При более близком знакомстве оказалась она натурой художественной, тонкой, очень чувствительной (иногда, быть может, даже слишком). С самого начала и до сих пор я очень прислушиваюсь к ее мнению в вопросах литературы и искусства, доверяя ее вкусу. В школьные годы она рисовала природу и натюрморты. Некоторые из них теща бережно хранила, а кое-что даже поместила у себя в комнате. Но поскольку Наталья оказалась человеком довольно закрытым (как, скажем, и Ира Сапожникова), богатство этой натуры обнаруживалось не в первый день знакомства. Скажем, у Орловой яркая ее натура захватывает вас обычно уже со второй-третьей фразы после первой «здрасте». Это потому, что она ближе к открытому типу личностей (так называемые экстраверты).

Постепенно я перезнакомился с друзьями Натальи в ее лаборатории и с некоторыми довольно близко подружился (с Володей Демушкиным и его женой Людой, а также с Галкой Лысенковой-Монастырской). Они собирались провести отпуск с байдарками на озерах в Карелии. Будучи абсолютно городским жителем, я никогда не участвовал в такого рода мероприятиях и понятия не имел, что и как надо делать с байдаркой. Но проявлять малодушие в глазах Гретхен было бы не к лицу бравому аспиранту. К тому же я был формально старше всех в этой компании. Но главой похода, естественно, оказался Демушкин — походник и рыболов со стажем. Пробыв с ним тем летом две недели в таежных лесах, озерах и реках, я понял две вещи: во-первых, в чем коренится непреходящая жизнестойкость русского человека (и, соответственно, держится мощь России, несмотря на всю ее историческую чересполосицу), и, во-вторых, если Демушкин рядом, можно не беспокоиться практически ни о чем — не в том смысле, что он это сделает за тебя (хотя и так бывало), а в том, что, по сути, нет таких трудностей похода, которые поставили бы его в тупик. (Недавно он побывал у меня в Питтсбурге и, конечно, снова проявил себя: научил меня готовить очень вкусное блюдо из тертой вареной свеклы с орехами и прочим в свежих салатных листьях.) Нас безумно сжирали комары и мошка, временами бывал дождь и отнюдь не жарко, но я вспоминаю те две недели как очень радостное время. Там же, на продолжительной стоянке у одного из озер, состоялась наша первая, но не очень настоящая «свадьба» с Натальей. Дело в том, что мы почти прикончили московские запасы еды, а сухарей уже просто не было. Мы не голодали, поскольку рыба, грибы и ягоды, действительно огромных размеров, были кругом в неистощимых количествах. И все же очень хотелось хлеба! Ближайшие поселения можно было бы найти, лишь преодолев без байдарок десятки километров тайги. Но нам повезло. Демушкин с Галкой высмотрели единственную группу косарей, стоявших на другом конце озера, и пригласили их к нам на уху, рыбный шашлык, грибы и «чачу», приготовленную на ягодах и лабораторном спирте. При этом упомянули, что будет как бы свадьба. Косари явились, конечно, с хлебом и солью, причем с соблюдением правил. В тот вечер мы были не просто сыты, мы были счастливы. Перед рассветом я устроил Гретхен прогулку мимо ближайших к берегу потрясающе красивых лесистых и каменистых больших и малых островков, десятками разбросанных в этом огромном озере. В длинных болотных сапогах я шагал по воде и тянул за собой байдарку с Натальей часа два.

К сентябрю стало ясно, что отношения наши развиваются столь стремительно, что пора готовиться к свадьбе. Состоялась она на втором этаже забегаловки «Колобок» у метро «Профсоюзная». Присутствовало около сотни гостей: многочисленные родственники с четырех сторон и из разных городов, сотрудники из трех лабораторий (две имевшие отношение к Мадам и ко мне и одна Наташина), даже кое-кто из друзей детства и молодости.

Володя Демушкин и Женя Ананьев снимали весь вечер на 8-миллиметровую кинопленку. Недавно мой сын переписал это на современную видеокассету. Через тридцать пять лет качество, конечно, оставляет желать. Но все же там можно видеть многих персонажей этих мемуаров в пору их цветения. Наталья выглядела нежнейшим цветком. Правда, от волнения и наплыва большого числа незнакомых лиц она потеряла голос, и это привело к «проблемам», зримо очевидным на той пленке еще и сегодня. Дело было на самом деле совсем простое. Она попросила меня произнести что-то важное от ее имени в адрес кого-то из ее близких, а я начал свою речь, неудачно упомянув некую информацию «слишком личного плана», как казалось Наталье. В результате она схватила меня за руку и смущенно-умоляющим взглядом заставила остановиться. Этот-то момент Демушкин как раз и зафиксировал для нашего потомства.

Орлова и Таня Сиряченко не ограничивали себя в водке и коньяке и временами вели себя отчаянно. В один из моментов это выглядело и вовсе «недостойно комсомолок». Строго говоря, это была Орлова, а Танька лишь хохотала при этом. Они не смогли найти туалет, и Орлова использовала для малой нужды огромную вазу, украшавшую лестницу. После этого они со смехом ввалились в общий зал, где все резвились в танцах. Именно в этот момент я их встретил у дверей и наивно спросил: «Чего так разошлись? Неужто обосса...?» В ответ последовал совершенно гомерический хохот, что и запечатлено на пленке. Женя Герф и Кирилл Гринберг, как обычно, весь вечер тихо обменивались мыслями о разном. Мадам, Ирина Вешнева, Оля Капитонова и Злата Шамина, перезнакомившись с моими родителями, дядей Мацем, другими родичами, а также с Орловой и Таней Сиряченко, не отказывали себе в удовольствии обсудить с ними все мои недостатки и достоинства. Был капустник и была стенгазета. Кое-что из этого еще хранится. Мы с Натальей уехали домой первыми. Но некоторые наши друзья продолжили эту свадьбу в Квартире у Орловой, о последствиях чего я уже упоминал раньше.

Соответственно, по законам, установленным задолго до большевиков, в надлежащее время появился Евгений Гиндилис (июнь 66-го). Никаких дискуссий по поводу имени ребенка (как, впрочем, и последующей дочери Тани) быть не могло. Сына назвали в честь погибшего на фронте отца Натальи (то же было и у Орловой с Ленькой). Я к этому имени привык как к семейному задолго до рождения сына: во-первых, многолетний друг Герф, а во-вторых, со мной работал лучший лаборант за всю мою научную карьеру, а позже и друг Евгений Ананьев. (Ныне крупный ученый и имя, мимо которого я пройти вообще-то не могу, но расскажу о нем отдельно во 2-й части, поскольку к Квартире на Горького он прямого отношения не имел.)

Заполучив брачный штамп в паспорте и свидетельство о браке, я посетил районное отделение милиции. Требовались только эти два документа. Все ходатайства больших людей, выписки из прежних домовых книг и другие справки — все это лишнее теперь лежало в дальнем углу. Рядовой милицейский чиновник вежливо и равнодушно просмотрел предъявленные документы и, ни о чем не спрашивая, дал разрешение на постоянную прописку по улице Дмитрия Ульянова, дом 4 (обратите внимание на название улицы). Так скучно завершилась моя десятилетняя борьба за место под солнцем. Орлова-таки показала кукиш этому режиму — правда, власть этого не заметила. Громко прокламируемое этой властью уважение к институту семьи вынудило ее игнорировать в данном случае и мое этническое происхождение, и тесную родственную связь с бывшим «врагом народа».

Разумеется, кто-то из наших знакомых мог позлословить по поводу моего брака с пропиской. Даже теща, пару лет благоволившая ко мне при встречах в институтском коридоре, но быстро осознавшая свою ошибку, как только познакомилась со мной в домашней обстановке, иногда попрекала меня — не то в шутку, не то всерьез. В ответ я рассказывал ей забавную историю о еже, который, слезая с половой щетки, бормотал, что «первое впечатление всегда обманчиво». Не мог же я, право, обсуждать с ней детали моей частной жизни до брака и объяснять, что в смысле жилплощади и даже самой тещи были другие варианты, кто знает, возможно, и лучшие. Вместе с тем, если всерьез, то, конечно, вся многолетняя история моих мытарств с московской пропиской была крайне унизительной. Сам факт, что эта власть держала меня с детских лет почти как крепостного, отнюдь не внушал мне уважения к такой власти. Еще одно замечание — более современное.

На первый взгляд может показаться странным сходство между советской идеологией и кликушеством консервативных «сострадальцев»-гопников (от G. O. P. — Grand Old Party, как ласково называют республиканцев здесь в Штатах) в смысле лицемерной их демагогии по поводу семьи как «первичной ячейки» и «фундамента» моральных ценностей общества. Вроде бы полярные идеологии. Однако, как заметил по поводу этого кликушества в одном из своих шоу «политически некорректный» Билл Майер, они хотят заменить «организованную бюрократию» на «организованную религию», и еще неизвестно, что хуже. Как раз в общности тотальной религиозности мировоззрения, будь то советская, христианская или другие религии, исключающие свободное мышление, кроется сходство между советскими большевиками и американскими правыми. Правда, в отличие от советской системы, американцы с самого начала придумали очень остроумное «противоядие» от любого морализаторства: если вы сумели (хотя бы на грани закона и морали) добиться финансового успеха, тогда дорогостоящие адвокаты и принцип «прайвеси» позволяют вам организовать свою жизнь так, чтобы скрыто игнорировать почти любые открыто провозглашаемые моральные ценности. Ну а если денег на все это нет, тогда вы попросту рядовой «лузер», что, согласно господствующей здесь кальвинистской версии протестантизма, и есть ваше божественное предназначение. Если вы думаете, что я иронизирую, то ошибка ваша. Рекомендую прочесть забавную книжку Edward Luttwak «Turbo-Capitalism» (Winners and Losers in the Global Economy; N. Y.:

Harper Perennial, 2000). Ничего загадочного в этом новом виде капитализма на самом деле нет. Автор книжки будет вас интриговать на протяжении первых тридцати страниц, чтобы затем сообщить вам, что речь идет о так называемом «ускоренном» капитализме. Наиболее интересные в книжке — две короткие главки на с. 17 и 20, из которых вы узнаете, во-первых, «почему победители в Америке живут без удовольствия», и, во-вторых, «почему неудачники в Америке согласны со своей судьбой». Желаю успеха!

Появление собственных детей в нашей молодежной компании, как и обилие новых семейных обязанностей, несколько сократило наши совместные встречи и развлечения, но отнюдь не свело их к минимуму. Если позволяли наши бабушки, мы приезжали с Натальей на Горького не только на семейные даты, когда Квартира по-прежнему была до отказа заполнена народом, но и в обычные выходные или даже будние дни. В какой-то период обнаружилось сильное пристрастие к преферансу. Герф и Наташа участвовали, правда, без большого энтузиазма. Но мы с Орловой иногда просто буйствовали. При этом оба обожали заявлять мизер и не просто сажать один другого, но делать это с глубоким расчетом, вынуждая оппонента подзалететь на максимальное число взяток. Понятно, что о суммах речь не шла, так как зарплаты у всех были сами по себе мизерные. Но для кайфа три—пять рублей тоже создавали настроение. Сколько колкостей на свой счет приходилось выслушивать от Орловой, особенно когда она проигрывала и злилась. В общем, обсуждали не только высокую политику, литературу и искусство, но и повседневный быт.

В конце 60-х родители Орловой приобрели квартиру в писательском кооперативе у метро «Аэропорт» и уехали туда вместе с бабушкой Либерзон. Там мы бывали редко. Наталья утверждает, что она ни разу не была. А у меня какие-то смутные воспоминания хранятся, но не очень связные. Квартира на Горького и вовсе стала молодежной. Время от времени в ней делались разные достройки дополнительных комнат, следуя изменениям в семейном положении молодежи. Кухня, правда, долгое время оставалась в первозданном виде и была самым любимым местом для курения, чаепития и длительных бесед в разном составе. Ирка Сапожникова до своего замужества часто принимала в них участие, поскольку жила где-то рядом. Нам с Натальей надо было добираться от Университетского проспекта, но любимый 111-й полуэкспресс доставлял нас почти до Квартиры за полчаса. Жизнь вокруг постоянно кипела и пенилась.

Узелок одиннадцатый
С. ОРЛОВА СТАЛА С. ИВАНОВОЙ

Почему, при каких обстоятельствах и даже когда точно Орлова и Герф решили расстаться, я не помню, а скорее всего, и не знал, потому как не обсуждал этого ни с ней, ни с ним. Аналогичная история была и у Кирилла с его первой супругой, и у Тани Сиряченко с Н. Шумским. Я старался не лезть в эти дела, поскольку все уже были взрослыми, а слишком «заинтересованное участие» к хорошему обычно не приводит, только отношения становятся натянутыми. Я относился к этому как к стихийному бедствию, которое надо пережить с достоинством. Вообще, очень не люблю, когда близкие мне люди серьезно ссорятся, хотя бы и не до развода.

Тем не менее это случилось. Женя, правда, появлялся в Квартире, чтобы пообщаться с Ленькой, и поскольку я встречал его там, хотя сам бывал в середине 70-х уже относительно редко, полагаю, что его общение с Квартирой и ее персонажами было регулярным. Маша Орлова вышла замуж и к тому времени жила уже отдельно. Р. Д. и Лева вместе с бабушкой давно жили в писательском доме у метро «Аэропорт». Леня уже подрос и стал школьником. Соответственно, и сама Орлова была занята массой всяких бытовых сложностей.

Однажды я заночевал в Квартире, по причине проблем, как утверждает Орлова, в моей собственной семье. Вполне возможно, поскольку некоторые проблемы действительно были, и как раз в то время. (Я тогда активно хотел эмигрировать, а Наталья все время ссылалась на то, что не может оставить маму одну, а теща «даже подумать об этом не может», пока жив В. А. Энгельгардт.) Впрочем, конкретный повод не столь уж важен. Встав поутру и оставаясь почти полуголым, только завернутым в какую-то накидку, я устроился в кухне в ожидании чая, без которого утром я не мог начать курить. Здесь меня и застал Кома, или Вячеслав Всеволодович Иванов, который появился вполне элегантно одетый. Так я понял, что Орлова стала теперь тоже Иванова. Кома потом говорил, что я вел себя довольно нахально, высказывая неудовольствие по поводу отсутствия дополнительной раковины в специально отгороженном закутке для ванны, в силу чего приходилось чистить зубы там же, где моют посуду. Может быть, и говорил. В. В. — человек очень серьезный, и у него нет привычки создавать «житейские мифы». Орлова верит, что все именно так и было, поскольку вполне согласуется с общей концепцией моего поведения. На самом деле мой «эпатаж» возникал не намеренно, а скорее от смущения и неловкости ситуации. В конечном счете у нас установились дружелюбные отношения, тем более что оказалось много общих интересов научного порядка.

Как-то, в очередной приезд в гости, у нас с В. В. завязалась дискуссия по поводу природы шизофрении и вообще мозга и сознания. Орлова, хотя и что-то вязала в то время как сумасшедшая (шарфы какие-то, шапочки и т. п.), принимала самое живое участие в беседе и сказала: «Гиндилис, тебе, чтобы поумнеть, надо обязательно прочесть Комину книжку». Действительно, В. В. как раз в то время только что опубликовал небольшую книгу «Чет и Нечет», где собрал много занимательных наблюдений и фактов относительно параллелизма в работе компьютера и мозга, а также изложил свои соображения по многим спорным вопросам искусственного интеллекта и т. п. Естественно, я тут же выпросил экземпляр и в следующие два дня буквально проглотил текст. Не со всем там написанным «была я согласная», но одна тема сильно завладела моим сознанием. В. В. очень убедительно показал различия между работой левого и правого полушарий мозга, причем в таком ракурсе, который оказался для меня новым. С тех пор мой интерес к вопросам полушарной асимметрии мозга во всех аспектах этого феномена только непрерывно возрастал. И более того, возникали какие-то идеи. Я об этом расскажу в части 2-й (см. там фрагмент «Гены и психика»). По сути, все это — в развитие того знания, которое В. В. так удачно мне передал, хотя он, возможно, и не согласится с моей интерпретацией полушарной асимметрии мозга и, конечно, не несет никакой ответственности за мои высказывания по этому вопросу.

Ближе к нашему времени, с конца 70-х, мы общались уже на новой квартире. В связи с семейными делами Орлова разменяла наше любимое место тусовки на Горького. Жизнь есть жизнь. Новая квартира была на Трифоновской, намного дальше и от центра, и от нас с Натальей. Хотя и реже, но народ продолжал общаться на новом месте тоже. Думаю, что по одной этой причине доходы московских таксистов должны были возрасти. Для меня лично поездки на Трифоновскую были своеобразным возвращением в детство, о чем я рассказал в самом начале. Хотя и редкие, но всегда интересные встречи с В. В. имели иногда неожиданные последствия. Как-то, в начале 80-х, наш научный центр проводил весеннюю школу молодых психиатров в Суздале (модное дело в те годы во всех академических центрах), и я предложил М. Вартаняну пригласить Кому с лекцией на эту школу. По этой причине я там задержался уже после своей лекции. Кома рассказывал об афазиях (синдромы потери речи) и об исследованиях этих состояний с целью более глубокого понимания полушарной асимметрии мозга. Среди других приглашенных знаменитостей планировался еще космонавт В. Севастьянов, о котором мы знали только, что он первый провел в космосе почти три недели, то есть был на орбите дольше всех. Марат просил меня привезти космонавта из Москвы. Я провел с ним в одной машине часа три и неожиданно многое понял относительно того, что подспудно уже назревало в советском обществе.

Это было весной, в пасхальные дни. В течение первого часа езды по подмосковному шоссе космонавт и шофер (явно из нижних чинов в органах) обменивались мнениями о том, как хороша православная русская Пасха и как плоха еврейская. Шофер доверительно сообщал, что «ныне-де кровь младенцев запрещено им добавлять в мацу, так они что делают — всех петухов в округе режут, их кровь берут, а ведь мяса-то и без того нигде не сыщешь»! Я сейчас не байки рассказываю, я свидетельствую. А что же наш космонавт, общавшийся с небесами? Да ничего! Одобрительно поддакивал и вставлял свои экспертные замечания. Из последующих монологов Севастьянова я узнал, что с первых дней советской власти Россию распродавали «направо и налево» американским евреям. «И мы знаем, кто этим всем занимался и руководил, и придет время — все они понесут наказание, хотя главные из тех, которые были в самом начале, жаль, уже свое получили». Я был в шоке, ибо до расцвета махрового шовинизма во времена перестройки оставалось еще несколько лет, то есть советский режим пока еще никто не отменил, органы еще бдели денно и нощно. «Почему он такой смелый?» — думал я про себя. В какой-то момент я даже заподозрил, уж не меня ли тестируют на предмет моей преданности. Все это время я смотрел в окно на мелькающие дачные поселки и перелески, всем своим видом показывая, что их беседа меня не интересует.

Вскоре тема эта космонавту наскучила, и он стал делиться фактами из своей жизни. В связи с полетами в космос мне запомнились два факта: во-первых, он, оказывается, был первым, кто наблюдал эффект так называемой «водной линзы», когда детали океанического дна кажутся увеличенными за счет толщи воды, и, во-вторых, все первые космонавты из-за невесомости страдали жуткими рвотами. Особенно он живописал про «первую женщину», кабина которой была, по его словам, «вся умазана». Позже врачи научились с этим справляться, и он сам уже в большой степени избежал этого. Еще он рассказал, что в юные его годы одна цыганка говорила, что на роду ему предписано несчастье, но он его избежит и станет знаменитым. Вообще заметный интерес к разного рода паранормальным явлениям чувствовался во многих его замечаниях. Возможно, профессия его к этому обязывала. Очень подробно он обсуждал свою роль в известном матче Карпов — Каспаров на звание чемпиона мира по шахматам. Я уже забыл детали, но очень он сетовал, что не то сам Каспаров, не то какие-то его «психологи» сильно мешали Карпову концентрироваться своими «мыслительными командами». И неизвестно, «как бы все кончилось», если бы не вмешательство космонавта. Успел он там пообщаться даже с одним «великим филиппинским хирургом», который удалил ему небольшую кожную опухоль без ножа и боли. Уже через день никаких следов не осталось.

Наконец и это ему наскучило. Тут он обратился ко мне прямо и спросил, а чем, собственно, я занимаюсь. Последующие часа полтора мне пришлось отвечать на его вопросы относительно исследований моей лаборатории и нашего центра вообще. В какой-то момент я впервые при обсуждении темы шизофрении с непосвященным попал впросак. Обычно я очень осторожен, когда обсуждаю эту тему с неспециалистами. В этот раз я просто утерял бдительность. Объясняя ему, почему мы исследуем отпечатки пальцев и ладоней у больных и их родственников (для контроля), я упомянул о гипотезе, предполагавшей возможную задержку развития мозга еще внутриутробно. Не в такой степени, как при болезни Дауна (при которой имеется тяжелое слабоумие, вызванное лишней хромосомой), но все же ряд косвенных признаков задержанного эмбрионального развития находят и при тяжелых формах юношеской шизофрении. Одним из признаков такой задержки при болезни Дауна является поперечная ладонная линия, наблюдаемая почти у всех больных. Такая линия встречается и среди упомянутых больных шизофренией, причем чаще, чем в контроле. Это и есть причина, почему мы тщательно изучали этот феномен. В этот момент космонавт со словами «такая, что ли?» показал мне одну из своих ладоней, на которой, к удивлению своему, я увидел типичную так называемую обезьянью складку. На мгновение наступило неловкое молчание, когда я лихорадочно соображал, что же мне ему сказать. Тут я вспомнил про его цыганку и заявил, сам очень довольный таким аргументом: «Я думаю, что цыганка понимала, что говорила, когда упоминала про несчастье, написанное вам на роду. Но ведь она и обещала вам избежать его. Так что у вас теперь есть явное доказательство ее предвидения!» Он не стал возражать и задумался.

В дороге был еще один характерный эпизод. У одной из бензоколонок шофер решил заправиться в обоих смыслах — и бензином, и перекусить. Он о чем-то шептался с двумя молодыми работницами, которые при этом с любопытством разглядывали нашу черную «Волгу». Потом шофер подошел к машине и попросил космонавта выйти и показаться девушкам. К моему удивлению, Севастьянов не только не возразил, но и ломаться не стал, а снисходительно выплыл из машины, барственно поприветствовал этих работниц, а потом и за ручки их подержался. Думаю, что у тех на месяц была тема для обсуждения в семьях и с соседями. Был тут, однако, более занимательный для меня момент. У шофера оказался свой интерес в этом бизнесе — он заполучил от девушек кое-что бесплатно. Пустяк, а приятно. К тому же все остались довольными, включая даже меня, который увидел в этом некие «первичные данные», которые годятся «для конверсии их в новое знание».

Неоднократно я размышлял потом о деталях этой странной беседы и понял, что космонавт действительно не боялся говорить откровенно антисоветские вещи, что он где-то даже бравировал этим. Но это означало, что и в органах и в верхнем эшелоне Партии многие размышляют в том же направлении. Забавно: ленинская партия и сталинские органы полагали, что они поставили православную церковь под свой полный контроль, ибо именно они подбирали студентов в духовные училища по закрытым комсомольским путевкам и это они готовили и назначали иерархов РПЦ. Но со временем произошло неизбежное сращивание этих институтов, и в конечном счете оказалось не совсем ясным, кто же кого на самом деле контролирует и какую идеологию они все вместе защищают.

Уже ясно, что я приблизился в своих воспоминаниях ко времени, когда медленно надвигалось бегство из Союза. Из высказываний космонавта Севастьянова на меня повеяло духом грядущих перемен. С Орловой и всей нашей компанией я еще изредка встречался на Трифоновской. Однажды была шумная встреча с приехавшим из Германии Л. Копелевым. Перестройка приближалась к своему апофеозу. Незадолго до своей кончины была Раиса Давыдовна. Одновременно нарастало неизбежное мое противостояние с начальством в нашем психцентре, которое тянулось с переменным успехом несколько лет. Тяжело заболел и ушел из жизни Кирилл Гринберг (подробнее об этом в части 2-й).

Все шло к тому, что отъезд становился неизбежным. К осени 89-го я созрел и стал «оформляться». В 90-м уехал сын, а в конце июля 91-го, как раз накануне провалившегося заговора номенклатуры, уехали и мы с дочерью.

Наталья организовала нам с Таней гостевое приглашение к давним друзьям в Германию и даже сама отправилась туда на два дня раньше, чтобы провести наши документы для въезда в Штаты, провела с нами четыре дня в Кельне и вернулась в Москву, а мы с Таней оказались вскоре в Чикаго. Месяца через два Наташа тоже приехала в Штаты по рабочему контракту и сначала осела в Нью-Йорке, чтобы помочь детям с адаптацией, а потом переехала в Бостон. (Все это само по себе для хорошей повести, но в другой раз.) Между прочим, естественный вопрос — как это нам удалось собраться здесь вроде бы вместе, но с разным статусом? А все просто. В отличие от меня, Наталья вовсе не стремилась эмигрировать из страны, хотя не исключала возможности поработать год-два в Штатах. Дети колебались, и их настроения сильно зависели от многих обстоятельств, случавшихся в сложное время конца перестройки. Кроме того, точно в тот день в октябре 89-го, когда мы должны были проходить интервью в американском посольстве в Москве, у Натальи была назначена защита ее докторской. Ни одно из этих двух событий мы перенести, конечно, не могли. Пришлось месяца за два до этого оформить развод. А когда, приехавши порознь, оказались в разных городах и заимели работу, то менять что-либо было уже поздно. Сами знаете, как в Штатах с работой. Я еще наивно мечтал, что удастся мне со временем заработать на большую квартиру в хорошем месте и собрать всю семью вместе. Однако местный босс, тоже из иммигрантов, но предшествующей волны, приземлил меня, объяснив, что 80% американцев имеют заработок меньше 20К* в год, а на мои научные степени и профессорское звание здесь «всем насрать!». Посему я был рад, что меня вообще взяли в его контору, хоть и с зарплатой медицинского лаборанта. Наталья по рабочему контракту со старта и то больше получала. Так оно и покатилось дальше. Конечно, перезванивались постоянно. Но приезжали один к другому лишь изредка и уже как гости. Чаще я в Бостон, чтобы не забыть лица, включая тещино. Таким образом, изречение «всякая инициатива наказуема» в известной мере справедливо, а еще «всякий товар свою цену имеет» тоже, наверное, не звук пустой. Года через три сын вдруг вовсе слинял обратно в Москву, поскольку, будучи по случаю в отпуске, женился там и стал экстенсивно воспроизводить наши общие гены. Теперь вот уже двое внуков. Таким образом, жизнь продолжается, и это все имеет свои занимательные стороны. Есть что наблюдать и о чем поразмышлять.

Через два-три года выяснилось, что треть бывших моих учеников и сотрудников оказалась либо в Штатах, либо в других западных странах. Появились здесь в начале 90-х и Кома с Орловой. Однажды я

---

* 20 тысяч долларов (*примеч. авт.*).

даже виделся с ними в какой-то нью-йоркской гостинице, но до Чикаго за все эти годы доехать они не смогли. Осели позже в Лос-Анджелесе. Кома читает лекции в одном из университетов. Живут на два дома — полгода здесь и полгода в Москве. Судя по всему, нынешняя их квартира в Штатах продолжает многие традиции Квартиры на Горького. Так же постоянно звонит телефон, кто-то приезжает и уезжает, вечные гости. Поговорить с Орловой удается сравнительно спокойно только в одном случае из десяти. Благодаря достижениям телефонной техники она успевает, как и в обычной беседе, говорить одновременно с несколькими людьми о самом разном. Жизнь катится, кое-что меняется, но многое в Орловой остается из того же, по-своему радостного, времени 60-х.

Развязка
О ПОСВЯЩЕНИИ

Чувствую, что должен дать я пояснения к посвящению этих мемуаров. Почему одних выделил, а других не включил, хотя тоже общался, знал и они влияли на мое восприятие происходящего вокруг нас. Но, с другой стороны, это ведь не автобиография. Хотел-то я рассказывать в основном о людях из Квартиры на Горького, хотя иногда отвлекался и увлекался, желая точнее обрисовать время с его «ароматом эпохи». Таким образом, были у меня определенные рамки. А те — другие люди, оставившие заметный след в моей жизни и достойные внимания, — их вообще-то много, и тогда вам пришлось бы читать еще столько же.

Скажем, Генрих Леопольдович Эйхлер (из российских немцев), учитель русской словесности в моей школе в Караганде. Я был восьмиклассник, год 1952-й, только-только вступал в сознательную жизнь. Он разрешил мне бывать у него дома, где обсуждал со мной не только литературу, но и историю с философией, далеко за пределами школьной программы. (А. В. Снежневский определенно сказал бы, что тогда у меня был так называемый «пубертатный шуб» с элементами «метафизической интоксикации».) По сути, Г. Л. был первым, кто совсем ненавязчиво подтолкнул мое сознание и показал, что и при советском режиме возможен самостоятельный взгляд на действительность. При этом он отнюдь не высказывал какие-то антисоветские мысли. К сожалению, через год он умер от опухоли мозга, будучи только 49 лет.

Или уже кратко упомянутый Александр Александрович Любищев, совершенно уникальный осколок интеллектуальной жизни, с корнями еще в дореволюционной России. По сути, он стимулировал мой выход за пределы убогой ленинско-сталинской версии марксизма, да и за пределы марксизма вообще. Он написал три тома книги «Линии Платона и Демокрита в мировой культуре», где страстно доказывал, что именно философы-идеалисты сыграли на самом деле главную конструктивную роль в развитии мировой культуры. Я прочел это в рукописи. Многое было интересно, и кое-что я взял на заметку (например, возможность эволюции *формы* независимо от *содержания*, что для советских марксистов звучало как проповедь сатаны). Но... у меня постепенно складывались собственные взгляды, и идеализм как таковой, а в платоновской версии особенно, не мог быть моим выбором.

Родители Светки Орловой. Многое из того, что я рассказал выше, как и многое, о чем рассказывают другие, не оставляет сомнений в том, что духовная атмосфера Квартиры на Горького, порождаемая личным примером ее главных героев — Раисы Давыдовны Орловой и Льва Зиновьевича Копелева, — оказала огромное влияние и на меня, и на многих, кто бывал там постоянно или часто. Наши мнения иногда расходились по некоторым общим проблемам, но не это главное. Прежде всего, это были порядочные, честные и мужественные люди. Личности огромной притягательной силы. Рискуя личным благополучием, они показывали пример честности и мужества и когда боролись за И. Бродского, и когда помогали подняться А. Солженицыну, и когда подписывали протест против ввода советских войск в Чехословакию (на что осмелились лишь единицы), и когда поддерживали академика А. Д. Сахарова, и когда ежедневно боролись за правду о судьбе политических заключенных в советских лагерях. Я с ними общался много лет, и я это видел. Это помогало мне в том, чтобы не замуровать себя в скорлупу обывателя. Их присутствие в посвящении лишь малая дань их светлой памяти.

Анатолий Марченко. С ним я виделся и коротко говорил только однажды, в тот редкий случай его полулегального приезда в Москву, когда он пришел попрощаться с Л. Копелевым и Р. Д., уезжавшими в Германию, и очевидно надолго. (Тут тоже был забавный эпизод. Лева попросил Орлову запомнить для него заходивших с «до свиданием», в связи с чем она первая встречала гостей у входных дверей. В один из моментов в дверях оказалось трое незнакомых ей людей, и она вежливо спросила вроде того, кто такие. В ответ один из пришедших тоже спросил: «А вы-то кто?» Впервые Орлова не нашлась что сказать подходящего к случаю и с некоторым вызовом выпалила: «А я из КГБ!» Тогда тот же мужчина спокойно сказал: «А я Анатолий Марченко».)

Я давно испытывал к этому человеку огромное уважение. Более того, это была некая сложная смесь восхищения его мужеством и одновременно щемящего сочувствия трагизму этой стойкости. И еще как бы моей вины за беспомощность и неспособность во весь голос бросить в лицо этому гнусному режиму: «Что ж вы, суки, делаете?!» Ни тяжелая судьба моего собственного отца, ни удивительные политбайки моего родного дяди (см. ниже), никакие западные радиоголоса не порождали во мне такого гнева, какой я испытал, узнав о судьбе этого рабочего парня из его книги, которую я прочел в ее первой самиздатовской версии. К сожалению, не многие знают о нем, тем более здесь в Штатах. Естественно, сегодня я, наверное, уже подзабыл какие-то детали из жизни Анатолия Марченко, поскольку было это все же почти сорок лет назад, но суть его истории всегда при мне. Судите сами.

Годы 1959—1960. Скудные проявления увядшей «оттепели» середины 50-х. Непрерывные скачки скороспелых хрущевских реформ. Лицемерная борьба за мир. Ежедневная беготня в поисках продуктов или товаров. И вместе с тем постоянно подогреваемый всей мощью советской пропагандистской машины энтузиазм с освоением целинных земель, с закладкой новых великих строек коммунизма. Через двадцать лет — «уже при жизни нынешних поколений советских людей» — нам гарантировано вступление в «светлое будущее всего человечества». Многие из нас будут жить уже при коммунизме, в 1980 году! И мы должны сделать все, чтобы ускорить наступление этого всемирного счастья, ожидаемого тысячелетиями. На таком фоне простой рабочий российский парень А. Марченко, из какой-то глуши, едет по зову сердца и по комсомольской путевке в Казахстан, чтобы личным ударным трудом приблизить всеобщее счастье. В России много таких же скромных, по-настоящему совестливых парней и девушек, безгранично верящих родной народной власти.

Но реалии советской жизни разнообразнее и сложнее пропагандистских схем. Общежития для молодых рабочих часто перенаселены и неблагоустроены. Начальство и обслуга общежитий приворовывают вполне открыто (жизнь-то тяжелая!). После длинного и тяжелого рабочего дня для расслабления вдоволь водки, карты, киношка, танцы и шастания по ночам в женские общежития. Конечно, комсомольские собрания и политбеседы, которые воспринимаются всеми участниками как неизбежный рок, которого можно изредка избежать, но проще пережить, потому как относительно недолго и не очень часто. Впрочем, ситуации могут обостряться, так как этническое разнообразие вносит иногда свои поправки в «нерушимую дружбу социалистических наций». (Среди вовлеченных в основном русские, украинцы, казахи, белорусы, ингуши, чеченцы и российские немцы. Последние три этноса, как правило, из ближайших поселений, куда их сослали в военное время. Хотя де-юре еще не реабилитированные, но де-факто уже как бы вновь приняты в семью народов. Среди моих ближайших друзей в карагандинском мединституте, чуть ранее и там же в Казахстане, были вовсе не евреи, а немцы и ингуши.)

Так вот, в один из таких вечеров в одном из мужских общежитий вспыхнула жестокая полупьяная драка в основном между чеченцами и русскими, в которую моментально вовлеклись более сотни парней. Анатолий спал, но, разбуженный, бросился разнимать и убеждать бившихся практически насмерть. Нагрянувшая милиция замела всех, кто был в общежитии. Разбирались недолго и без деталей. Он тоже получил срок, относительно короткий, вроде два года. Для него это был шок. Он так безгранично верил в справедливость этого режима, «родной народной власти». Он никак не мог осознать, почему такое отношение к нему, который и есть основа этого режима. И как теперь смотреть в глаза родителям и друзьям в его глуши? В их глазах он теперь преступник! Возможно, если бы оказался он попроще по своему интеллекту и характеру, может, все и обошлось бы. Но что-то, очевидно, было в природе его личности, впрочем, характерное для настоящих русских людей — возмущение несправедливостью, а иногда и прямое ее неприятие, протест. Он интуитивно ощущал случившееся как предательство его идеалов, его веры.

С одним из напарников он решил бежать, но не просто куда-то в леса и далекие деревни, а за кордон. Ибо если утеряна прежде такая сильная вера, то и бежать надо на «ту» сторону. В тот момент, несомненно, еще обычное мальчишество. Потому как просто искренний и чистый. Были бы рядом умные люди, наверное, смогли бы успокоить и убедить всего парой слов. Но «перст Божий» очертил иной путь. Около границы их и взяли. Вы видели когда-нибудь советскую границу? Я там бывал и видел. Конечно, не точно в том же самом месте. Но наши границы везде были одинаково непроходимы. Когда режим говорил: «Советские границы всегда на замке», — это был, пожалуй, один из немногих случаев, когда власти действительно не врали. Даже и после того, как беглецов взяли, у властей был шанс разобраться в ситуации и увидеть, что речь-то идет об обиженных мальчишках, которые по большому счету все же «свои, советские, русские» и на ту сторону подались «сгоряча». Но эта власть была по сути своей антинародной, антиличностной, и гниение ее тогда только крепчало. Теперь Анатолий получил уже восемь лет.

И понятно, что, оказавшись в среде «политических», как и полстолетия назад сами большевики по тюрьмам, ссылкам и каторгам, герой стал размышлять и слушать. Стал что-то читать о марксизме уже посерьезному и постепенно осознавать то, что режим тщательно скрывал от населения много десятилетий. Наверное, были рядом и такие, кто давно маялся по ГУЛАГу, был умудрен опытом и охотно делился своим пониманием действительности. Поскольку Анатолий оказался полным антиподом Ивану Денисовичу, столь душевно близкому Солженицыну, его жизнь в ГУЛАГе была кошмаром. Я не буду углубляться в детали. Почти все уже знают, что такое ГУЛАГ. Но тем, кто хотел бы узнать больше об А. Марченко, советую найти и прочесть его книгу «Мои показания». Она, а еще «Крутой маршрут» Е. Гинзбург (матери Василия Аксенова), ставшие известными еще до «Архипелага

ГУЛАГ» Солженицына, в большой мере открыли глаза на советские лагеря и масштабы политического террора и кошмара, там происходившего. Жаль, что о тех двух книгах упоминают и пишут много реже.

Вряд ли я должен еще что-то объяснять. Судьба Анатолия Марченко послужила для меня как бы последним триггером в эмоциональном неприятии советского режима. Я и сейчас не могу вспоминать о нем без душевной боли. Его присутствие в этом посвящении очевидно.

Дядя Мац. Наконец, о моем родном дяде. Он не имел отношения к Квартире. Но его хорошо знали и Орлова, и все другие мои друзья. Кстати, с Орловой и Таней Сиряченко у него были взаимные симпатии, как и у меня с бабушкой Либерзон. Когда они звонили мне и он брал трубку, он обычно говорил: «Иди. Твои невесты о тебе беспокоятся». Познакомившись с ним, Орлова любила цитировать некоторые его высказывания с характерными этническими интонациями: скажем, когда она просила подозвать меня к телефону, дядя обычно сообщал, что «Витя пошел на дворргх». При этом имелось в виду, что я просто куда-то вышел по делам. Орлову, однако, такая формулировка особенно забавляла.

У дяди не было своих детей, но дети его ближайших родственников, а потом и дети этих детей были и его детьми — он помогал их кормить, обувать и воспитывать. Одного этого было бы достаточно, чтобы вспомнить о нем в посвящении. Но лично мне он дал много больше. Он стал относиться ко мне почти по-взрослому, когда я был еще подростком. Еще был жив Сталин, еще фабриковались «дела» с расстрелами, а он иногда рассказывал мне кое-что и об истории советского режима, и об истории России вообще.

Например, большое впечатление на меня произвел такой факт. Оказывается, дядя расстался с большевиками еще в 1922 году, тихо не явившись на очередную чистку-перерегистрацию, поскольку уже тогда понял, куда катится этот режим. О нем забыли. Останься он тогда в партии, был бы определенно расстрелян в 30-х, так как иногда гостевал у людей, близко знакомых с Горьким и Бухариным. (Кстати, этот эпизод с партийностью дяди совсем не уникальный. Орлова мне поведала еще более яркий пример с Тамарой Владимировной Ивановой, мамой Комы. Она вступила в партию в 18 лет (1918 год). Но в следующую ежегодную партийную чистку ее, да и почти всех остальных в ее первичной ячейке, исключили из партии по причине сомнительности социального происхождения. Правда, через год всех исключенных снова приняли в партию. Одна Т. В., очень обидевшись, отказалась возобновить свою партийность. Так вот, в 30-х годах «тех всех» либо расстреляли, либо загнали в ГУЛАГ. Только одна Т. В. и осталась на свободе.) Задолго до доклада Хрущева на

XX съезде дядя рассказывал мне о подложной сталинской копии завещания Ленина, а также о причинах (голосование на XVII съезде) и подробностях убийства Кирова и о том, что за этим последовало (большая часть делегатов того съезда были сосланы с женами и детьми, а многие из делегатов расстреляны). Частенько он и отца моего ворчливо поругивал: «Не звонил бы в ЦК и не писал бы Сталину письма, когда его из партии исключили, то и лагерей избежал бы. Отсидеться надо было где-нибудь на глухой стройке, и забыли бы о нем. Дурак он, твой отец». (Понятно, что говорил он это незлобиво, скорее сожалел, что не смог тогда убедить его в своей правоте.) Не меньшее впечатление на меня произвел рассказ о том, что перед войной действительно был заговор военных против Сталина, но, как и в случае с восстанием декабристов, в самый последний момент маршал, который должен был руководить арестом Сталина, сдрейфил, сказав что-то вроде: «Нет, не могу, рука на генсека не поднимается!» — чем и подписал свою собственную казнь.

Или такой поворот — в момент, когда германские войска были уже практически в пригородах Москвы и в городе начались паника, грабежи и прочие эксцессы (в эти дни дядя пешком возвратился в город после того, как эвакуировал два подотчетных ему исследовательских института), группа профессоров-медиков сформировала негласный комитет по встрече Гитлера. Наши соседи по коммуналке до блеска вылизали свои комнаты и все места общего пользования, украсив помещения зеркалами, искусственными цветами и прочим антиком, хранившимся у них с революционной поры, когда они захватили эту квартиру богатого адвоката со всем ее содержимым. Дядя Мац не уехал в эвакуацию вместе со своими институтами, он остался в Москве и тушил бомбы на крыше нашего многоквартирного дома. У него было семь осколочных ранений. И он был скромным евреем, профессором бактериологии и гигиены, давшим путевку в научную жизнь и народное здравоохранение сотням русских людей, которые его любили. Я это видел на его похоронах. В связи с этим хотелось бы узнать у прохановых-шафаревичей, какой резон был жидомасонам засылать в Россию такой «малый народ», в котором сотни тысяч дядей мацев трудились на благо «большого народа» и в конечном счете российского государства как такового.

После войны Сталин погнал очередную волну «разоблачений» и репрессий, затронувших и саму партию («Ленинградское дело»), и военных, и промышленность, и литературу, и науку, и медицину. Немногие еще помнят вакханалию, связанную с «идеями» старой большевички О. Лепешинской (кстати, вполне русской), якобы открывшей зарождение живого вещества в ступке, в которой она растирала гидру. А ее пропаганда «содовых ванн» как средства для долгожительства свыше 100 лет! Критиков — крупных ученых — лишали работы и высылали. Дядю Маца тягали на закрытые совещания в органы как одного из экспертов. Он не боялся сказать, что все это антинаучный вздор («халоймес», как говорила моя мама).

Еще дядя Мац рассказывал мне о Столыпине. В отличие от черносотенцев царского времени, современные их копии удивились бы, узнав, что дядя отзывался о Столыпине весьма позитивно. (Тут ничего странного нет, поскольку современные псевдопатриоты-державники познают историю России вовсе не по оригинальным документам, а по выступлениям политических кликуш на своих собственных митингах.) Дядя говорил мне, что при Столыпине не было бы ни Первой мировой войны, ни Февральской, ни Октябрьской революций, а Россия завершила бы плавное вхождение в капитализм, конечно, со своей национальной спецификой. Но кого же тогда не устраивал Столыпин? Православные «патриоты» скажут вам, что это «мировая закулиса» во главе с жидомасонами, имея цель разрушить истинный Третий Рим — Великую Россию, — поссорила ее с Германией и напустила на нее евреев, которые и сделали обе революции. А на самом деле как было дело со Столыпиным? Уже самостоятельно я рылся в недавней русской истории, читая и старые, и новые источники, но об этом см. в послесловии.

Думаю, что с дядей Мацем все ясно — это была личность в самом глубоком смысле. Он дал мне очень многое, я же не успел почти ничего. Впрочем, он понимал, что я люблю его и глубоко уважаю. Теперь, хотя бы таким образом, я хочу сохранить память о нем для других, в том числе и для моих внуков.

Академик Сахаров. Отдельно об А. Д. Сахарове, с которым мы однажды встречались. Я знал многие факты из его правозащитной деятельности, частью потому, что они широко обсуждались в кругах московской интеллигенции, и прежде всего в Квартире, а частью в силу общения с теми, кто какое-то время был близок к академику.

В начале 70-х в Москве много говорили об одной интересной беседе с участием А. Д. За достоверность всех деталей не отвечаю, но байка была следующей. Якобы Андропов, тогда глава КГБ, позвонил академику на работу и пригласил его для беседы к себе на Лубянку. А. Д. сослался на свою «исключительную занятость» и отказался приехать, но добавил, что «с удовольствием побеседует, если товарищ… найдет время приехать к нему в Курчатовский институт». Вроде бы товарищ продолжил беседу по телефону и обратил внимание академика на то, что его политическая активность уже давно вышла «за рамки», даже с учетом поблажек в силу его личных заслуг перед государством. А. Д., однако, наивно убеждал товарища в важности и полезности своей деятельности как раз для блага отечества. Собеседники завершили обмен мнениями, оставшись каждый при своих. Но на следующий день, когда А. Д. приехал на работу, его проходная карточка, без которой нельзя было войти на этот всем известный «очень секретный объект», оказалась почему-то недействительной. Его просто не пустили на работу — не арестовали и даже не уволили, просто оставили без работы и без зарплаты. Понятно, что в такой ситуации найти новое место трудно, хотя он был вроде как «отец» водородной бомбы, академик, трижды Герой Соцтруда с бронзовым бюстом на его малой родине. В академии знали о его разговоре с Андроповым, и многие отнюдь не сочувствовали, кто из страха, а кто из банальной зависти. Академик Скобельцын, однако, готов был взять Сахарова к себе в Физический институт (ФИАН). Была, правда, одна загвоздка — зачисление на любую научную должность формально требует открытого конкурса и тайного голосования на ученом совете. Скобельцын не был уверен в своем ученом совете в этом случае. Ряд работавших там профессоров, включая одного нобелевского лауреата, могли голосовать «против» в силу откровенного верноподданичества. Как рассказывали, либо сам Скобельцын, либо иной умник подсказал, но выход был найден. Дело в том, что в Курчатовский институт Сахарова привлек сам И. В. Курчатов в ранние послевоенные годы, когда А. Д. был аспирантом как раз в ФИАНе. При этом перевод в «Курчатник» был оформлен приказом как «спецкомандировка». Таким образом, Скобельцын мог зачислить А. Д. на работу простым приказом типа, например, такого: «На основании факта завершения спецкомандировки аспиранта А. Д. Сахарова, направленного согласно приказу за номером таким-то от такого-то числа (куда, зачем и когда направленного — это закрытые данные, конечно), считать академика А. Д. Сахарова возвратившимся на рабочее место с зачислением его на должность и. о. старшего научного сотрудника». Для этого, понятно, не требовалось голосования в ученом совете. Так ли это было на самом деле, знает, конечно, Е. Боннэр — вторая жена А. Д. и сподвижница его по правозащитной деятельности. Я с ней не был знаком, так что проверить все эти байки не мог. Но они широко ходили тогда по Москве и в этом смысле по-своему отражали «аромат времени».

Реакция А. Д. на телефонный звонок Андропова поразила и где-то даже вдохновила меня. Оглядываясь назад, могу честно сказать, что не знаю, действовал бы я в похожей ситуации (см. часть 2-ю) так же спокойно, если бы до этого не знал, как поступил А. Д. Именно такая манера поведения была мне близкой, и его реакция послужила для меня ясной моделью.

Был у меня случай поговорить и с самим А. Д., но совершенно по другому поводу. Однажды Л. Копелев попросил меня ответить

А. Д. на вопросы, которые его в тот момент беспокоили и касались его родственников. Поэтому было бы неуместно, если бы я тогда воспользовался ситуацией для удовлетворения своего любопытства чисто биографического характера. Мы встретились в моем кабинете на работе. Е. Боннэр сопровождала его до моей лаборатории, но в кабинете мы беседовали одни. Он был уставший и озабоченный, манера беседы не просто вежливая, но мягкая. При прощании я попытался подать ему пальто, но А. Д. решительно пресек мою попытку характерным жестом, отражавшим его неприятие почитания, хотя я хотел проявить лишь обычную вежливость, учитывая мою относительную молодость. К сожалению, больше мне добавить нечего, так как тема беседы не имела общественного интереса.

Понятно, что с А. Д. личных отношений у меня не было. Включить его в это посвящение означало бы некую претензию с моей стороны, для которой нет оснований.

СОЛЖЕНИЦЫН. Теперь коротко о писателе и здравствующем пророке земли русской. Рассказывая о ранних 60-х, я упомянул, что А. И. Солженицын — это не мой герой. Хочу объяснить, почему мое восприятие этой фигуры полно противоречий. Как писатель и общественный деятель он, несомненно, оказал большое влияние на многих советских людей в 60—70-е годы. Однако ряд обстоятельств не позволяет мне видеть лишь одну позитивную сторону этой деятельности и игнорировать ту, которая находится слегка в тени.

В подтексте ряда идей и замечаний писателя всегда чувствовался некий жидофобский душок. Последний перешел в «дух» в «Архипелаге» и в «Красном Колесе». Разумеется, Солженицын не «проханов с шафаревичем», поэтому в известной мере блюдет себя и не опускается до примитивного жидофобства. Он умнее тех, кто озабочен только сиюминутной политической возней. Он хочет остаться в мировой истории, а не только в российской. И он хочет, чтобы его видели не только как антисоветского духоборца, но еще и как самого крупного русского писателя последнего столетия. И он понимает, что открытое признание своего специфического отношения к евреям могло бы както осложнить его имидж выдающегося мыслителя. Нужно быть величиной, масштаба, скажем, Достоевского или Вагнера, чтобы история отнеслась снисходительно к жидофобским эскападам «великого», игнорируя это как допустимые человеческие слабости («Что ж, и на солнце бывают пятна!»). К тому же те двое жили в прошлом веке, то есть в абсолютно дикие еще времена. Скажем, в «тогда самом демократическом государстве» — США — процветали банальное рабство и махровый расизм даже в самых «просвещенных» кругах. А нынче мы живем все-таки в очень «продвинутую» эпоху. Поэтому на прямой вопрос: «А не антисемит ли вы?» — писатель-пророк ответил скромно, но уклончиво: «Настоящий писатель не может быть антисемитом». Тем самым дал простор для интерпретаций, но явно себя не уронил. (Такой ответ я читал в свое время в одной хвалебной статье, напечатанной в каком-то из советских толстых журналов.) Иногда он и вовсе гляделся либеральным, когда вроде бы увещевал сильно помешанных, что-де «не было никакого заговора сил „мирового зла" против России». Но это скорее из области «один пишем, два в уме», то есть с оглядкой на всемирную историю, которая откровенно параноидальные идеи предпочитает игнорировать и забывать. (Напомню, что термины «мировое зло» или «закулиса» очень любимы современными красно-коричневыми кликушами — прямыми потомками российских черносотенцев-погромщиков начала века — и используются как эвфемизмы другого, столь же смешного собирательного термина «жидомасоны». Правда, в самые последние годы термин «мировая закулиса» вытесняется более «научным» — мондиализм; см. послесловие.)

Такое мое восприятие Солженицына созревало постепенно, но я не торопился с выводом. Были еще сомнения, и прежде всего были неясны причины его разрыва с Л. Копелевым. Дело в том, что порядочность Льва Зиновьевича вообще, а в вопросах правозащитной деятельности в особенности, никогда не вызывала сомнений ни у кого, кто знал его лично. Тем самым знать причины их разрыва было существенно для моего понимания самого А. Солженицына. Одно дело, если два хороших человека просто не сошлись характерами — такое случается сплошь и рядом. Пусть даже, как в свое время кто-то ошибочно думал, Лева обижен образом Рубина из «В круге первом», прототипом которого послужил. Ну и что, если даже и так — всего лишь маленькая слабость большого человека. В истории много подобных примеров. Но это не повод для меня выбирать между двумя героями. А что же на самом деле?

Я спросил об этом Л. Копелева прямо, оказавшись в июле 1991 года в Кельне по пути в Штаты. Раньше спросить не пришлось, потому как не видел оснований (в 70-х их расхождения широко не обсуждались), а позже мы практически не виделись, поскольку Леву и Р. Д. по сути «выдавили» из страны. А когда они пару раз появлялись ненадолго в Москве, это были всегда большие застолья, то есть не место и не время для исторических изысканий. В Кельне же ситуация была в этом смысле идеальной. Лева в тот момент прибаливал и работой был загружен неплотно, народ в квартире не толпился — в основном я видел лишь Машку Орлову с детьми. Мы без спешки беседовали за чаем о моих ближайших планах в связи с выездом из Союза и т. п. Тогда-то я и спросил у Левы, что послужило причиной охлаждения их отношений с А. Солженицыным. Он встретил мой вопрос без удивления и без всякой «дипломатии» сказал кратко примерно следующее. (Естественно, я не записывал его ответ в блокнот или на диктофон, но суть дела передаю точно.)

У Левы был канал передачи на Запад так называемых диссидентских материалов. Понятно, что пропускные возможности этого канала были сильно ограничены. Солженицын хотел «загрузить» этот канал исключительно своими материалами. Он хотел привлечь внимание мирового общественного мнения к трагедии русского народа. Он полагал, что западные либеральные круги слишком увлечены, скажем, борьбой с апартеидом в Южной Африке, игнорируя трагедию России. В то время Солженицын начал также проповедовать идеи губительности для мировой цивилизации непрерывно растущего производства материальных благ и в связи с этим необходимости приблизиться к природе и жить по ее естественным законам. (Многие, наверное, помнят его критику планов советского режима интенсивно развивать промышленность в северных и западносибирских областях СССР.) Он хотел говорить всему миру и об этом. Лева, соглашаясь передавать часть таких материалов и не пытаясь навязывать свои взгляды, считал, как и многие диссиденты, что в тот момент судьба конкретных людей, уже сидящих в ГУЛАГе, является не менее важной и об этом надо постоянно напоминать Западу. (Уже при позднем Хрущеве, а особенно при Брежневе, «закручивание гаек» стало набирать новые мощные обороты.) При желании все это можно считать некими «идейными расхождениями», но позиция Левы мне понятнее и ближе: судьба конкретных людей, страдающих и умирающих в ГУЛАГе, наверное, не менее значима, чем судьба любых идей общего плана.

Эта беседа прояснила мне то, что еще оставалось в области сомнений. Я окончательно понял, что сравнительно негрубое жидофобство Солженицына не было случайным и вытекало из его философии православно-великодержавного шовинизма, который легко просматривался в «глубинах» его произведений. В этом смысле кажется иногда странным, почему многие красно-коричневые так прохладны к пророку. Здесь, вероятно, две причины. Одна связана с отношением Солженицына к Шолохову, которого он вообще не считает писателем, полагая, что автором «Тихого Дона» был другой человек. Вторая — это явный антисоветизм раннего Солженицына, тогда как коричневость прохановых имеет ярко-красный оттенок.

Кстати о Шолохове. Пару раз я слышал его выступления на литературных и комсомольских съездах (конечно, только по телевизору), а также читал другие его речи и оставил всякие сомнения по поводу его интеллекта. При всех скидках на официозный и помпезный характер подобного рода собраний все-таки мы всегда можем оценить по речевой лексике оратора, насколько он умен и образован. Мне было очевидно, что между Шолоховым и, скажем, тем же Лысенко нет больших различий в мышлении и речи. Очень трудно поэтому поверить, чтобы такой примитивный ум смог выразить себя в «Тихом Доне». Кроме того, за всю жизнь, начиная с юношеских лет, когда он якобы начал писать «Тихий Дон», Шолохов «создал» всего два крупных произведения — еще «Поднятую целину». А «Они сражались за Родину» — это просто сборник статей и рассказов периода Отечественной войны. Очень может быть, что именно эти тексты военного времени он действительно написал сам на высоте трагедии тех лет. Но мы также не знаем, кто и как редактировал их тогда. Наконец, последнее, что известно, — это рассказ «Судьба человека», история происхождения которого имеет разные версии. Лексические паттерны всех четырех произведений различаются, что практически не случалось с другими писателями. В этом смысле Солженицын, возможно, не так уж далек от истины.

Ремарка. Как говорится, «на ловца и зверь бежит». Уже после написания этого куска я прочитал в нью-йоркском «НРС» от 3 ноября перепечатку из московской газеты «Труд» интервью с одним милицейским подполковником. Криминалист этот является автороведом, то есть, по его же словам: «Дайте мне текст, и я определю пол, национальность, образование и профессию человека» (то есть автора). Определяет он это «по особенностям построения фраз, количеству абзацев, употребляемым словам» и т. п. Среди разных вопросов журналистка спросила его под занавес: «...Почему же споры вокруг авторства „Тихого Дона“ велись не один год?» Ответ милицейского эксперта меня, надо сказать, удивил. Я впервые встретил в российской прессе спокойное освещение проблемы, по поводу которой столько идеологической ярости выплескивалось на публику. При этом как давно очевидное он сообщает: «То, что Шолохов не все писал сам, — факт. <...> Другое дело, что позаимствованная часть составляет тысячную долю романа. <...> Но вот автороведческую экспертизу <...> никто пока не назначал, хотя именно она окончательно расставила бы все точки...» Правда, эксперт не объяснил, как он получил оценку в виде «тысячной доли». Но это частность. Лед тронулся, и вопрос этот обсуждают теперь без идеологической истерики даже в России. Я не автороед и не криминалист, но мне и тридцать лет тому назад представлялось очевидным, что упомянутый советский «классик» далеко не все сам писал.

Завершая, хочу заметить, что, конечно, Солженицын оригинальный писатель, но Россия никогда не была бедна на писателей такого уровня и в прошлом, и в этом столетии. Подобно Герцену, он активно включился в политическую деятельность. При этом оба сыграли значительную роль в развитии свободного самосознания российских граждан и тем самым в падении в первом случае царизма, а во втором — советизма. (Как раз именно это вызывает особую ярость прохановых, ибо для них распад СССР — это распад Российской империи.) Печально, что Солженицын оказался духовно узким и, ограничив себя рамками банального великодержавного национализма, далекого от истинного патриотизма, по сути остался в круге «образованщины», которую сам так удачно определил. Это хорошо — любить свою родину Россию искренне и горячо. Но зачем при этом ненавидеть другой народ? Это справедливо — бить в набат по поводу трагедии русского народа. Но причем тут евреи как этнос? И почему столетия гонений и издевательств над евреями в России, включая советскую, менее трагичны, чем трагедия русских? И почему именно евреи как этнос виновны в том, что русские в своей собственной стране оказались в трагическом положении? Сама постановка такого рода вопросов абсурдна. В рамках здорового мозга на такие вопросы не может быть здоровых ответов. Зоологическая ненависть русского православия к евреям на протяжении многих столетий воспитала в русском народе абсолютно извращенное восприятие как самого себя, так и соседних народов.

Вернувшись домой, Солженицын проповедует все те же идеи и явно заигрывает с авторитарной властью. Изначальная его великодержавность вполне естестественно эволюционирует к православному монархическому самодержавию, при котором так называемая «народность» есть не более чем пропагандистский бантик. Впрочем, я понимаю, что жизнь — «сложная штука» и есть люди, для которых он герой, «несмотря на» или даже «как раз поэтому». Кто-то может сказать: «Да не занудствуй. Оставь ты пророка в покое. Мало кто всерьез принимает его мягкий жидофобский душок. История будет помнить его позитивные идеи и сочинения». Согласен. Более того, его одну самую короткую и самую умную мысль «Жить не по лжи!» я воспринимаю не просто как привлекательный лозунг, а как жесткий императив. Потому и не прохожу мимо одного принципиального факта.

Пророк и Шафаревич. В 60-х годах настоящий писатель и пророк участвовал в политике своеобразным дуэтом. То, что он не считал подходящим для себя самого говорить вслух, озвучивал близкий ему последователь — И. Р. Шафаревич, автор политической фантазии с известным заглавием «Русофобия». Этим сочинением Шафаревич впрыснул в сознание русского народа, а возможно, и других народов, если нашлись заинтересованные переводчики, очередную порцию жидофобского токсина. Я врач, профессионально знающий общую патологию, психиатрию и генетику. Из своего медицинского опыта я также знаю, что своевременно не обезвреженные психотропные токсины приводят к тяжелой патологии сознания. Люди, предрасположенные и ослабленные из-за отсутствия морального иммунитета к психотропным ядам, будут поражены сами и передадут этот токсикоз следующим поколениям (так называемое культуральное наследование по Н. П. Дубинину).

По сути так ведь и происходило на протяжении всего последнего тысячелетия. И что интересно, евреи, будучи, по общему признанию, «народом книги и знаний», обнаруживают вдруг детскую стеснительность в изучении исторических корней своих клеветников и убийц, избегая отчетливо сказать об источниках, питающих эти корни уже тысячелетие. Причем сказать так, чтобы слышали не только их дети-внуки, но и все другие этносы в большой округе. На мой взгляд, не очень продуктивно повторять как заклинание одно слово «холокост». К этому даже сами жидофобы давно уже привыкли. Важнее, как мне кажется, убедительно вскрывать все корни, породившие само это явление, и не бояться указывать на бурно растущую молодую поросль все из тех же моральных сорняков. Иными словами, надо наглядно показывать, *откуда вырастают эти ноги и потому так дурно пахнут*.

Имеет смысл поэтому посмотреть, кто такой автор «Русофобии», злобного памфлета, ставшего настольным для российских красно-коричневых. Чье знамя он подобрал? Откуда черпал свои геополитические идеи этот эксперт по абстрактным проблемам высшей алгебры, член двух академий наук — российской и американской? Шафаревич считается автором теории «малого народа» (сам слушал его выступление по телевизору в Москве, еще в 80-х). Мыслишку эту о таинственном «малом народе» он заимствовал у хорошо известных французских жидофобов прошлого века, но «развил дальше» на российском материале. В 60-х годах, уже будучи членкором АН, он одно время был известен в кругах московской интеллигенции вроде как диссидент, поддерживающий отношения и с Солженицыным, и с Сахаровым. Позже, однако, о его деятельности ничего не было слышно. Удивляло только вот что — почти всех диссидентов органы жестоко покарали. (Пророк, правда, отделался лишь путешествием за границу, где неплохо жил в штате Вермонт, тогда как Сахаров получал и психотропные лекарства, и насильственное питание через зонд в его горьковской ссылке.) А вот товарищ Шафаревич продолжал спокойно трудиться на ниве абстрактных алгебраических проблем и даже был избран иностранным членом Академии наук США. Избран в большой мере в порядке сочувствия и поддержки якобы «преследуемого диссидента». Правда, в середине 90-х американцы вдруг застеснялись такого члена и предложили ему отказаться от звания (так как исключение их уставом не предусмотрено). Но товарищ послал их по-русски и продолжает числиться.

Разгадка пришла с ранней перестройкой, когда Шафаревич стал постепенно появляться на авансцене со своей проповедью разрушительной роли евреев в России. Стало понятным, почему в органах и в московской РПЦ его деятельность в 60—70-х не рассматривалась как угроза режиму, а скорее молчаливо приветствовалась. Его просто приберегали до лучших времен. А почему приберегали? Да потому, что им уже в 60-х было ясно, что мотивация «диссидентства» Шафаревича сильно отличалась от мотивации А. Д. Сахарова, который хотел социализма «с человеческим лицом», что исключает державно-шовинистический подтекст, и даже от мотивации Солженицына, у которого антисоветизм был тогда еще важным элементом. Шафаревич, однако, был недоволен режимом с позиции «трагедии России, разрушаемой жидами». И в органах, и в московском патриархате многим такая позиция математика была понятна и близка. Они предвидели будущее лучше, чем «архитекторы перестройки». (Вспомните, о чем толковал космонавт В. Севастьянов по дороге на школу молодых психиатров.)

В связи с этим хочу спросить: слышал ли кто-нибудь, чтобы «настоящий писатель», который «не может быть антисемитом», выразил хотя бы однажды свое отношение к теории «малого народа, одержимого русофобией»? Не может же писатель, горячо любящий Россию, пройти мимо вопиющих фактов русофобии и стройных теорий, научно объясняющих это явление. Однако в доступных мне источниках я ничего по этому вопросу не нашел, кроме красноречивого молчания пророка. Между тем молчание есть тоже вполне читаемая позиция при той жидофобской истерии, которая вот уже несколько десятилетий выплескивается на российское население. Уже слышу: «Да это маргиналы! Кроме тебя, никто этот вздор не читает! Не преувеличивай. И не держи в голове!» Однако нечто подобное мы уже слышали в Германии конца 20-х и начала 30-х: то же самое говорили не столько стеснительные, сколько стыдящиеся (чего бы это?) немецкие евреи. И сегодня таких много, но уже среди российских евреев и их зарубежных родственников и друзей. Вот совсем недавний пример.

Известный советский физик, академик В. Гинзбург опубликовал недавно в «Литгазете» самоинтервью-размышление (см. перепечатку в нью-йоркском «НРС» от 15 декабря, с. 14). Среди прочих размышлений о «давнем и недавнем» наталкиваюсь там на следующее:

«...Дело в том, что я не раз слышал обвинения Солженицына в антисемитизме. И действительно, в некоторых местах в его сочинениях как-то педалируется, что тот или иной негодяй именно еврей. Но это очень тонкий вопрос: где здесь мера? Иногда представители гонимых наций (отнюдь не только евреи) так чувствительны, что прямо и упомянуть их нельзя...»

Отчего же нельзя! Пожалуйста, упоминайте! У меня нет повышенной чувствительности. Проблема-то совсем в другом. Они ведь, упоминая некоего негодяя, считают его таковым именно потому, что он еврей. О своих же русских негодяях предпочитают умалчивать. Почитайте, как краснодарский губернатор Кондратенко описывает историю большевистского режима (в послесловии я его подробно цитирую). Он там перечисляет более десятка евреев (все те же Троцкий, Зиновьев, Ягода, Каганович и т. д.) и ни одного русского большевика! Можно подумать, что сотни тысяч, а потом и миллионы членов РКП(б) и ВКП(б) — одни сплошные евреи-негодяи. А где же сами русские-то были?

Далее академик В. Гинзбург говорит:

«Так или иначе, поскольку я знаком с Солженицыным, хотя совсем не близко, уже почти сорок лет, меня интересует вопрос о его умонастроении, хотя в его антисемитизм я никогда не верил. И вот я прочел его последнюю книгу „Россия в обвале“, 1998, под этим углом зрения. <...> Но важно то, что я пришел к твердому убеждению, что А. И. не антисемит. То, что у него есть, это как раз ярко выраженное национальное чувство, в данном случае в отношении русского народа. Это его народ, он его любит и страдает, когда видит, что его народ плохо живет. <...> Но А. И., насколько я понял, ни в какой мере не обвиняет других, в частности мифических сионистов Кондратенко, в страданиях русского народа...»

Затрудняюсь сказать, чего здесь больше — наивности или глупости. Ну, разумеется, «затягивать веревку» на тощей еврейской или толстой сионистской шее Солженицын никогда прямо не призывал. Для этого есть прохановы-макашовы-кондратенки-шафаревичи, а также их новый друг из американской Луизианы, куклуксклановец Д. Дюк, которого в Москве «русские писатели» принимают теперь вполне официально и тепло (читайте об этом в «НРС» и в «Завтра»). Но Солженицын никогда ведь и не обращался к русскому народу в том смысле, что «ребята, давайте забудем о жидах, не в них дело, а в нас самих и в нашей истории». Пророк не побоялся бы сказать нечто подобное, если бы действительно так думал. В том-то и дело, что есть у него ксенофобия к евреям, но есть и причины не обнаруживать этого слишком явно. Он сделал наилучший, с его точки зрения, выбор — «Пусть каждый думает на этот счет, что хочет. Я слишком велик, чтобы опускаться до таких частностей». А наивные гинзбурги пытаются «сверхчувствительных» жидов успокоить. Поскольку многое в истории «еврейского вопроса» остается неизвестным для самих евреев, я счел полезным рассказать о природе и главных исторических вехах жидофобии, чему и посвятил отдельное послесловие в качестве части 3-й этой рукописи.

В заключение этой первой части должен искренне поблагодарить двух своих друзей, которые многократно читали этот текст (причем обе части) по мере его постоянной переделки и выкраивали время, чтобы исправлять мои многочисленные грамматические и стилистические огрехи. Оказалось, что за десятилетие жизни в Штатах я стал подзабывать литературный русский язык. Печально, но факт. И сама Орлова, и Миша Ванюков очень доброжелательно указывали мне на конкретные примеры этого. Как мне кажется, текст заметно улучшился благодаря их критике и редактированию. Но, поскольку я продолжал что-то менять в нем, за оставшиеся огрехи они никакой ответственности, конечно, не несут.

Сентябрь 2000 — январь 2001,
Питтсбург

ЧАСТЬ 2
«ЗООПСИХОЛОГИЯ»

Отдельные фрагменты этой части лишь косвенно касаются персонажей и событий в Квартире на Горького. Скорее это рассказ о событиях, случавшихся на протяжении моей научной карьеры, и о людях, с которыми я работал многие годы совместно или рядом. Можно рассматривать это как самостоятельный рассказ, в рамках которого Квартира и все, что с ней связано, — очень значимый, но все же лишь один из фрагментов жизни.

Узелок двенадцатый
ГЕНЫ И ПСИХИКА (DEEP THOUGHTS ПО СЛУЧАЮ)

Хочу предварить эту вторую часть мемуаров своего рода «научпопом». Задумка здесь простая — облегчить читателю, если это удастся, понимание оснований как моего собственного поведения, так и толкования поступков других людей.

Врач-генетик — это моя профессия по образованию. По ментальности к тому же я еще и рационалист-аналитик. *Конверсия первичных данных в знания* — это мои и хобби, и область экспертизы. Если вы усмотрите здесь переоценку и нескромность, можно сослаться на независимого свидетеля. Мадам, например, как следует из части 1-й, была временами очень критична ко мне. Но даже она частенько говорила, когда кто-нибудь показывал ей свои экспериментальные данные: «Если у вас очень много цифр и вы не знаете, что с ними делать, идите к Гиндилису — он что-нибудь придумает». (Конечно, здесь можно усмотреть элемент иронии, но все же чаще говорила она это вполне серьезно.)

Конверсия данных в знания происходит у меня в голове постоянно и помимо воли (возможно, даже во сне). Так случилось и с этими юбилейными мемуарами для Орловой. Наша подруга Ира Сапожникова откликнулась на призыв одной из первых и накатала целую повесть. Я прочел ее текст, когда свой практически завершал, — и сознание мое сработало автоматически. Я был поражен очевидными различиями в лексике и стиле этих двух текстов. У Ирки это настоящая художественная мемуаристика, хорошая литература — объемные, рельефные, многоцветные, многоплановые картины и портреты. Масса достоверных и хорошо узнаваемых деталей. Тонкие переживания. Вы ясно видите живых людей и живые события. А что у меня? Иркины детали я при чтении сразу же узнавал, значит, в памяти моей они хранились. Но сам я их спонтанно не воспроизводил. Почему? Потому как ассоциации мои обычно иного типа — по-научному «левополушарные», то есть определяются они скорее концептуальными размышлениями и логикой аргументов, а не чувственными впечатлениями. Память моя хранит и воспроизводит скорее то, *что* говорили персонажи и *как это соотносилось* с моими аргументами, а не то, *как* они это говорили и *какая* при этом была обстановка. Последнее в большей степени характерно для «правополушарного» мышления или вообще при отсутствии явной полушарной асимметрии мозга, что, кстати, у женщин встречается чаще, чем у мужчин. В результате у меня — сухие документы, преимущественно в одной плоскости, без красок, лишь изредка разбавленные «эмоциональностью». В чем дело? Я хочу объяснить это и показать, что гены наши важны для понимания подобных различий.

Опасаясь меж тем, что какие-то мои высказывания могут послужить источником недоразумений, хочу сразу уточнить некоторые понятия. Начну с вопроса: «Есть ли разница в значениях двух русских слов — *истина* и *правда?*» Если с ответом затрудняетесь, загляните в толковые русские словари. Вы узнаете, что в главном значении оба слова совпадают: «то, что соответствует действительности». Но есть дополнительные значения. Для *истины* указывается еще употребление в философии, логике, науке вообще, тогда как для *правды* подобное употребление отсутствует, но зато указывается второе значение — «справедливость». Все это, конечно, очень приблизительно, но интуитивно, возможно, понятно. Более образно я бы выразил это так: «Истина, сердечной душой отраженная, есть правда, болью за всех беспокойная. А правда, бесстрастным умом отраженная, есть суждение истины строгой, морали любой отстраненное». Впрочем, смысл различий и в такой формулировке постигается скорее интуитивно.

Что можно к этому добавить? Суждение об истине есть предмет аналитической работы главным образом левого полушария мозга, височные отделы которого ответственны за послоговую обработку слов и за анализ логических связей между словами. Суждение о правде, с другой стороны, связано в большей степени с работой правого полушария, ответственного за эмоциональный контекст наших высказываний. (Например, при встрече с хорошо знакомым вы говорите: «Привет!» Левое полушарие работает со словом «привет» строго лингвистически, тогда как правое — с чувственным образом данной ситуации в целом, включая образ персонажа, к которому ваш «привет» обращен.) Вытекает ли из этих моих слов, что левополушарный индивид — не более чем холодный рационалист, лишенный эмоциональности и понятия о морали (то есть о том, «что есть хорошо и что есть плохо»)? Или что правополушарный индивид — это тонко чувствующий с богатым художественным воображением, но лишенный способности строго логически мыслить? Как частный случай возможно и то и другое, такие индивиды встречаются. Но как общий случай — конечно нет! Некоторые левополушарные личности и очень тонко чувствуют, и имеют развитое художественное воображение, а правополушарные вполне строго мыслят. Вместе с тем в статистическом смысле (то есть в среднем по всей популяции) левополушарные легче оперируют логическими аргументами и точнее формулируют и вербализуют (проговаривают) любые суждения. С другой стороны, в том же статистическом смысле правополушарные выражают свои мысли более образным языком, интуитивно и тонко чувствуют различия между понятиями, но в меньшей степени озабочены логической строгостью своих суждений об этих понятиях и потому вербализуют свои суждения красиво, но не всегда логически стройно.

В этой проблеме имеется интересный эволюционный аспект. Впрочем, начну издалека. В годы моей аспирантуры в ИРФХБ-ИМБ АН в лаборатории замдира Я. М. Варшавского работал Виген Геодакян — инженер по образованию. Познакомился я с ним, когда приходил в их лабораторию облучать препараты хромосом. Виген отвечал там за обеспечение экспериментальной радиации. Оказалось, однако, что всерьез интересовали его другие проблемы, в особенности «зачем природа придумала разделение особей на два пола». Без лишних деталей скажу, что Виген сформулировал очень интересную и важную концепцию. Он утверждал, что женский пол является «хранителем» наиболее совершенных вариантов, отобранных в процессе длительной эволюции вида, тогда как мужской пол используется эволюцией как инструмент опробования новых вариантов. Из этой мысли выводилось много занимательных следствий, которые можно было проверять на конкретном материале. Ну, скажем, Виген указывал на известный факт, что если у эмбрионов женского пола, как и рожденных девочек, есть врожденный порок развития, то чаще это просто недоразвитие нормальных структур. У мальчиков же, напротив, врожденные пороки чаще очень необычные, отражающие сильно искаженное развитие тех или иных тканей и органов. Он оперировал массой фактов такого рода. Но его начальство этим не вдохновлялось. Мы даже как-то специально собирались у В. А. Энгельгардта с обсуждением доклада Вигена. Мне его идеи очень нравились, Мадам же свое мнение ясно не высказывала, а у Я. М. были свои резоны. В конечном счете Геодакян ушел в другой институт, где ему не мешали развивать его идеи.

Другой важный момент в его концепции состоял в том, что Виген судил об эволюционной новизне признака по тому, насколько данный признак сильнее выражен у мужского пола. Из его теории следовало, что признаки, выраженные заметнее у женщин (разумеется, исключая те, что прямо связаны с половым созреванием), являются эволюционно уже устоявшимися, тогда как признаки, выраженные сильнее у мужчин (опять же исключая прямо связанные с половым созреванием), являются эволюционно более новыми, как бы еще в состоянии пробного поиска. В свое время я убеждал его, чтобы он обратил внимание на половые различия в мозговых структурах и функциях, что здесь можно найти много интересного с точки зрения его идей. Мне это стало ясно, когда в конце 70-х я познакомился со вторым мужем Орловой, В. В. Ивановым (Комой), из книги которого я почерпнул много для себя полезного относительно полушарной асимметрии мозга. Действительно, в терминах вигеновской теории становится понятным, что если левополушарность является эволюционно новым признаком, тогда она должна быть выражена сильнее у мужчин (разумеется, всегда надо помнить, что все это верно чисто статистически, то есть в среднем по всей популяции). На рубеже 90-х Геодакян обратился к нейронаукам и опубликовал несколько занимательных статей и по этому вопросу. К сожалению, насколько я знаю, западные ученые русскоязычные статьи не читают и ничего не знают об этой интересной теории. (Одно примечание: левополушарность мышления и леворукость — это разные явления; между ними нет прямой связи, а сама проблема возможных корреляций в целом плохо изучена.)

Вернусь теперь к основной теме. Удачный пример моих «левополушарных стихов» (точнее, якобы стихов) я приводил раньше, в рассказе о том, как Орлова искала мне невесту. С тех пор уже лет тридцать я этот опыт не пытался повторять. Но вот, надо же, совсем на днях меня как «прорвало» в связи с данными мемуарами. Как вы помните, «нет повести печальнее на свете, чем повесть о Ромео и Джульетте». Теперь судите сами, как я продолжил ту же мысль-строку известного русского переводчика шекспировской драмы:

Нет повести печальнее на свете,
Чем танец живота зимой в кювете,
Панк-рок в классическом балете,
Обед вдвоем в космической ракете,
Полет с обрыва в новеньком «Корвете»
И, разумеется, в Политбюро сидеть в берете.

А также —

Молиться слезно в ожидании кометы,
В окопах под огнем раздаривать букеты,
Рожающей жене преподносить конфеты,
Давать больным бесплатные советы
И, разумеется, в гробу читать сонеты.

Еще —

Спешить в паденье, не теряя ни минуты,
На таможне избавиться от всей валюты,

Купить круиз в Сидней на месяц без каюты,
На кладбище всех поприветствовать салютом,
Ну и, конечно, в партбюро явиться необутым.

И наконец,

В постель ложиться, будучи одетым,
При этом спать с женой валетом,
Свой пенис украшать браслетом,
Мочиться под себя с рассветом
И на Лубянку забегать с приветом!

Это типичный пример левополушарных «частушек». Вы можете продолжить этот ряд образов, метафор и сравнений самостоятельно. Если ваши друзья, знающие толк в стихосложении, сочтут ваши примеры более удачными, чем мои, и даже похвалят, значит, ваша ментальность скорее правополушарная.

Еще один пример. Звонит как-то с работы супруга Миши Ванюкова — Галя Кириллова, чтобы поделиться неожиданным сравнением, которое пришло ей в голову вне всякой связи с ее работой (хотя по Фрейду, если покопаться, найти что-нибудь при желании можно). Так оно ей понравилось, что она даже не стала ждать вечернего чая, когда я частенько захожу к ним, проживая на другой половине их же дома. Сравнение из известной серии «Что общего между...?» (Помните — что, скажем, общего между женской ножкой и захватывающим детективом? «Чем дальше — тем интереснее!») Так вот она спрашивает меня: «Что общего между атомом и дерьмом?» За минуту я ничего не придумал. Тогда Галя говорит очень удовлетворенно: «И то и другое неисчерпаемо!» (Если в известной ленинской формулировке, то «дерьмо так же неисчерпаемо, как и атом».) Мне понравилось. Мы посмеялись. Но еще через минуту я стал объяснять, что вообще-то неплохо, но считать это перфектным анекдотом нельзя. Имеется в этом сравнении один логический нюанс. Атом неисчерпаем в структурном смысле, так как любая его часть сама состоит из еще меньших подструктур, а говно в данном случае подразумевается неисчерпаемым в количественном смысле. Пример этот хорошо показывает различие между лево- и правополушарным мышлением. Правополушарный индивид посмеется, если данное сравнение ему понравится, но логическую тонкость скорее всего не заметит. А левополушарный мимо не пройдет и начнет рассуждать, что я и продемонстрировал дважды — тогда в разговоре с Галей и сейчас, чтобы привести подходящий пример. (Можно, конечно, сказать, что я просто зануда. Но такая оценка как раз и будет правополушарным восприятием обычного стремления левополушарных к точности.)

Впрочем, все это скорее байки. А вот Миша Ванюков обратил мое внимание на более серьезные вещи. Лет двенадцать назад, работая тогда в одном из наркологических диспансеров в Москве, он много занимался наркоманами и алкоголиками. Опираясь тоже на идею полушарной асимметрии мозга, он обратил внимание на тот факт, что для застарелых алкоголиков очень типичным является безудержное использование матерных выражений. В их речи обычные слова языка встречаются очень редко. Он это объяснял доминированием правого полушария, поскольку речь такая отражает в основном эмоциональное, а не рациональное отношение алкоголика к предмету обсуждения. В связи с этим он даже пытался, в порядке своего рода экспериментального подхода и как первый шаг в лечении, стимулировать у таких больных отказ от использования в речи мата. В дальнейшем можно было бы попробовать стимуляцию левополушарной техники работы со словами и речью. (Но, как и многие в то время, он вынужден был поторопиться с отъездом в Штаты.)

Возможно, в моих объяснениях полушарной асимметрии мозга что-то остается все еще недостаточно ясным. Попробую подойти к этому с другой стороны, взяв для примера исторических персонажей, о которых почти все много чего читали и знают: Ленина, Сталина и Гитлера. В чем-то сходные, а в чем-то полярные, и как раз в том, что прямо относится к обсуждаемой теме. Как-то, будучи еще студентом-медиком, я случайно наткнулся на воспоминания старых большевиков о пролетарском вожде, написанные для старших школьников. Один рассказ там задержал мое внимание. Близко знавшая вождя партдама с восторгом рассказывала (зная, очевидно, факты посмертного вскрытия) в качестве доказательства особой гениальности вождя, что хотя «одна половина его мозга была почти полностью разрушена и обызвествлена, но даже и в таком состоянии он продолжал руководить партией и страной и писать в последние годы жизни очень важные статьи». Мне, однако, показалось странным, чтобы атеросклероз сосудов мозга и множественные мелкие инсульты привели к таким обширным изменениям мозговой ткани. Подобную картину, да и слишком ранний возраст смерти вождя (всего 54 года) трудно было согласовать с «возрастной мультиинфарктной деменцией». Но сейчас точный диагноз мне не важен. Интереснее другое. Спустя годы я узнал более значимые детали.

Многие, вероятно, помнят, что на пике перестройки появились публикации о необходимости захоронения останков Ленина, а также открыто обсуждались всякие необычные причины его болезни. На этой волне «инстанции» сочли необходимым впервые открыть данные более чем полувекового изучения мозга Ленина в Институте мозга АМН. Между тем как раз в конце 80-х в этот институт была переведена моя лаборатория генетики. Таким образом, я имел возможность послушать на специальном заседании ученого совета нашего института доклад на эту интригующую тему.

Основное мне было известно прежде, но в этот раз я обратил внимание на одну важную деталь — большая часть *левого полушария мозга* Ленина характеризовалась резко выраженной атрофией серого вещества, то есть массовой гибелью нервных клеток. (Впрочем, главное заключение специалистов полностью совпадало с официальной версией сосудистого атеросклероза.) У меня зародился, однако, другой вопрос. Я стал размышлять, как факт столь выраженной атрофии именно левого полушария мог бы способствовать пониманию изменений характера и поведения Ленина, которые стали заметно проявляться на рубеже 20-х годов.

Каким он был до этого? Несомненно рационалист, отлично владеющий логикой аргументации, великолепно выражающий свои мысли четким языком. (В молодости я прочитал большую часть им написанного, включая многие ранние полемические материалы, которые публиковались лишь в первые годы советской власти, да и то закрытые для большинства.) Фразой и словом Ленин владел великолепно. Оппоненты часто называли его демагогом. Разумеется, он использовал тонкие софизмы в полемике, но я бы не сказал, что он был примитивным демагогом — левополушарному рационалисту природа его мышления не позволяет легко пропускать логические ошибки. Контрастный Ленину пример — Гитлер, писания и речи которого являются типичным случаем правополушарной демагогии, то есть примитивного популизма, адресованного к самым низменным мотивациям поведения людей. Между этими двумя, но ближе к Гитлеру, стоит Сталин. Впрочем, последний понимал силу аргументации как Ленина, так и Троцкого и даже завидовал их умению легко говорить и писать сложные полемические тексты. Сталин работал над своими текстами долго, тщательно выстраивая очень простые суждения, легко доступные пониманию «широких масс». Он понимал недостаточность своего образования и свою неспособность «блистать» и быть «мыслителем», как Ленин и Троцкий. Это был его «комплекс». Такой комплекс определенно отсутствовал у Гитлера. Последний был вполне доволен сам собой, по крайней мере в этом отношении. (Сексуальные его проблемы тривиальны и интереса не представляют.)

Теперь еще один важный момент. *Для гармонично развитой личности характерен определенный баланс между влияниями обоих полушарий на поведение*. Если созревание механизмов, обеспечивающих такой баланс, отстает от созревания собственно лево- и правополушарно обусловленных черт личности, мы сталкиваемся с дисгармонией и противоречиями в личности. Тот же Ленин показывал примеры откровенной жестокости, явно вопреки изначальным идеям его коммунистической идеологии о «всеобщей правде и справедливости». Чтобы как-то оправдать эту свою жестокость (прежде всего внутри своего собственного сознания), ленинская левополушарность помогла придумать ему очень удобное понятие «классовые корни». Он применял это ко всему: к познанию, социальным процессам, войне, экономической политике и т. д. Это позволяло ему оправдывать любые поступки, аморальные с точки зрения общечеловеческих истин, но якобы необходимые с точки зрения классовых интересов. (О том, что Ленин сам, по крайней мере частично, осознавал эту свою классово-мотивированную аморальность, говорит хотя бы тот факт, что близкого друга своего, меньшевика Л. Мартова, он спас от карающей руки Дзержинского и помог ему бежать за кордон, заранее предупредив бывшего партийного товарища о грозящем ему аресте.) С другой стороны, Гитлер, будучи еще более дисгармоничным, вообще не чувствовал никакой необходимости придумывать что-либо в оправдание своей жестокости. Более того, его правополушарность в принципе не могла предложить ему ничего логически стройного, даже если бы он и осознавал свою аморальность. Сталин опять оказывается как бы между. Тоже сильно дисгармоничен (в описываемых терминах дисбаланса левой и правой полушарности), но, удобно следуя Ленину, использовал некое подобие логической аргументации для оправдания классово-мотивированной жестокости, хотя делал это не столь искусно.

Далее — вот что интересно. С начала 20-х годов у Ленина постепенно нарастает атрофия левого полушария. Одновременно мы замечаем у него как бы «прозрение» относительно всего того, что он затеял. Он начинает понимать, что «все плохо, все наши органы говно», почти все партийцы забюрократились и заворовались, «делается масса глупостей», «народ российский — в основном недавние крепостные, воспитанные столетиями в рабстве, — не готов по сути воспринимать идеи пролетарской свободы и демократии», то есть быстро построить не только коммунизм, но и социализм не удается. Как и у многих так называемых гиперсоциальных и стеничных шизоидов с левополушарностью, с возрастом происходит ослабление доминирующей роли левого полушария и появляются признаки частично депрессивного отношения к ситуации, вообще-то не свойственные таким индивидам в более молодом возрасте. У Ленина этот процесс ускорен из-за массивности атрофического распада левого полушария. Он еще пытается что-то предпринять. Даже пишет Троцкому — в недавнем прошлом главному своему оппоненту — «секретные» записки, предлагая союз против Сталина. Но уже поздно — Сталин обложил «почти труп» со всех сторон. («Секреты» немедленно передаются Сталину секретаршей Фотиной, приставленной к умирающему вождю специально с этой целью.) К тому же сам Троцкий хотя тоже левополушарный, но еще и с отчетливым инфантильно-истероидным радикалом в личности, и потому, видите ли, «не хотел бы создавать у товарищей по партии впечатление, что он якобы борется за лидерство, которое принадлежит ему по праву». Типичное, надо сказать, проявление личности Троцкого, что следует также из многих других фактов. В результате он игнорирует ленинский призыв. Остальное известно.

Кто-то скажет, что столь краткий и поверхностный разбор сразу четырех крайне противоречивых исторических персонажей ушедшего века — это профанация психологического анализа. Нет смысла спорить по этому поводу и уходить еще глубже в данную тему. Отнюдь не всесторонний психологический анализ как таковой был целью этих иллюстраций. Я хотел лишь подчеркнуть одну важную мысль: склонность к демагогии, часто переходящая в явную политическую аморальность, не является жестко связанной ни с левополушарным рационализмом, ни с правополушарным популизмом. Тип мозговой полушарности, как и отсутствие асимметрии, придает лишь специфический оттенок демагогии и аморальности у конкретного индивида. Упрощая, можно сказать, что правополушарная демагогия, как правило, более примитивна, тогда как левополушарная требует усилий, чтобы ее распознать. Вместе с тем на самом глубоком нейропсихическом уровне все подобного рода сложные формы поведения определяются, с одной стороны, взаимодействиями многих нейрогенов, вовлеченных в развитие психических механизмов интеллекта и характера, а с другой — сами такие механизмы окончательно созревают в конкретных семейно-общинных и социальных условиях.

Между прочим, история показывает, что в борьбе за власть и за так называемое «доверие народа» левополушарные индивиды чаще проигрывают правополушарным, даже сильно дисгармоничным, если только последние не совсем уж глупы. Хороший пример этому у всех перед глазами в связи с последними выборами американского президента. На первый взгляд может показаться странным, что число голосовавших за Ала Гора лишь немного превысило число тех, кто голосовал за Дж. Буша-младшего, хотя подготовленность последнего к выполнению сложных президентских обязанностей с самого начала вызывала большие сомнения у многих американцев. Действительно, у А. Гора многолетний опыт законодательной деятельности в обеих палатах конгресса и восемь лет вице-президентства. При этом впервые в американской истории у вице-президента были такие широкие административные полномочия, которые Гор заранее оговорил с президентом Клинтоном. Рационально и ясно мыслящий, с хорошей аргументацией, с широкой эрудицией, Гор отчетливо иллюстрирует левополушарный тип личности. Но последнее как раз и воспринимается рядовым американцем как некое «занудство». А что такое его оппонент?

Даже сочувствующие Бушу-младшему нехотя признают, что интеллектом тот не блещет. Говорит плохо, в известной мере вследствие нередкой среди американских бизнесменов и правых политиков умеренной дислексии (обратите внимание, как они проговаривают фразы, на их словарный запас и лексику!). Ничем особо себя не проявил. Якобы успешное губернаторство в Техасе — это чистой воды партийная пропаганда. На самом деле губернатором стал только благодаря папиным деньгам и хорошему совету найти общий язык с наиболее влиятельными консервативными демократами в законодательном собрании штата. (Полезно помнить, что идеологически многие техасские «демократы» часто трудно отличимы от умеренных «гопников» из северо-восточных штатов.) Все свои решения Буш-младший фактически не обсуждает всесторонне с советниками, а просто полагается на мнения тех, кому особо доверяет. В плане конкретной политики что-либо сам ясно сформулировать не может. Эрудиция минимальная, автоматически повторяет заученные лозунги, придуманные специальной группой имиджмейкеров. Сами лозунги — не менее популистские, чем у Гора, но основаны на еще более откровенной демагогии. Число логических ошибок в высказываниях в сравнении с Гором огромно. (Возможно, лишь в отношении бейсбола и спортивной команды, которой он владеет, у него есть собственное мнение.) В частной жизни Буша-младшего много явно сомнительных эпизодов, включая кратковременное увлечение сильными наркотиками в молодости и пьянство в период так называемого «криза зрелости вокруг тридцатилетия». С этим связан и официальный привод в полицию. С другой стороны, действительно производит впечатление «свойского», простецкого, обладающего якобы эмпатией: все время улыбается, похлопывает дружески по спине, нет манерности, снобизма. И это как раз то, что многим рядовым американцам импонирует, хотя это вовсе не свидетельствует о способности руководить и решать сложные проблемы.

Почти очевидно, что Буш-младший являет собой типичный случай правополушарного индивида, и к тому же с относительно неглубоким интеллектом. Многих американцев, однако, не беспокоит его неготовность к президентской деятельности в такой сложной стране с учетом ее роли в современном сложном мире. Они понимают, что все равно реально править будут те люди, которые стоят за ним в тени. Кто видел кинокомедию «Canadian Bacon», может наглядно представить себе нечто близкое к тому, что ожидает нас всех с таким президентом. В свою очередь, Гор, как и многие левополушарные личности, не обладает достаточной эмпатией. Простым людям он может казаться слишком интеллектуальным, а потому «холодным» и несвойским. (Впрочем, во многом именно такой образ Гора создавался нарочито и длительное время всеми американскими масс-медиа. В особенности усердствовали новостные ТВ-каналы, обрушивая на население потоки псевдоправды, умолчаний, а часто и просто прямой лжи. У меня сложилось впечатление, что врут они намного профессиональнее, чем этот делал примитивный советский агитпроп.)

Если на все сказанное выше о полушарной асимметрии мозга вы возразите: «Как так! Ведь психическая активность и черты личности должны зависеть от деятельности мозга в целом, а не от отдельных его частей», — я могу лишь посоветовать заглянуть в следующий фрагмент, в котором рассказывается о беседе молодых генетиков с Лысенко. Этот товарищ проповедовал, как известно, сходный взгляд на наследственность, утверждая, что это общее свойство живой клетки и, следовательно, никаких специальных структур (генов и хромосом) для реализации этого свойства клетке не нужно, то есть клетка вся в целом хранит и воспроизводит наследственную информацию. Лысенко, как известно, очень ошибался, да и завершил свою «научную» карьеру плачевно. Поэтому, прежде чем повторять его ошибки, хорошо подумайте!

Возвращаюсь теперь к нашим с Ирой Сапожниковой различиям. Ну, разумеется, пол у нас разный. Это фактор важный, но мы знаем мужчин, которые могли бы описать события, как Сапожникова, и женщин, которые описали бы те же события, как я. Более того, даже если, зная Иркин текст, я взял бы его за образец, то ничего и близко похожего у меня не получилось бы. (Скорее всего, что-нибудь типа «ну скажи же почему» из «поэзии», посвященной Ларисе Ивановой.) Между тем мы с Иркой почти ровесники, воспитывались в одинаковой среде (советско-московская интеллигенция, «разночинцы», «средний класс снизу», по нынешним понятиям), посещали одинаковые школы, интерес к гуманитарным предметам был у обоих, независимо от того, что она стала химиком, а я — врачом-генетиком. В чем дело?

Совершенно очевидно, что ее отец — тонкая художественная натура. А вот мой отец — не просто технарь, но явно прямолинейный аналитик. Если вы поспешите с выводом типа: «Ага! Все понятно! Каждый из двух отцов был моделью для своего ребенка и воспитывал его в соответствии с особенностями своего интеллекта и характера», — это будет лишь «часть истины». В случае Сапожниковой я не могу это отвергнуть. Но вот в моем случае имеем хороший контрольный опыт. Я-то до десяти лет отца своего просто не знал. Оказавшись в Караганде, доставлял ему столько проблем своей неусидчивостью и выдумками, что частенько бывал нещадно бит и наказан лишением разных удовольствий. За десять лет лагерей отец от детей просто отвык, а к тому же строительство социализма было для него главным императивом. Хорошей иллюстрацией его рационализма может служить «воспитательная» мера, которую он мне как-то предложил. Была заведена «доска моих поступков»: на большом листе белого ватмана синим цветом отмечались мои безобразия, а красным — мои достижения. Месяц спустя стало ясно, что при всем моем старании на синей половине «доски почета» текста было явно больше. Идея умерла сама собой. В то время серьезных бесед у нас с ним практически не было. А к 15 годам я как-то незаметно развился почти «самостоятельно» (см. выше «О посвящении») и уже открыто цеплялся к нему по поводу его понимания окружающей действительности. Так что об отцовской модели если и можно говорить, то скорее в противоположном смысле.

Таким образом, ясно, к чему я клоню. Раз мы с Иркой по характеристикам нашего мышления очень похожи на своих отцов, а воспитание в этом деле играло сомнительную роль, значит, ведущую роль в формировании интеллекта и характера играют гены. Среда, воспитание, родительские, учительские и прочие возможные поведенческие модели — все это тоже важно, но скорее в смысле корреляции с генами, то есть факторы среды могут влиять только через взаимодействие с соответствующими генами.

Не знаю подробностей об Иркиных братьях-сестрах, но мои старшие сестра и брат определенно укладываются в такую концепцию. С отцом они расстались малолетними, да и видели его не каждый день, поскольку он был весь в Магнитострое, там же и ночевал частенько. Так что отец для них моделью не был, как и для меня.

Брат окончил астрономическое отделение мехмата МГУ, так что его писания должны быть аналитическими по определению. Более того, в связи с проектом поиска внеземных цивилизаций, в который он был вовлечен, последние лет двадцать пять он сильно увяз в проблеме «неопознанных летающих объектов» и во всякой «философии» по этому поводу. Однако тексты его по-прежнему вполне четкие и не имеют ничего общего с распространенной в среде уфологов словесной шелухой, часто граничащей с клиникой. Теперь о сестре. Окончила она истфак Московского педагогического. Полжизни проработала в Ульяновском краеведческом музее, руководила его историческим отделом. Выступала с докладами и писала статьи по истории этого края. Учитывая тематику (многие известные русские писатели имели корни в этом крае), можно было бы ожидать, что ее тексты будут расцвечены литературными деталями, будут «художественными», говоря условно. Однако же нет. Я читал ее тексты. Они интересные. Но это тот же стиль, как у обоих братьев: строгая аналитика, детали не сами по себе как литературный прием, чтобы оживить сухость изложения, а элемент последовательно выстраиваемой аргументации. Вот вам трое детей одного отца.

Мамины гены действовали, вероятно, в том же направлении. По бабушке она была из семьи раввинов, ведущей свою родословную от Маймонида (рабби Моше бен Маймона — известного еврейского философа и врача, жившего на рубеже XII—XIII веков). Так что с ее генами аналитических способностей все в порядке. Другое дело, что советская власть не позволила ей проявить все ее природные способности.

Интересно, а что с моими детьми — подтверждают ли их способности данную концепцию или нет? На мой взгляд, подтверждают, и даже очень. Чтобы это оценить, надо узнать кое-что об их матери и ее семейных корнях. С Натальей Броуде я вас уже познакомил в первой части мемуаров. Напомню, что по образованию она химик природных соединений, а по специальности — молекулярный биолог, к тому же еще и доктор наук. Я упоминал там, что у нее тонкий художественный вкус и чувствительная натура. На мой взгляд, он скорее *между*, чем *ближе* к художественной или к документальной мемуаристике. Семейные корни Натальи вполне все это объясняют.

Судите сами. По дедушке со стороны матери — шведско-русская линия Венкстерн — одна тетка писательница, одно время дружила с Булгаковым. Прадед — заядлый пушкинист и театрал, написал первую серьезную биографию А. С. Пушкина, которая в прошлом веке была принята к изучению в гимназиях. Среди боковых родственников — актриса Гиацинтова. Глубже в историю — фарфоровые заводы Гарднеров и даже жандармский начальник при Николае Первом — Бенкендорф. Затем, тоже очень сбоку, но все же... весьма почитаемый мною Петр Яковлевич Чаадаев. Под его знаменитым портретом прошлого века я спал много лет. Копия этой литографии у меня перед глазами каждый день и теперь. (О нем я буду говорить интересные вещи в послесловии.) С другой стороны — русско-немецкая линия купцов Самгиных по бабушке Лидии Николаевне (упоминал ее раньше в связи с А. Ахматовой) — матери моей тещи, Т. В. Венкстерн. Среди близких родственников здесь имеем всем известного К. С. Станиславского — натуру определенно художественную. С другой стороны имеем также одного из основателей популяционной генетики С. С. Четверикова, как и его младшего брата Н. С. Четверикова, специалиста в области статистики и биометрии (с ним я даже как-то общался еще в студенческие годы в доме у С. Н. Ардашникова; вот ведь какие забавные случаются перекресты судеб!). Далее — по бабушке со стороны отца (еврейская линия) — хорошо известные Антокольские, скульпторы и поэты. Наконец, другая еврейская четвертушка — от деда Л. Броудс, профессора биохимии. Оба его сына увидели себя в естественных науках. Правда, старший — химик (отец Наташи) — погиб на фронте совсем молодым, но второй успел себя выразить — был крупным специалистом в физике твердого тела, лауреат Ленинской премии, один из основателей научного комплекса в Черноголовке под Москвой.

Картина, в общем, вырисовывается вполне ясная — гуманитарии и правополушарные заметно преобладали, хотя и аналитики встречались. В результате в детях наших привнесенная с моими генами явная левополушарность оказалась заметно разбавленной «антокольской» и «самгинско-венкстерновской» порциями генома, причем таким образом, что «маймонидские-гиндилисовские» гены уступили («скрылись в рецессив»). Соответственно, в детях все это и выявилось.

Женька Гиндилис долго не определялся в своих интересах. (Между прочим, единственный в семье левша. Мне стоило трудов убедить всех вокруг, включая детсад и школу, чтобы не приставали к ребенку и не заставляли пользоваться только правой рукой. Слава богу, мой авторитет генетика и врача в данном случае возобладал. Очень часто окружающие создают леворуким детям ненужные трудности и проблемы.)

Унаследованная от родителей любовь к французскому языку вроде бы поначалу кристаллизовалась в интерес к экономической географии Франции. Но давние «друзья» нашей семьи — «Вовченко, Садовничий и Ко» — всегда бдительно охраняли Московский университет от засорения этническим мусором. (Я об этом уже говорил в части 1-й.) В результате Женьке хоть и повезло случайно, но ему пришлось вместо экономики Франции согласиться на забавную науку гляциологию, изучающую льды и вечную мерзлоту. (Кстати, мне это частично напоминает сходную ситуацию в советской хирургии. Среди крупных хирургов в урологии и проктологии евреев было много, а вот в хирургии сердца, сосудов и легких их было очень мало. И понятно, в АМН евреям все же давали возможность быть полезными — по части говна и мочи, но не в престижной хирургии грудной клетки. Правда, когда в позднее брежневское время взятки за хирургические операции стали рутинной практикой, евреев заметно потеснили и в этой «не очень престижной» области.) Однако гляциологией Евгений сильно не увлекся, хотя вряд ли кто-либо еще из многих поколений российских студентов просидел бы четыре месяца на ближайшем к Северному полюсу острове с двумя мужиками, собакой, одним ружьем и белыми медведями в качестве постоянных соседей. Для меня это просто немыслимо. В такой обстановке мои умственные процессы просто замерзли бы. С него, однако, как с гуся вода. Потом он сделал диплом на материале вечной мерзлоты где-то в Северо-Западной Сибири. Но... при кафедре гляциологии оставить его категорически не разрешил В. Садовничий (тогда проректор МГУ). И наверное, даже к лучшему. Евгений давно увлекался кино, даже заполучил некую работу в Киноцентре на Краснопресненской. Потом первым из семьи прибыл в Штаты. Успел и здесь завершить новое образование в Нью-Йоркском городском университете по отделению киноведения. Однако поехал как-то в отпуск в Россию и вдруг женился там. Теперь вот уже подарил нам с Натальей двух внуков. Участвует ныне в российском кинопроизводстве. Некоторые из его ранних и поздних киноведческих текстов я читал. Интересно. Но это совсем не левополушарный стиль рационалиста. Натура у него определенно художественная. (Кстати, и женился-то он на поэтессе с филологическим образованием — тоже Женя, но только Лавут. Меня давно занимает, как их друзья обозначают, когда звонят по телефону. Между прочим, дед ее — математик, известный правозащитник, в ранние 60-е вместе с Ковалевым осужден был за распространение нехорошей литературы. Естественно, я о его деятельности тогда и позже слышал, но не думал, что некоторым образом породнимся. В новые времена он никуда не отъезжал и теперь вместе с супругой уделяет много времени и сил своим правнукам, то есть моим внукам. А мама Жени Лавут с многочисленными детьми в другом браке живет нынче в той же Пенсильвании, правда, ближе к океану и всего-то в часе лета от Питтсбурга. Занятные все же повороты-развороты случаются в нашей жизни!)

Теперь Таня Гиндилис. Она моложе. Формальная биография заметно короче. Но — увлечения литературой и учителем литературы еще в школе. Участие в детских и школьных театральных постановках. Очень любила эту деятельность. Уже в Штатах окончила один из нью-йоркских колледжей по специальности «искусство дописьменных цивилизаций». Много лет ведет дневник. Публиковала короткие рассказы уже на английском. С детства увлекается растениями и цветами. Вся ее квартира напоминает ботсад, хотя и скромный. Недавно стала осваивать еще и керамику. Натура определенно художественная, сверхчувствительная, как и мать, хотя в дискуссиях нет-нет да и проглянут вдруг элементы левополушарного пристрастия к логической детализации (все-таки мои и броудевские гены иногда прорываются).

Общее заключение очевидно — заметная левополушарность и связанная с этим рациональность мышления, наследуемые по моей линии, в наших детях развалились, оказавшись разбавленными генами, унаследованными по линии Натальи. Ну и что! Зато дети у нас художественные натуры, если что и пишут, то образно и занимательно. Пусть не очень рационалисты, но зато пользуются любовью друзей и знакомых. Меня, скажем, за «излишнюю» логическую детализацию держат за зануду, а их — вроде бы никогда.

Я старался быть максимально объективным. Кто-то, впрочем, наверняка вспомнит о старике Фрейде — а как с ним? Могу сказать, что кое в чем старик был несомненно прав, но для подробностей места здесь уже нет. К тому же все основные персонажи (кроме Фрейда, конечно) здравствуют, возможны «конфликты интересов». Вместе с тем настаиваю, что ни исходные толкования самого Фрейда, ни многократно «улучшенные» его последователями разные варианты психоаналитической концепции личности не объясняют всей совокупности фактов по этому вопросу без противоречий, в особенности генетические факты. Таким образом, моя позиция по поводу роли генов в развитии интеллекта и характера вполне ясная. Роль эта — существенная.

Еще одно уточнение — для особо въедливых. Разумеется, надо различать признаки простые и сложные. Первые определяются в каждом отдельном случае лишь одним генетическим локусом (неким фрагментом хромосомной ДНК). Например, простейшая группа крови у человека зависит только от двух генов-партнеров, каждый из которых получен от одного из родителей. И где бы пара родителей ни родилась, и как бы их ни воспитывали, и где бы они сами ни рожали, и даже если ребенка еще в утробе травили радиацией или ядами, а потом долго и упорно воспитывали, группа крови никогда не изменится и зависит только от двух главных генов-партнеров. (В такой системе либо вообще нет степеней свободы, если гены-партнеры проявляют себя независимо один от другого, либо имеется условно одна степень свободы, если партнеры взаимодействуют. Для эффектов среды здесь просто нет места.) Другое дело, когда мы говорим об интеллекте и характере. И то и другое есть очень сложный нейропсихический феномен, в пределах которого процесс вычленения более простых компонент сам по себе крайне сложен. Много разных генетических локусов прямо или косвенно вовлечены в нейропсихические механизмы, лежащие в основе формирования и того и другого феномена, то есть многие родительские пары генов-партнеров контролируют развитие таких сложных признаков. В подобных системах много степеней свободы, так как между разными генами могут существовать сложные взаимодействия. Поэтому есть простор для влияний факторов среды, которые взаимодействуют с вовлеченными генами, усиливая или подавляя проявления тех или иных элементов системы. Но ведущая роль остается за генами. А в чем, собственно, ведущая, если потребовать от меня большей конкретности? Пожалуйста!

В психической деятельности важно различать *содержание* и *форму*. Удобнее показать это на примерах скорее патологических форм психической активности. Скажем, бред преследования — это патологическая форма мышления. Здесь, в Штатах, бредовой больной утверждает обычно, что его преследуют агенты ФБР или ЦРУ, тогда как в бывшем СССР это были, как правило, агенты КГБ, а теперь, вероятно, ФСБ. Следовательно, само содержание бреда, то есть «кто конкретно и почему преследует», зависит от культуральной среды, в которой больной обитает и воспитывается. *Наследуется же бред как форма мышления*, а не его содержание. Бред ревности, бред реформаторства, религиозный бред — это все разные формы патологического мышления, и как формы они мало зависят от культуральной среды обитания больного — что при капитализме, что при социализме, хоть в Африке, хоть на Канарских островах бред ревности — это бред ревности, а не реформаторства. Это генетика. Но вот конкретное содержание бреда ревности (с соседом ли, или с начальником, или с приятелем супруг(а) изменял(а)) зависит, понятно, не от генов, а от случайного стечения квартирных и прочих обстоятельств. Аналогично и в случае интеллекта и характера в норме. Наследуются формы проявлений мышления, памяти, поведения, а не конкретное содержание самих проявлений. Это же можно распространить и на проблему так называемого этнического характера. Другое дело, что даже специалисту в области психологии личности часто бывает трудно разграничить содержание и форму психической деятельности. Это специальная проблема. Это одна из важных причин, почему так много противоречивых данных, мнений и просто глупостей публикуется вокруг генетики поведения. На бывшем нашем Востоке идеологических дураков было, конечно, много, но и на нынешнем-нашем Западе их не меньше, если не больше.

А теперь на закуску. Все, что я сказал выше, верно для обычных случайно распределенных условий окружающей среды. Если в такой среде начинает действовать какой-то один глобальный внешний фактор, тогда генные различия между нами оказываются менее важными и все мы стремимся отвечать на данный фактор сходным образом. При этом имеет место важная закономерность: *чем сильнее глобальный внешний фактор, тем меньше наши генетические различия влияют на характер нашего ответа на такой фактор. И напротив, чем слабее глобальный фактор* (то есть чем ближе он к обычным средовым воздействиям по силе своего эффекта), *тем важнее генетические различия между нами, поскольку теперь различия в наших ответах на такой фактор определяются скорее различиями в наших генах.*

Вот вам примеры. При легочной форме чумы заболевают и быстро умирают почти 99% зараженных, то есть сила этого глобального фактора такова, что генетические различия между большинством из нас никак не способствуют тому, чтобы избежать болезни. Вместе с тем 1% устойчивых все-таки доказывает, что даже в таких экстремальных ситуациях некоторые генетические особенности таки да, могут предохранять даже от чумного токсина. Обратимся теперь к холере. В этом случае заболевает уже только 85% зараженных, а умирают без лечения около 70%. Это говорит о том, что токсин холерного вибриона несколько слабее токсина чумной палочки. Соответственно, сразу же начинают проявляться эффекты генетических факторов. А что это может быть? Вы удивитесь, каким простым может быть ответ. Уже давно заметили, что в морской, то есть соленой, воде холерный вибрион быстро погибает. Это означает, что люди с повышенной кислотностью желудочного сока имеют заметно меньший шанс заболеть холерой. В свою очередь, кислотность желудочного сока зависит не только от того, какую пищу мы потребляем, но в большой степени от генетических механизмов, контролирующих ферментативные процессы в желудке. Так, у лиц с генетическим предрасположением к язвенной болезни кислотность желудочного сока все время заметно повышена, что в некоторых обстоятельствах (например, при малой концентрации попавших с питьевой водой или пищей холерных вибрионов) может предохранять их от холеры. Именно поэтому холерой заболевают не 100% популяции, а меньше. Идем дальше — дизентерия. Тяжелое заболевание. Но заражаемость этой палочкой еще меньше, чем при холере, соответственно и выживаемость заболевших в этом случае много выше, чем при холере. Таким образом, закономерность, о которой я говорил выше, просматривается на примере этих инфекций очень ясно.

Не хочу вас утомлять, но в случае туберкулеза, если бы я дал полный разбор ситуации, мы увидели бы, что хотя и здесь внешний глобальный фактор (палочка Коха) весьма серьезный, но генетические различия между нами оказывают значительный эффект на то, кто окажется пораженным, и даже более того, какие органы будут поражены. Если вы что-то слышали о туберкулезе, то вы знаете, что существует много разных форм этого заболевания, например легочный туберкулез (причем это могут быть и одиночная каверна в одной доле легкого, и рассеянные по всей легочной ткани узелки), а еще туберкулез почек, костный туберкулез, менингит (воспаление мозговых оболочек) и т. д. Такое разнообразие форм определяется тем, что у разных индивидов устойчивость к туберкулезному токсину различная в разных тканях и органах, то есть палочка Коха скорее будет размножаться и поражать те ткани и органы, в которых эта устойчивость снижена. Но как раз генетические факторы и определяют устойчивость тканей и органов к инфекциям.

И уж совсем под занавес. Можно ли приведенные примеры толковать расширительно, распространяя лежащие в их основе закономерности и на психику и поведение? Именно такой вопрос задал мне директор Института психиатрии А. В. Снежневский в дискуссии по моему докладу о генетике поведения на философском семинаре (такие семинары для научных работников были обязательны в 60—80-х годах во всех академических институтах). А наш директор случайные вопросы никогда не задавал. Я тогда понял, что наши идеологические органы озаботились на тот момент неким необычным явлением в жизни советских людей. Каким? Те, кто сегодня уже в продвинутом возрасте, наверное, еще помнят, с каким глубоким интересом советские люди смотрели на рубеже 70-х годов многосерийную телевизионную постановку «Сага о Форсайтах». Каждый вечер миллионы по всей стране усаживались у экранов семьями, чтобы «уколоться и забыться» в переживаниях вместе с персонажами этой многолетней семейной драмы, имевшей место «давным-давно» и в совершенно чуждой для советских людей стране и среде. Интерес был настолько глубоким и охватил настолько значительную часть населения, что феномен этот озаботил идеологические «инстанции». Почему?

Попутно напомню для непосвященных, что у всех людей есть пять основных чувств, за каждое из которых отвечает специфический орган (зрение, слух, вкус, обоняние и осязание). У некоторых людей, как советских, так и несоветских, иногда встречается еще шестое чувство — интуиция. У советских это не очень желательное чувство внимательно контролировалось ответственными за это компетентными органами. Седьмое, главное, чувство было уникальным. Оно обнаруживалось учеными только у советских людей. Это было чувство «глубокого удовлетворения» социалистической действительностью. За наличие этого чувства были ответственны идеологические органы. У тех советских людей, которые уезжали из Союза навсегда, это чувство пропадало сразу же после пересечения границы. Лет десять назад это чувство внезапно исчезло почти у всех бывших советских людей, независимо от места их пребывания. В этом нет загадки. Это следует из основного принципа марксистско-ленинской философии, согласно которому «без структуры нет функции» и в более частной версии — «без органов нет чувств». (Между прочим, за последний год-полтора в нынешней России происходит, по-видимому, интенсивное возрождение специальных идеологических органов. И по многим публикациям в государственных масс-медиа, включая прессу, радио и телевидение, уже начинают ощущаться признаки возрождения старого чувства «глубокого удовлетворения» политикой новой власти. Таким образом, это как бы независимый контрольный пример из истории одного государства, доказывающий справедливость указанного принципа.) В следующем фрагменте вы узнаете о моей встрече с Трофимом Лысенко, когда я тщетно пытался ознакомить его с научным обоснованием данного принципа на примере биологии. Соответственно, у вас будет возможность детальнее ознакомиться с этим обоснованием.

Теперь назад, к началу 70-х. Так вот, нашего директора (а именно его и других деятелей, близких к психологии и психиатрии, теребили вопросами «инстанции») интересовало: «Если гены играют важную роль в поведении, то как же объяснить тогда феномен „Саги о Форсайтах"?» (Примерно то, что написала как-то одна израильская газета: «Если все так хорошо, то почему же все-таки так плохо?») В ответ мы с М. Вартаняном предложили то объяснение, которое я обосновал выше на примере особо опасных и других тяжелых инфекций. Смысл ясен. Упомянутая телевизионная серия в силу абсолютной новизны персонажей, их ментальности, стиля жизни и быта оказалась для советских людей тем глобальным средовым фактором, который эффективно подавлял наши генетические различия. Однако в обычных советских условиях эти генетические различия, по крайней мере частично, влияли на какие-то наши предпочтения в выборе тех или иных удовольствий, развлечений и хобби.

На этом все. В смысле популярного введения в предмет я практически исчерпал тему. Это обсуждение можно назвать «психологической анатомией личности в генетическом контексте». Понятно, что я стремился свести к минимуму специальную терминологию и максимально упростить аргументацию. Поэтому часть знания очевидно упущена и какие-то детали остались неясными. Но самое важное для понимания сути дела я изложил. Если я вас не убедил, то теперь это ваша проблема. Have a nice day!

Узелок тринадцатый
«РАСПУТИН» СОВЕТСКОЙ БИОЛОГИИ

В начале 60-х Никита Хрущев стал выходить за всякие рамки. Его реформаторский зуд распространялся на все, и на идеологию прежде всего. Официальная пресса часто тиражировала довольно неумные его высказывания относительно литераторов, художников, скульпторов и других деятелей культуры. Однажды разразилась смешная идеологическая истерика по поводу американского кинофильма «Великолепная семерка», который случайно выпустили широким экраном, и фильм немедленно сделался популярным в народе, особенно среди подростков и молодежи. Вполне добротный голливудский боевик с элементами наивного гуманизма — защиты угнетенных и обездоленных, что, конечно, шло вразрез со стандартной антиамериканской пропагандой. Замечания персека ЦК* по поводу этого фильма были просто глупыми, и это было очевидно даже простому народу. Плохо было и в науке. Нас, работавших в молекулярной биологии и генетике, это касалось прежде всего, поскольку, следуя Сталину, Хрущев доверял Лысенко, а отнюдь не тем советским ученым, которые имели мировое имя и реальные заслуги перед тем же советским государством.

Стоит сказать пару слов о том, как я смотрел на Н. Хрущева тогда и изменилось ли что-нибудь за прошедшие годы в тех моих ранних впечатлениях. С его известным докладом на XX съезде я познакомился, еще будучи студентом мединститута в Караганде, когда его зачитывали на закрытых парткомсомольских активах. Хотя я знал кое-что и до этого, но все же резкая критика Сталина произвела на меня впечатление. Я думал, что Хрущев честно хотел исключить в будущем нечто подобное. Какое-то время я даже говорил отцу, что со временем Никите поставят памятник за то, что «он первый вбил увесистый кол в вашу идеологию». Например, на волне «разоблачений культа личности» в печати появи-

---

* Расшифровывается как первый секретарь ЦК (*примеч. ред.*).

лись статьи о трагической судьбе семьи советского офицера, кажется, Станкевича, который, оказывается, был реальным руководителем «Молодой гвардии» в Краснодоне. Но номенклатурный писатель А. Фадеев, со слов матери Олега Кошевого, изобразил его предателем под именем Евгения Стаховича. Правда, эти единичные публикации не изменили ни отношения к истинному герою, ни судьбы его родственников и тем более отношения к Фадееву и его книге. (В школах учеников по-прежнему мучили разборами этого «выдающегося произведения советской литературы».) Потом последовали «венгерские события», вокруг которых советская пропаганда нагнетала откровенную ложь. К концу 1956 года я стал уже сильно сомневаться в искренности и разумности Хрущева и позволял себе довольно откровенно и открыто высказываться. В связи с комсомольской работой в институте (я был секретарем курсового комитета) были и другие события, которые усугубили мое недовольство. Более того, стало ясно, что мое пребывание в институте, хотя я и был отличником, может закончиться плачевно. Мама пошла к директору и упросила его отпустить меня (в прямом смысле, поскольку без официального разрешения и студенческой зачетной книжки никто не мог перевестись ни в какое другое место). И, как всегда, непонятные переплетения судеб. С сыном этого директора, Борисом Поспеловым, мы учились много лет в одном классе и даже дружили одно время вплоть до окончания школы. (У Бориса была младшая полусестра, которая много лет спустя оказалась женой одного из моих сотрудников, когда я работал уже в Институте психиатрии в Москве. И этот сотрудник тоже нынче здесь, в Штатах, с другой семьей после весьма занимательных поворотов судьбы.) Короче, директор меня отпустил и ко второму семестру 57-го года я перевелся во 2-й Московский мединститут. (На очередной партконференции в Карагандинском мединституте проводивший ее секретарь обкома сильно шумел: «Как это позволили врагу народа Гиндилису так легко отделаться, да еще с переводом в столицу!» Но тут же заткнулся, когда директор сурово сказал, что это он разрешил.)

Уже в Москве, весной того года, случилась известная история с «антипартийной группой» Молотова и других, включая человека с самой длинной русской фамилией — «И-примкнувший-к-ним-шепилов». (Спустя пару лет я встретил этого бывшего кратковременного министра иностранных дел в клинике неврозов, будучи там на занятиях, и очень удивился. До того я никогда не встречал «больших людей», пусть и бывших, в такой бытовой обстановке.) Я активно интересовался всеми перипетиями тех событий. Хотя непрерывные заседания ЦК, проходившие в течение нескольких дней, были закрытыми, но всякие слухи тут же разносились по Москве. Все живо обсуждали роль Фурцевой и маршала Жукова в сохранении власти Хрущева. А потом довольно скоро и очень некрасиво Хрущев отправил того же Жукова в отставку (когда тот был в зарубежной поездке). Хотя Жуков, по имевшимся сведениям, отнюдь не был сторонником демократии, но все же ситуация «снизу» выглядела странно. Становилось ясным, что в условиях однопартийной системы так называемая «диктатура пролетариата» приводит к диктатуре партии и автоматически — к диктатуре главного лица в такой партии. Начав с развенчивания культа Сталина и сталинизма, Хрущев довольно быстро пришел к собственному культу и диктатуре. (Интересно заметить, что дочь Хрущева Рада, в отличие от отца, совершенно иначе смотрела на советскую «мичуринскую» биологию и позже, насколько могла, способствовала возрождению генетики. Долгие годы она была одним из редакторов ведущего популярного журнала «Наука и жизнь».)

Нынче, читая иногда статьи Сергея Хрущева (теперь тоже местного гражданина, и наверное, по тем же причинам, то есть «много дешевой еды, всякой информации, а через пару лет, возможно, пенсия», хотя у меня очень смешная), посвященные тому периоду истории Союза, я понимаю, что, будучи любящим сыном, он находит много положительного в политике отца и всякие оправдания тем глупостям, которые Н. Хрущев делал. Но рядовые советские люди, как равнодушные к политике, так и те, кто близко принимал к сердцу все происходящее вокруг, ощущали на себе в повседневной жизни противоречивость многих скороспелых и шапкозакидательских хрущевских «реформ» и чувствовали психологическое неудобство по поводу многих его публичных выступлений и поведения как главы государства. Хотя и вопреки собственным намерениям, он, несомненно, приблизил развал коммунистической идеологии и советской системы. И в этом состоит, на мой взгляд, его позитивная историческая роль. Двадцать лет спустя М. С. Горбачев, также вопреки собственным намерениям, фактически завершил дело, начатое Н. Хрущевым. Многие в бывшем Союзе именно поэтому этих двух деятелей откровенно ненавидят. История, однако, вряд ли будет помнить всех этих ненавистников, а вот эти двое останутся на ее страницах, по-видимому, надолго.

В начале 1964 года ожидались очередные выборы в Академию наук. При этом «мичуринцы» во главе с Лысенко планировали продвинуть в АН двух своих людей: членкора Нуждина — в академики, а малоизвестного киевского профессора Кушнера — в членкоры. За пару недель до выборов в лаборатории Мадам стало известно, что этот Кушнер выступит с предвыборной лекцией в Институте общей генетики, который давно уже был в руках Лысенко.

Хотя Лысенко и его камарилья выдавали себя за выразителей «мичуринской биологии», на самом деле И. Мичурин никакого отношения к ним не имел, а самого Лысенко держал за невежественного проходимца. Он с большим уважением относился к Н. И. Вавилову, который по сути поддержал и выдвинул Мичурина. У последнего действительно было некоторое недопонимание законов Менделя, поскольку он был селекционером-самоучкой, но он никогда не призывал к уничтожению генетики. После его кончины Лысенко со своими клевретами просто использовал это имя. Среди активистов лысенковского агитпропа были, к сожалению, и евреи — Презент, Куперман, Фейгинсон. Однако среди самых непримиримых борцов с Лысенко были такие выдающиеся имена, как И. А. Раппопорт и В. П. Эфроимсон.

Мадам, кстати, была одной из немногих, кого Лысенко не изгнал из вавиловского института и довольно долго терпел, хотя и запретил ей заниматься исследованиями на основном генетическом объекте — плодовой мушке дрозофиле. Не изгнал, скорее всего, потому, что в молодости она была отменно хороша собой, если судить по ее фото тех времен, которые у меня сохранились. А еще, возможно, потому, что в 30-е годы ею увлекался Г. Меллер, выдающийся американский генетик (получивший Нобелевскую премию за открытие мутационного эффекта радиации), в то время работавший в СССР, но покинувший страну после расстрела С. Левита и ареста других ученых. Мадам иногда рассказывала нам об идиотских высказываниях Лысенко. Как-то, в первый год ее работы в институте В. А. Энгельгардта, Лысенко посетил этот ИРФХБ в составе проверочной комиссии, и ему показали пробирку с только что выделенной ДНК. Тогда это было целое дело и получаемые количества были очень малыми. На это Лысенко заметил: «Ну и что! У меня в институте на полках десятки банок с кислотами стоят». Академик, оказывается, не понимал разницы между серной или соляной кислотами, получаемыми промышленно уже десятки лет, и дезоксирибонуклеиновой кислотой, выделяемой из живых клеток. Таков был уровень этого «биолога». В силу сходства интеллекта и поведения его вполне можно было бы назвать Распутиным российской науки.

Кто-то из старых генетиков рассказывал нам, что в конце 30-х годов на одном из цековских совещаний по вопросам урожайности хозяйственно полезных растений генетики обещали вывести новые высокопродуктивные сорта в течение десятилетия. В ответ на те выступления Лысенко, припрятавший в кармане пиджака огромную картофелину, предъявил ее Сталину со словами: «Пока они там ищут какие-то гены, которых никто и видеть-то не умеет, народные селекционеры сами без них вывели вот что!» Быть может, Сталин, будучи умнее и коварнее Н. Хрущева, понимал, что Лысенко блефует, но последний был ему ближе по духу. Сами не очень образованные, они — все трое — всегда с подозрением относились к академической образованности и предпочитали больше доверять подобным себе. Для полноты картины хочу напомнить, что уже при Хрущеве, в 50-х годах, советский агитпроп раструбил на весь мир о невиданных достижениях Лысенко по выведению так называемых жирномолочных пород коров. При этом в органах, кому это было положено, хорошо знали, что за стадо таких коров в Ленинских Горках отвечал отец Лысенко, а коровы те содержались на специальном довольствии, включавшем много чего вкусного, и между прочим сметану! И это не байка. Это факт.

Короче, мы, человек тридцать молодых научных сотрудников из разных академических институтов, примчались на объявленную лекцию киевского визитера. С нетерпением ожидали ее окончания, чтобы засыпать лектора острыми вопросами. Однако устроители дело свое тоже понимали и объявили по окончании лекции, что вопросы и дискуссия не планировались. На выходе из аудитории мы обступили Кушнера всей толпой и попытались задавать ему каверзные, как нам казалось, вопросы. Пару раз он что-то лепетал, а потом ему это надоело и он сердито бросил: «Что вы ко мне пристаете? Я за Лысенко не отвечаю. Идите к нему и спрашивайте!» Все, естественно, восприняли это как шутку и продолжали к нему вязаться. Я же, по наивности (а может, благодаря левополушарному занудству!), отнесся к его словам вполне серьезно и пошел искать кабинет Лысенко. Нашел приемную директора и обратился к его секретарше проникновенным голосом, что-де вот группа молодежи из разных институтов только что с интересом прослушала лекцию профессора из Киева и хотела бы увидеться с Трофимом Денисовичем и узнать, что он думает по поводу этих исследований. Секретарша попросила обождать пару минут и зашла в кабинет. Довольно скоро она вернулась и сказала, что Т. Д. нас примет в соседней комнате через десять минут. Представляете мой восторг! Я скатился по лестнице и помчался к лекционной аудитории, где толпа молодежи еще тусовалась около лектора. Я бросил клич: «Все наверх! Лысенко нас ждет!» Человек двадцать ринулись за мной. В упомянутой комнате для заседаний все степенно расположились на кожаных диванах и стульях, расставленных по стенам. В центре комнаты, ближе к двум окнам, стоял большой Т-образный стол с внушительным креслом между окнами. В проеме между окнами — конечно, портрет Ленина. Лысенко появился в сопровождении того самого Нуждина, которого двигали в академики и который расположился в другом кресле в углу у окна. Я занял позицию в стыке столов, лицом к лицу с Лысенко, присвоив себе обязанности своего рода ведущего. Среди тогдашней генетической молодежи там присутствовали сотрудники Мадам, а также много других из разных институтов (точно помню, что были Юра Богданов, Алексей Иорданский, а еще Света Каменева, Эза Каляева, Марлен Асланян и другие).

Это была феерическая беседа. Многократно мы обсуждали с А. А. Любищевым в Ульяновске все аспекты идиотской партийной политики в отношении генетики. Еще в 50-х годах А. А. написал и послал в ЦК толстый том своего критического анализа этой политики. Но он больше упирал на строго научные факты и пагубность лысенковщины для сельского хозяйства страны. Я, со своей стороны, обученный марксизму-ленинизму, считал крайне важным показать, что «лысенкоизм» явно противоречит официальной философской доктрине, лежащей в основе идеологии советского режима. (А. А., напомню, был идеалистом-платоником, и мои марксистские экзерсисы его не волновали.) Таким образом, у меня была давняя заготовка и я мечтал «потрясти» Лысенко такими аргументами. Вот она, фортуна! Меня, правда, насторожил его внешний вид — потертый серый пиджак, воротник которого был густо обсыпан перхотью, несвежая рубашка под пиджаком. Мое сознание удерживало эту картину лишь секунды, затем я быстро сконцентрировался и очень серьезно начал: «Трофим Денисович, вы ведь знаете, что все мы должны постоянно сверять научные результаты с нашей философской позицией, с марксистско-ленинским учением. И вы знаете, что, согласно этому учению, любая функция живого организма и живой клетки должна иметь материальный субстрат, специфическую структуру. В организме, например, за функцию кровоснабжения отвечает специальный орган — сердце, за дыхание — легкие, за пищеварение — желудочно-кишечный тракт и т. д. (Прости, читатель, за этот ликбез!) И каждый такой орган имеет свою структурную специфику. Наше сознание прямо связано с особым органом — мозгом, а не с *почками и печенью*, хотя эти органы косвенно тоже как-то влияют. *Аналогично и в отдельной клетке:* ее энергетика обеспечивается митохондриями, белковый синтез — сетью внутренних мембран и аппаратом Гольджи, распад белков — специальными цитоплазматическими пузырьками и т. д. Следовательно (вот она, главная мысль!), и для *функции сохранения и воспроизведения наследственной информации* мы должны ожидать наличие в клетке *материального субстрата — специальных структур, например, в клеточном ядре*. Разве такое наше рассуждение антинаучно и противоречит нашей философии?» (Лысенко, как известно, отрицал существование генов и хромосом. Он утверждал, что хромосомы — это артефакт, случайные образования в ядре умирающей клетки вследствие фиксации ее уксусной кислотой, используемой при приготовлении препаратов.) Завершив вопрос, я застыл в почтительном ожидании, наивно считая, что эти формулировки — убийственные, будучи безупречными как раз с точки зрения официальной советской философии. Мне было интересно, что Лысенко скажет в ответ, как будет выкручиваться.

А что же академик перед лицом молодых ученых? (Напомню, что это официальная встреча, а не беседа на кухне с водкой и селедкой.) Он начал относительно спокойно, хотя и с сердитым видом: «Это все мусор, пустые слова, что ты щас тут наговорил. Чушь собачья! Нет никаких генов и хромосом. Наследственность — это вся клетка за нее отвечает, вся в целом. И никаких таких отдельных частичек в ней нет! А что ты тут про почки и печенку долдонил, так я скажу тебе, что из них хорошая еда получается». (Последнее было, очевидно, «шуткой большого ученого».) Я просто сник. Было ясно, что все мои домашние заготовки — просто смешны, детский лепет в глазах этого темного и хитрого «ума», граничащего с мракобесием. Истинный Распутин.

Однако народ на диванах все еще надеялся на что-то, и посыпались другие вопросы. Ответы были примерно такими же, что и на мой вопрос. Забавно вел себя Нуждин. В продолжение всей «беседы» он трясся от тихого хохота, подпрыгивая в кресле. И это тоже было понятно. Он ведь на самом деле имел классическое генетическое образование и еще в 30-х годах публиковал вполне пристойные статьи по генетике мушки дрозофилы. Он-то истину знал! Но предпочел карьеру при Лысенко. Минут через сорок стало очевидно, что «беседа» бессмысленна. Народ стал подниматься и готовиться к отходу. Конец был впечатляющим. Кажется, Марлен Асланян (потом он стал вторым профессором на кафедре генетики биофака МГУ) задал последний вопрос — что-то из области эволюционной теории. Уже в спины уходящим Лысенко стал кричать, указывая на Марлена: «Вы только слушайте, что этот дурак говорит, вы только слушайте! Он сказал, что зайцы существуют, чтобы их волки драли. Он же круглый дурак!» Напрасно Марлен пытался что-то объяснять, уточняя формулировки. Лысенко просто брызгал слюной, давно копившейся в углах его рта. Ситуация становилась близкой к клинической. Мы спешно покидали приемную. Позитивное возбуждение в начале нашего похода на лекцию улетучилось. Я был определенно подавлен. (Спустя лет десять я случайно встретил Лысенко около улицы Герцена, в районе, где стояли дома для элитных старых большевиков, академических и партийных пенсионеров. Он понуро брел со старым портфелем в руке. Из-под темных брючных штанин торчали белые подштанники с незавязанными стрипками, на которые он мог наступить. Его вид отнюдь не доставил мне законного удовольствия, хотя я и знал, что по его вине не только были порушены жизненные пути многих тысяч людей, но погибли в тюрьмах и лагерях крупные ученые. В никчемном его виде как бы отражалась ничтожность режима, его породившего.)

Разумеется, я поделился своими впечатлениями от этой встречи с персонажами Квартиры. Лева и Р. Д. с интересом слушали, спрашивая по ходу рассказа о научных деталях. Дискуссии о роли Лысенко в советской биологии были в то время нередки в кругах московской интеллигенции, и народ в Квартире хотел иметь более четкое представление о сути дела. Выборы в Академию закончились вскоре большим скандалом. Сейчас уже ничего не помню про Кушнера, но про Нуждина точно знаю, что с ним у «мичуринцев» случился прокол, причем виновником этого оказался Андрей Дмитриевич Сахаров. Это был как раз тот случай, когда московская публика вообще впервые услышала об этом имени. Отец советской водородной бомбы был сильно засекречен и даже жил далеко от Москвы. Но члены академии — кто определенно, а кто и догадываясь — знали, конечно, кто такой академик А. Д. Сахаров. Поэтому, когда на общем собрании он жестко выступил против Нуждина, кандидатуру эту не утвердили, в основном благодаря голосам академиков математических, физико-технических, химических и частично биологических специальностей. Это был неожиданный и очень серьезный удар по идеологическому отделу ЦК. Хрущев был в бешенстве. По Москве поползли слухи, что он вполне серьезно заявил о необходимости закрыть и реформировать Академию наук. Возможно, что эти события даже как-то ускорили реализацию тайных замыслов брежневской группировки по смещению Хрущева с поста правителя страны. Сделано это было при активном участии В. Семичастного, молодого начальника органов, ставшего таковым прямо с должности персека ЦК комсомола, как и его недавний предшественник А. Шелепин. Впрочем, зная вероломную породу всех этих деятелей, нельзя исключить и другое — слухи о намерениях Хрущева в отношении АН могли распускаться специально, чтобы как-то «подготовить» общественное мнение к предстоящему его смещению.

(Кстати, для многих в Союзе в то время оставалось загадкой, почему именно Л. Брежнев оказался во главе новой партийной номенклатуры. В конце 40-х годов он был всего лишь персеком Запорожского, а потом Днепропетровского обкома партии. Затем довольно неожиданно «избирается» персеком ЦК Молдавии, откуда уже после смерти Сталина был передвинут в Казахстан, вторым и затем первым секретарем ЦК. Забавно — в Москву мы с ним «перевелись» почти одновременно. Он пошел на повышение после истории с «антипартийной группой» Молотова и других, когда в президиуме ЦК освободилось много мест. Много позже М. Вартанян рассказывал мне следующую байку, которая, если не анекдот, проливает свет на первопричину карьерных успехов Ильича-второго. Дело было еще в конце 40-х на известной 19-й партконференции, где Сталин произнес свою последнюю официальную речь перед партийной номенклатурой о проблемах социализма в СССР. (Мы эту речь детально изучали в старших классах школы.) Так вот, Брежнев оказался персеком ЦК Молдавии лишь благодаря случайной «ошибке» Сталина. По завершении той партконференции большая группа секретарей обкомов ожидала выхода к ним вождя. Томились они в этом ожидании пару часов, и в какой-то момент Брежнев оказался в первом ряду толпы. Неожиданно появился Сталин и сурово оглядел всех со сцены. Взгляд его задержался на «молодцеватом, бравом, бровастом, темноволосом» персеке из Днепропетровска, и Сталин сказал первое, что пришло ему в голову: «Молодцы *молдаване!*» Поскольку великий вождь никогда не ошибался, пришлось бровастому переезжать в Молдавию!)

Узелок четырнадцатый
МНОГОЛИКИЙ ЯНУС?

Уход Хрущева из власти резко ускорил процесс возрождения генетики. Из забвения вышли еще живые старые кадры, переиздавались старые и публиковались новые книги по генетике, эволюции и молекулярной биологии (в основном переводные с английского), реорганизовывались прежние институты, создавались новые лаборатории и исследовательские группы. Но в тот, самый начальный, период кадров еще было так мало, что возникали иногда курьезы, частично сходные с таковыми в 20—30-х, когда были распространены так называемые рабфаки, на которых рабочая и крестьянская молодежь приобщалась к образованию по ускоренным программам. Подобным же образом и в наше время в Москве стали проводить кратковременные курсы для преподавателей университетов и научных работников, на которых старшее поколение генетиков (ведущая их группа составляла едва ли человек двадцать на всю страну) в течение нескольких дней читало лекции по основным разделам генетики и дарвинизма. Подобные ускоренные курсы проводились и в других республиках.

Мадам, в частности, получила приглашение в Киев, но по какой-то причине не смогла поехать и отправила меня туда как замену. Я был в ужасе. Две недели ежедневных двухчасовых лекций по общей и медицинской цитогенетике для профессоров и преподавателей биологии из университетов, сельхоз- и медицинских вузов со всей Украины, а я — всего-то аспирант и к тому же с виду практически мальчишка.

Это в Штатах, даже если вам всего-то вокруг 30 лет, но вы смогли пробить приличный грант в NIH или NSF, вас будут слушать и статьи присылать на рецензию. Российская же наука, с ее германскими корнями, всегда имела строгую иерархическую структуру, которая в советское время, когда первая революционная пыль улеглась, становилась с каждым годом только жестче. В советской академической среде на вас до 40 лет никто серьезно не смотрел, а уж выслушивать ваши большие доклады или лекции — это слишком. Так, короткие сообщения на десять минут — уже спасибо. (Вспоминаю, как в конце 80-х, когда мне было уже сильно за 40, планировалась сессия АМН с серией докладов о достижениях молекулярных исследований генома человека, программу которой составляли вице-президент А. Г. Чучалин и правая рука Е. И. Чазова в Кардиологическом центре В. Н. Смирнов. Они пригласили меня докладчиком. Так Н. Бочков и М. Вартанян, кстати, большие друзья министра Чазова, костьми лежали, чтобы не допустить этого. Правда, А. Чучалин и В. Смирнов проявили твердость, и в результате на сессии той я оказался самым молодым докладчиком.

Итак, я набил два чемодана книгами и взял около сотни больших стеклянных слайдов, специально приготовленных еще в 1963 году, в связи с моей лекцией в Доме ученых для физиков-атомщиков в Дубне. (Там я, кстати, имел интересную беседу с Бруно Понтекорво. Был такой известный итальянский атомщик, а еще и коммунист, которого уговорили сбежать в 1950 году в СССР, что он и сделал через Финляндию. Оказался человеком скромным, с типично научными интересами. По-видимому, были у него обстоятельства так дотошно пытать меня относительно роли генов при тех или иных заболеваниях.) Приехал я в Киев и узнал, что жить буду в лучшей гостинице, в двухкомнатном номере с кабинетом и спальней, в которой стояли две огромные кровати. Понятно, что номер готовили для Мадам, а вовсе не для меня. Одну из кроватей, а также все столы в этом люксе для серьезной номенклатуры я использовал для трех десятков книг, раскрытых на определенных страницах. В общем, с лекциями я справился, но похудел заметно.

Довольно скоро в генетическом сообществе стали появляться совсем молодые лица, привлеченные новизной и достижениями этой науки. Мадам удалось создать филиал нашей лаборатории в Медицинской академии, в Институте морфологии человека. Директор его, академик АМН А. П. Авцын, известный ученый и очень интеллигентный человек, предложил ей совмещать руководство этой новой лабораторией у него в институте. Среди самых первых сотрудников там были Ольга Подугольникова и Женя Богомазов. Кроме того, я посоветовал Мадам пригласить в качестве ее заместителя и «повседневного мотора» в этом коллективе Кирилла Гринберга, работавшего тогда в молекулярном корпусе Курчатовского «ящика». А. П. Авцын сразу же полюбил Кира и всегда относился к нему с большим уважением, всячески поддерживая эту новую лабораторию. В ней воспитывалось немало первых специалистов медицинской генетики, ставших потом известными и учивших уже следующие поколения (В. Кухаренко, А. Ревазов, Г. Мирзаянц, Ю. Селезнев, А. Синкус из Каунаса, А. Кулиев из Баку, а в составе нашей основной лаборатории в ИМБ АН еще и А. Микельсаар из Тарту, М. Павулсоне из Риги,

Н. Ляпунова, Н. Стонова и другие). Вместе с Ириной Вешневой мы обучали анализу хромосом человека всех первых сотрудников этой лаборатории, как, впрочем, и почти всех в Союзе в то время. Здесь самое время подробнее рассказать как раз об этой самой Ирине Вешневой, которая в нашем кругу звалась «бабусей» и в мои аспирантские годы заметно влияла на течение моей жизни.

С ней у меня сложились очень дружеские, фактически родственные отношения почти сразу же после моего первого знакомства с лабораторией Мадам. За много лет я не помню такого человека, который не говорил бы о «бабусе» только восклицательно. Встречаются иногда такие личности, которых любят все. И я, и многие другие из близких Ирине людей постоянно напоминали ей, что она не может осчастливить всех, то есть откликаться на любую просьбу каждого, проходящего мимо нее, но «бабуся», по-моему, именно к этому стремилась — искренне и постоянно. Она учила меня делать препараты хромосом человека, и в первое время, пока не появился лаборант Евгений Ананьев (о нем обязательно позже), моя работа во многом зависела от ее помощи. (Правда, и другие сотрудники лаборатории тоже сыграли свою роль в моем обучении. Скажем, Оля Капитонова много потрудилась, чтобы я грамотно освоил микроскоп и микрофотографию. Она и ее подруга, все из тех же мадаминых учеников, Злата Шамина, вместе лепили из меня хромозомиста и цитолога.)

Круг родственников и знакомых «бабуси» был столь обширен, что я всегда где-нибудь на них наталкивался. Скажем, в той же лаборатории Мадам, помимо большой группы цитогенетиков, была еще самостоятельная группа сотрудников, изучавших клеточные циклы, которой руководила О. И. — дочь художника Грабаря и каким-то боком в родстве с Ириной. А брат О. И., Слава Грабарь, оказался мужем младшей копелевской дочери Лены. С ними я часто виделся на семейных датах в Квартире. На этих застольях Слава приятно пел дуэтом с братом Р. Д., Лешей, и отменно пил.

А вот еще перекресты судеб. Много позже «бабуся» призналась, что, собирая обо мне информацию по заданию Мадам, она нашла через своего брата-врача двух моих сокурсников, которые в один голос отзывались обо мне очень хорошо. Это были Валерий Позин и Слава Пиганов, с которыми на самом деле я близок не был и потому даже удивился их высокой оценке — спасибо им! (Вообще-то они присутствовали на той моей лекции по генетике для сокурсников, о которой я упоминал в первой части. Возможно также, что они помнили мое выступление на комсомольском собрании, когда я только что появился на третьем курсе в 1957 году. Тогда я довольно неожиданно для всех очень свободно рассуждал, что пора бы перестать принимать в комсомол автоматически всех подряд, и сослался на пример с Польшей, где тогда нечто аналогичное происходило с их правящей партией. Понятно, что многие сокурсники расценили мое выступление как очень смелое для того времени.) Забавно еще вот что — значительную часть материала моей кандидатской диссертации составил анализ хромосом Славы Пиганова. Он пожертвовал для нас 20 мл своей крови, из клеток которой нам с «бабусей» удалось приготовить много очень качественных препаратов хромосом, что было по тем временам неким достижением. (Кстати, брат «бабуси», так удачно поспособствовавший тому, чтобы у Мадам сложилось обо мне благоприятное мнение, был по отцу Леонтович. Много лет спустя, когда я сам уже был завлабом и оказался в Институте мозга, я там подружился с его дальней родственницей, Т. А. Леонтович, которая руководила в этом институте лабораторией нейроморфологии. У Т. А. был дружный коллектив сотрудников — в основном молодежи, которые приняли и меня, и мой коллектив как своих соседей, очень доброжелательно.)

Мама Ирины, в семье прозванная «бабасей» (не путать с самой Ириной, которая «бабуся»), тоже уникальный человек. Из казацкой семьи, в молодости была красноармейцем, в 1918 году охраняла последнего законного патриарха РПЦ в его домашнем аресте, единственная долгие месяцы общалась с ним ежедневно. Молчала об этом многие годы, а в 70 лет внезапно и впервые в жизни написала чудную повесть о своей жизни, где очень занимательно рассказала и об этом эпизоде. Книгу ее, по-моему, издали в Англии. Муж Ирины — профессор Л. Н. Белл, известный специалист по биофизике фотосинтеза. Изначально — гражданин США, поскольку родился в Техасе, но отец его, по наивности сочувствующий первой стране социализма, приехал в Союз в 30-х годах с тремя детьми. Там и сгинул. Из детей только Леон смог как-то войти в науку. Его брат и сестра всю жизнь учили советских ученых американскому английскому.

Описывать саму «бабусю», как и судьбы близких ее, — это повести и романы. Одна лишь история ее дочери Натальи многого стоит по своей закрученности. В старшем школьном возрасте были обычные подростковые проблемы — как-то за большим застольем с Мадам двух наших лабораторий Наталья запустила в меня серебряной вилкой, которая чудом миновала мою голову и воткнулась в стенку. А нынче вот учит британских студентов русскому языку, пишет занимательные книжки для английских детей, член Союза писателей Великобритании и живет в Лондоне. Когда Наталья Белл укатила со своим новозеландским мужем и двумя детьми на другой край света, «бабуся» ушла из лаборатории и организовала детскую группу в нашем академическом доме. Я тогда был уже доктором наук и оформил ее как нашу домработницу. Моя дочь Таня фактически воспитывалась в этой группе и смотрела на Ирину как еще на одну родную бабушку. Нынче они все живут в Нью-Йорке, почти рядом. Общается Танька с «бабусей» определенно чаще, чем со мной.

Из упомянутых выше самых первых сотрудников филиала лаборатории Мадам в АМН вообще-то каждый заслуживает отдельного портрета, но здесь я кратко упомяну о двоих. Обычно после первой беседы с новым лицом Мадам посылала очередного кандидата в сотрудники ко мне на четвертый этаж, чтобы потом обсудить наши впечатления. Это ее обычная практика. (Оля Подугольникова, например, потом работала у меня в комнате долгое время как мой непосредственный помощник.) Однажды появился Анатолий Ревазов. Он был немного сноб и очень гордился, что освоил самостоятельно полный дрозофильный практикум по классической генетике под руководством Н. Н. Медведева — из «стариков-генетиков». (Впрочем, с общей генетикой и Толя, и его жена Юля знакомились еще в молодежном кружке, организованном Ниной Орловой, о которой я потом расскажу отдельно.) И Толя, и Юля позже были хорошо известны в московских генетических кругах, в том числе и как большие мастера русского административного языка. В кругах московской богемы и частично художественной интеллигенции в то время было принято широко использовать мат — возможно, реакция на общую социальную духоту. Но у Толи с Юлей это вошло в ежедневный быт. По-моему, их сын Арсен с детства воспринимал мат как нормальный диалект русского языка. Любимое их выражение в беседе, если вы поторопились высказать мысль, висевшую у них на языке: «С тобой хорошо говно есть!» В силу семейного воспитания, я в молодости стеснялся пользоваться этим диалектом. Так вот, в нашей первой беседе Толя огорошил меня очень причудливой смесью грамотной генетической терминологии и высокой этажности мата. Тут уж я проявил себя немного снобом и строго сказал, что в лаборатории Мадам подобный язык не принят. Толя очень удивился, но отнюдь не смутился. Много позже сама Мадам пропускала мимо ушей Толины-Юлины загибы, и более того, к Толе она относилась теплее, чем ко многим другим из своего «детсада мадам Прокофьевой» (так иногда упоминали всех ее учеников). После моей женитьбы мы подружились с Ревазовыми более тесно и часто встречались семьями, в том числе и в Квартире у Орловой (Светланы).

Другой персонаж — Аво Вальдур Ноэмович Микельсаар — оказался в нашей лаборатории при следующих обстоятельствах. Не помню точно, но по-видимому где-то на рубеже 1964–1965 годов в Ленинграде проводилась самая первая конференция по генетике человека, на которой тогда присутствовали практически все, кто имел хотя бы какое-то отношение к этой науке в двух-трех главных городах страны. Все хорошо знали один другого или по крайней мере были шапочно знакомы. Среди коротких сообщений было одно неожиданное из Тарту, с которым выступил почти юноша. Он демонстрировал качественные препараты хромосом из культуры эмбриональных фибробластов человека, что удавалось тогда лишь немногим. При этом в лаборатории Мадам он не стажировался и его никто не знал. В один из дней за вечерним чаем-беседой в номере Мадам, где собрался почти весь состав «детского сада», она вспомнила об этом парне из Тарту и заметила, что хорошо бы узнать, что он из себя представляет. Все продолжали трепаться, а я вышел из комнаты и решил для начала узнать в администрации гостиницы, в каком номере этот парень проживает. Хотя было уже почти 11 часов вечера, меня это не смутило. По указанному номеру я нашел довольно большую комнату, в которой проживало человек 10—12. Общего освещения уже не было, многие спали, у двух коек слабо светились ночники. Я тихо спросил у кого-то, где найти Микельсаара, и мне указали на одну из коек. Я подошел, наклонился к спящему и сказал: «Месье, простите, мадам Прокофьева проявила интерес к вашей работе. Она была бы рада поговорить с вами. Я ее сотрудник Гиндилис». Из-под одеяла показалась голова Микельсаара, он посмотрел на меня, понял, что около него стоит действительно один из докладчиков — сотрудник А. А. Бельговской, и стал спокойно одеваться. (Ну представьте, вам только 23 года, вы живете в хорошем, но маленьком городе, мечтаете о большой науке, но вас никто не знает, попадаете по случаю на научную конференцию, и вот почти ночью вас стаскивают с постели и сообщают, что известный ученый с мировым именем желает поговорить с вами. В моей жизни подобного рода сюрпризов не было. Быть может поэтому, когда мог, я устраивал их для других. Правда, Ааво — то ли ошарашен был, то ли в силу своей эстонской флегматичности — особых эмоций по этому поводу не проявил.) Я его привел в номер Мадам. Оказалось, что он только-только заканчивал обучение на медфакультете в университете. На нее и всех нас он произвел очень хорошее впечатление. Мадам пригласила его к нам в лабораторию с визитом, а потом и вовсе устроила ему аспирантуру в наш институт. Так или подобным образом она создавала кадры медгенетиков во многих республиках по всей стране.

Скоро сделалось ясным, что во многих местах возникли новые научные коллективы, нуждавшиеся в научно-организационном центре типа «всесоюзных научных обществ», в данном случае Общества генетиков и селекционеров. Я участвовал в его первом учредительном съезде. На последнем заседании утверждали устав общества и присвоение ему имени академика Н. И. Вавилова — пожалуй, самого выдающегося русского естествоиспытателя (имя его появляется среди имен десяти величайших биологов всех времен на титуле каждого выпуска ведущего европейского журнала «Heredity»). Сталин сгноил его в тюрьме — академик умер в 1942 году, в состоянии чудовищного физического истощения. (Кстати, современные красно-коричневые постоянно цитируют еврейские фамилии работников органов 30-х годов, но не любят упоминать, что главные виновники смерти Вавилова — непосредственные следователи по его делу — были русскими.)

Резолюция о присвоении нашему обществу имени Вавилова содержала формулировку, которая казалась мне лишней. В ней говорилось что-то типа: «Просить АН СССР утвердить присвоение Обществу имени академика Н. И. Вавилова...» Я взял слово в прениях и сказал, что «мы сами учреждаем свое общество и присваиваем ему имя, которое уважаемо не только нами, но и во всем мире. Почему мы должны спрашивать на это разрешение? И почему разрешение у Академии, а не прямо в ЦК?». В президиуме заседания тут же сильно испугались и расценили мое выступление как дурное поведение или умственный сдвиг. Естественно, я голосовал против такой резолюции, но из-за этого я оказался в одной компании с весьма дремучими селекционерами «от сохи». Эти голосовали «против» совсем по другим причинам — они сохраняли верность Сталину и Лысенко, по-прежнему рассматривая Н. И. Вавилова как врага народа. Они еще надеялись на реставрацию сталинизма, поскольку начало брежневской эпохи давало к этому много оснований.

Хотя мотивация моего выступления и голосования была абсолютно ясна, тем не менее это событие подпортило мне репутацию. Полезно задержаться на этом, поскольку проблема межличностных отношений при тоталитарном режиме представляется мне особенно интересной. Дело в том, что даже определенно достойные люди из старшего поколения генетиков не могли простить мне, что своим поступком на том съезде я совсем не намеренно, но все же вынудил их обнаружить страх перед режимом. (В смысле самой сути дела по крайней мере некоторые из них понимали, что я прав.) Вместе с тем мало кому нравится обнаруживать свои слабости, обычно тщательно скрываемые за фасадом принятых условностей и правил игры «на публике». Замечу, что я нередко встречал людей, которым было неудобно общаться со мной именно по этой причине. Иногда мои поступки (отнюдь не по специальному намерению, а просто в силу обстоятельств и моей ментальности) ставили их перед сложным выбором — поддержать, но тогда, возможно, и что-то потерять, или, напротив, отойти в сторону, но тем самым обнаружить слабость или даже беспринципность. Сама мысль о необходимости такого выбора обычно неприятна для многих как в обыденных обстоятельствах, так и в условиях тоталитарной системы тем более. Впрочем, я хорошо понимал все трудности такого выбора в советских условиях и никогда не ожидал чрезмерного мужества от своих друзей или коллег. Мой «инфантилизм» был все же довольно относительным, и я понимал, что даже внутренне честные люди с четко выраженной системой ценностей отнюдь не всегда могут явно противостоять сильной стороне. Однако при этом я все же надеялся, что даже если обстоятельства вынуждают нас где-то отходить в сторону, порядочный человек по крайней мере не улюлюкает и не отворачивается от сделавших иной выбор. К сожалению, в реальной жизни случалось, что улюлюкали и отворачивались многие из тех, кто относил себя к порядочным.

В плане «зоопсихологии» (как Мадам часто характеризовала межличностные отношения) можно было бы вспомнить много занимательных эпизодов. Упомяну пару таких, вполне показательных.

Один случился в первые же месяцы моей аспирантуры. Среди сотрудников Мадам, на взгляд многих и мой в том числе, выделялся своими способностями и эрудицией Алексей Иорданский. По причине упомянутого «инфантилизма» я склонен был к чрезмерной восторженности, когда встречал человека интересного, у которого можно было многое почерпнуть в смысле знаний и умений. Такое отношение сложилось у меня и к Алексею после первых недель знакомства. Он был блестящий экспериментатор, что называется, «от бога», и, кроме того, многое знал в генетике растений. Очень скоро Алеша, Ирина Вешнева, Оля Капитонова и я сдружились настолько, что образовали своего рода товарищество внутри лаборатории. (Кстати, та первая моя лекция в Дубне, упомянутая раньше, была организована «бабусей», и ездили мы туда все вчетвером. Восхитительная была поездка.) Иногда мы даже выступали немного в оппозиции к Мадам, хотя и по мелким поводам. Так вот, один из первых научных семинаров лаборатории, на которые в те времена собиралось много народу из других институтов, происходил в кабинете Мадам. Комната эта была относительно небольшой, и по такому случаю приносили стулья из соседних помещений. Увидев, что Иорданский остался без стула, я решил позаботиться о нем и, найдя таковой, вернулся с ним в кабинет Мадам. Как раз в дверях с ней я и столкнулся. Она тут же прокартавила: «Как хорошо, Виктор Миронович, что вы обо мне позаботились — я как раз намеревалась отыскать себе стул!» Ну и что, вы думаете, Гиндилис ответил на это? Стул этот злосчастный я ей, конечно, тут же отдал, но совершенно по-детски искренне проговорился, что вроде как «я его вообще-то для Иорданского нес». Мадам, понятно, обиделась, хоть и виду явно не подала, обратив все в некую шутку. Но народ со стороны, не понимая подлежащих обстоятельств, расценил это как невоспитанность нового аспиранта. Вздор это все, конечно. Родители мои потратили много сил, объясняя мне важность почтительного отношения к старшим. Отец даже выписывал крупными буквами на знаменитой «воспитательной» доске (я упоминал о ней раньше): «Мальчик — не равен взрослому!» Но проблемы эти были у меня с самого раннего детства и отражали не дурное родительское воспитание, а совсем иное — тип ментальности, усугубленный частичным *инфантилизмом*.

Что термин этот в сущности означает? Что некий индивид по ряду особенностей мышления и поведения напоминает подростков. Много черт описано в психологии личности, характерных для такого возраста, но углубляться во все это я сейчас не буду. Замечу лишь, что, в отличие от взрослых, дети и подростки более непосредственны, более искренни, еще не выработали в себе полного умения «играть по правилам» на публике, то есть умения немного «покривить душой», когда обстоятельства этого требуют. Если нечто похожее имеет место у взрослого индивида, психолог склонен говорить о некоторой психической незрелости мышления и поведения, то есть об инфантилизме. Иными словами, правила так называемого хорошего тона требовали от меня в эпизоде со стулом немедленно сказать: «Ну, конечно, Александра Алексеевна, именно вам я этот стул и несу!» Так поступили бы на моем месте практически все сотрудники лаборатории, да и гости. Прежде всего потому, что никому другому из остальных и в голову не пришло бы позаботиться о стуле для Иорданского. А даже и если бы, то тут же сообразили бы, как надо реагировать правильно. Я это тоже понимал, но проговорился, как ребенок. Так что дело вовсе не в дурном воспитании, а в более позднем созревании механизмов, контролирующих умение «играть по правилам». Кстати, инфантилизм описанного типа встречается вовсе не так уж редко, но многие «взрослые и зрелые» часто не понимают природы этого феномена.

Применительно ко мне эта черта усугублялась в молодости дополнительной особенностью, сильно осложнявшей мне жизнь. Подметила это еще директриса 236-й московской школы (позже 2-я французская) в Марьиной Роще, в которой я учился в младших классах до 1947 года, пока мама не увезла меня к отцу в Караганду. В моей характеристике для новой школы та директриса, отметив все мои способности, веселый и компанейский характер, особо подчеркнула, что такой-то «не проявляет должного уважения к авторитету взрослых». В чем тут дело? Постараюсь пояснить это другим типичным примером из тех же аспирантских лет. Оля Капитонова, изучая деление клеточных ядер у своего излюбленного объекта — дрожжей, заметила одно интересное явление и поделилась этим с Алексеем и со мной. Алеша предложил интересную интерпретацию Олиных наблюдений и даже придумал, какие опыты надо поставить, чтобы все это проверить. В результате у них с Олей получилась вполне оригинальная работа, которую можно было докладывать и публиковать. Мадам, с одной стороны, приветствовала все это, но все же такая самостоятельность, да еще как бы вмешательство Алексея в область «ее интересов», где-то раздражала ее. Еще до лабораторного семинара Оля, Алексей и я обсуждали эту работу с одним известным цитологом, который был неравнодушен к Мадам и часто гостевал в нашей лаборатории. Он с большим интересом просмотрел результаты, выслушал все соображения и очень похвалил работу. Но на очередном семинаре лаборатории, зная о неудовольствии Мадам, он выступил очень половинчато, и оставалось неясным, то ли он поддерживает работу, то ли находит ее результаты неубедительными. Я, естественно, активно включился в защиту и в первой же фразе своего выступления заявил типа того, что «вот тут Михал Александрович начал свое выступление за здравие, а окончил за упокой...» и т. д. И Мадам, и многие другие участники семинара расценили мое выступление опять-таки как неумение себя вести должным образом. Однако это неверное понимание мотивации моего поступка. В данном случае я был очень удивлен и определенно раздосадован тем, что изначально дружелюбно настроенный к работе известный ученый вдруг меняет свое мнение из чисто личных соображений, далеких от науки. То, что он профессор, а я всего лишь аспирант, меня никак не беспокоило. У меня уже в подростковом возрасте (очевидно, в силу генетически обусловленной ментальности) стал развиваться сильный негативизм в отношении лжи в серьезных вопросах, и в особенности в отношении неискренности и лицемерия в людских взаимоотношениях. Я расценил выступление профессора как своего рода предательство. Это был второй год моей аспирантуры, и в то время я еще не знал, что вся жизнь как в науке, так и за ее пределами, полна такого рода малых и больших предательств. Таким образом, слишком завышенные, как я теперь пониманию, ожидания мои в отношении честности старших и авторитетов лежали в основе многих моих «неудачных» поступков в молодости, да и позже. Впрочем, черта эта — тоже в известной мере проявление инфантилизма.

Замечу, что критику в свой адрес в подобных случаях, нередко зашательскую, воспринимал я вполне нормально. Неприятно было, конечно, что многие искаженно толковали мотивацию моих поступков, но я не застревал на этом. Скажем, после того семинара я, увидев у Жени Богомазова две замечательные фотографии его собаки, попросил их копии, сделал забавный, на мой взгляд, фотомонтаж с очень «левополушарными» частушками по поводу своего выступления на семинаре и подарил это Мадам. Он ей тоже понравился. Фотомонтаж тот я решил здесь воспроизвести, благо оригинал сохранился. По-моему, отражает он здоровый юмор (илл. 16).

Наконец, еще один, возможно, более интересный эпизод из области все той же зоопсихологии. Случился он много позже, когда я работал в психиатрии и стал уже доктором наук, то есть как бы зрелым. Многие помнят, что школы молодых ученых по молекулярной биологии собирали большое число интересных людей всех поколений. Особым успехом пользовались школы, проходившие в Мозженке в гостиничном комплексе у Москвы-реки. В большой аудитории там набивалось сотни три народа из многих городов Союза, но больше, конечно, из Москвы. Както раз меня пригласили рассказать там о генетике поведения и шизофрении. Я очень серьезно подготовился, лекция прошла успешно, была тьма вопросов. Но не в лекции дело. На другой день выступил с лекцией известный математик-статистик, профессор МГУ (человек вообще-то интересный), который рассказывал про «потоки обобщенного сознания», о картинах и переживаниях в момент смерти, о том, как пережившие клиническую смерть путешествовали в иных измерениях и т. п. Среди прочего он упоминал как вполне строгий научный метод прием якобы безопасного наркотика ЛСД, который способствует той самой «течке сознания». Аудитория была полна молодежи, глаза у многих блестели во время той лекции. Еще бы, снаружи Андропов крепчает, а здесь такая «свобода мысли». У меня, однако, к наркоманам отношение только профессиональное. Я с этими ребятами в отделениях нашей больницы встречался и знаю, какое это безумство и страдание (в то время, правда, в Москве это было относительно редкое явление).

Разумеется, я тут же выступил после лекции профессора математики и, не касаясь явной мути относительно «течки сознания», сказал только об ЛСД, что плохо это, что не надо молодежь дезориентировать заведомо неверными сведениями. Очень вежливо выступил. Народу, однако, в основном из так называемых «правых либералов» (то есть ориентированных больше на Запад и которых много было в научной верхушке наших школ), выступление мое не понравилось, шло вразрез с их умонастроениями желанной свободы. Я тоже ее желал, но понимал чуть иначе, то есть не за счет увеличения числа наркоманий среди молодежи. Меня стали шпынять вопросами, по ходу затеялась эмоциональная дискуссия, и в какой-то момент, отвечая кому-то на что-то, я сказал между прочим что «де вот в Штатах огнестрельное оружие свободно продается любому идиоту, в результате у них огромная частота убийств, много большая, чем тут у нас». Ну уж после этого на меня и вовсе стали смотреть как на реакционера, чуть ли не адепта советского режима. И даже впечатляющая моя лекция была временно забыта.

Это-то меня не очень трогало. А вот занимательным с точки зрения как раз той науки этологии, о которой я в своей лекции о поведении рассказывал, было то, что моментально вокруг меня началось расслоение. «Либералы» стали на меня коситься и сторониться, а вот так называемые левые (то есть искренне или не очень, но верноподданные) стали, напротив, тусоваться около меня с «моральной поддержкой», хотя до того всегда держали за сноба и правого. Все это казалось мне смешным. Особенно в свете тех фактов, которые я накануне тем же слушателям рассказывал. Я им приводил пример из социальной жизни врановых птиц. В этом сообществе, как описывают этологи, иерархия социальных рангов поддерживается обычаем, кто кого и сколько раз может клевать. При этом есть главный альфа-самец и его «подруга», которую ни одна самочка из сообщества никогда не тронет, тогда как она клюет всех направо и налево (да так, что часто пух и перья летят). Случается иногда, что альфа-самец теряет или просто меняет «подругу» («кто их, этих мужиков, знает, почему они баб меняют!»). При этом он может случайно выбрать последнюю «шлюшку» из самого низкого ранга. Так вот, самое интересное в этом деле то, как моментально все самки не только не пытаются клевать ту, которая была «секунду-назад-последней-по-рангу», но даже избегают приближаться к новой фаворитке. Разумеется, ситуация не полностью аналогичная описанной выше на мозженской школе, но все же очень напоминает ее. Многое в нашем поведении идет все-таки от биологии и генов, хотя и опосредованно.

А теперь самое время задержаться на одной из основных фигур раннего возрождения советской генетики — академике Николае Петровиче Дубинине. Это имя давно вызывало мое любопытство — потому и заглавие фрагмента такое: «Многоликий Янус?» Здесь нет ошибки, если вспомнить, что у этого римского бога было не просто два лица, но одно смотрело в прошлое, а другое в будущее. «Многоликость» в данном случае только расширяет образ персонажа. Все тот же блюститель точности Миша Ванюков хотел было это мое заглавие оспорить по формально-историческим соображениям, но, узнав о сути дела, согласился.

С поздних 50-х и до 70-х Н. П. был как бы знаменем для всей молодежи, которая уже пришла или вступала на стезю генетики. Еще в 30-е он уже был крупным именем в этой науке. В 40-е он уже был членкором АН. И это несмотря на все известные гонения в этой науке, на все драматические и даже трагические судьбы многих ее замечательных представителей. «Ну и что?» — скажет тот, кто немного знает историю. Мадам, скажем, тоже оставалась все те годы при науке — не совсем той, какой она хотела бы и действительно занималась в 30-е годы, но все же при научных исследованиях. Да, Лысенко запретил ей исследовать дрозофилу и всякие разговоры о генах и хромосомах. Тогда Мадам занялась картофелем и дрожжами и на этих объектах продолжала исследовать хромосомы на свой страх и риск. Было немало таких же, кто сохранял верность своим учителям: Вавилову, Кольцову, Серебровскому, Навашину, Филипченко, Четверикову,

Левиту и другим, — сами находясь в забвении, а часто просто в унизительных и тяжелых жизненных обстоятельствах.

Кое-что, однако, заставляло меня насторожиться в связи с именем Н. П., когда еще в 50-х, читая в библиотеке старые биологические журналы, я обнаружил его статьи, в которых он очень квалифицированно (в терминах «ленинско-сталинского учения») и жестко обвинял своего недавнего учителя, академика Серебровского, в «меньшевиствующем идеализме». И это всего-то спустя три — пять лет после того, как они вместе описали новый важный генетический феномен «ступенчатого аллелизма» и создали оригинальную так называемую центровую теорию гена. С другой стороны, мне ли — из семьи бывшего «врага народа» — не знать, что такое 30-е годы и как они ломали даже очень стойких людей. Короче, я не застревал на этом факте.

Потом я познакомился с Н. П. уже «вживую» на его лекциях и докладах, а также и лично, поскольку между ним и Мадам и нашими двумя лабораториями в середине 60-х были довольно тесные научные связи. Впрочем, довольно скоро эйфория возрождения прошла, и постепенно внутри старшего поколения стали проявляться трения, хотя поначалу все стремились избегать публичных разборок. Параллельно шел процесс обретения научной силы многими новыми коллективами, на фоне достижений которых результаты самого Н. П. казались не столь впечатляющими. Да и трудно было ожидать их в той тематике, которой он отдавал тогда приоритет по соображениям, как мне кажется, чисто политического характера.

Суть в том, что, столкнувшись с отдаленными эффектами испытаний атомного оружия и с авариями на атомном производстве, партийная номенклатура уже готова была понимать, что радиационные повреждения генов и живых клеток являются «народнохозяйственной проблемой». Поэтому многие научные лаборатории в те времена включали такого рода тематику в планы своих исследований. Например, наша лаборатория, когда я пришел к Мадам, называлась очень помпезно — «общей и космической кариологии», в связи с чем я должен был исследовать хромосомы испытателей и космонавтов и даже был вынужден оформлять так называемый допуск. Эту работу я выполнял с удовольствием, но рассматривал ее только как прикладную нагрузку и сделал все, чтобы исключить радиацию как тему моей диссертации. Разумеется, дело не в самой радиации, с которой я был знаком, работая еще недавно врачом-рентгенологом (кстати, в наших экспериментах с хромосомами дозы были очень малыми). Просто я считал, что сначала надо научиться точно распознавать индивидуальные хромосомы человека, прежде чем разбираться в эффектах радиации на то, что мы еще не умеем надежно узнавать. (Как известно, у человека среди 23 пар его хромосом многие очень сходны по размеру и форме.)

В лаборатории Н. П. основное направление исследований было связано с изучением как раз эффектов радиации, старения живых клеток и т. п. В этой области трудно было развернуться с новыми идеями. А Н. П. привык еще в прежние времена регулярно «сотрясать» коллег и научное сообщество новыми теориями и интересными экспериментами. Чувствовалось, что он нуждается как бы во втором дыхании. И он действительно искал нечто такое, что могло бы вновь поместить его в центр внимания. Это такая ситуация, когда особенно важно остерегаться слишком поверхностных сотрудников, которые могут умело играть на слабостях мэтра. К сожалению, Н. П. не избежал этого. Еще до моего появления Мадам не взяла к себе одного такого парня, но его пригрел Н. П. Оказалось, что оба хотели одного и того же — успеха, и быстрого. В результате парень открыл «феномен» в культуре кровяных клеток человека, а Н. П. построил весьма интригующую теорию возникновения раковых клеток. Мадам, однако, сильно сомневалась прежде всего в самом «феномене», хорошо зная его автора. Она попросила меня разобраться. Я обнаружил, что исходная посылка новой теории хотя сама по себе красивая, но опирается на неправильно интерпретируемые наблюдения. Суть простая: парень утверждал, что в клеточной культуре встречаются делящиеся клетки с половинным набором хромосом, как в половых клетках. Если это верно, тогда, согласно Н. П., в той же культуре может происходить удвоение половинного набора и в такой клетке все рецессивные гены перейдут в гомозиготное состояние, чего не было в исходной клетке, и это, вообще говоря, может приводить к опухолевому росту. Я же показал, что хотя изредка делящиеся клетки с близким к половинному числом хромосом действительно встречаются в культуре лимфоцитов, но эти наборы случайные и в них нет строгого разделения парных хромосом, как в половых клетках, то есть нет самого «феномена».

До этого была просто наука. А теперь будет уже «зоопсихология». Был объявлен большой доклад Дубинина о новом явлении и причинах рака. Мадам, довольная моими находками, хотела, естественно, чтобы я выступил по докладу Н. П. и рассказал о наших наблюдениях. Заметьте — не она сама, а мальчишка-аспирант в пику академику. Это был ее стиль. Она любила наблюдать корриды между мужчинами, не очень «кровавые» внутри лаборатории, но по возможности серьезные вне ее. Она отнюдь не была интриганкой в житейском смысле этого слова. Она была воплощением женщины, в молодости очень привлекательной (я уже это говорил), но с очень холодным умом.

Прислали ей однажды на рецензию книгу, написанную вдовой выдающегося русского невропатолога-генетика С. Н. Давиденкова. Сам он еще в 1925 году написал о полиморфизме наследственных болезней нервной системы многое из того, что молекулярная генетика обнаруживает только сегодня. В 1947 году он написал другую книгу — об «эволюционно-генетических проблемах в невропатологии», вероятно гениальную (к сожалению, было издано всего 200 экземпляров, так как время становилось мрачным для генетики). Вдова — хороший человек, но она была всего лишь его сотрудником. Ее книга была совсем простой — для начинающих врачей-генетиков. В ней было много досадных ошибок. Я стал исправлять их по рукописи. Мадам все мои исправления убрала и в ответ на мое удивление рассказала мне байку про Петра Великого, который обязал бояр говорить не по бумажке, чтобы глупость «иха была видна». Уже шутя она добавила, что обычно редакции за отрицательные рецензии не платят!

На мой взгляд, Мадам должна была бы позвонить Н. П., рассказать ему о наших результатах и посоветовать отменить доклад. Это был бы хороший пример и для всех нас — ее сотрудников. Она предпочла корриду. При этом она не очень тревожилась по поводу потенциальных последствий всего этого для меня самого. Разумеется, я мог бы отказаться. Но это означало бы струсить (более патетически — «забыть о научной истине»). Я был молод, аспирант второго года, мне это тоже было где-то занимательно. Теперь представьте себе большую аудиторию академического института, человек на 200, куда съехались со всей Москвы те, кто в то время имел отношение к генетике, и еще часть тех, кто интересовался раком. Дубинин сделал большой доклад о новой — хромосомной — теории канцерогенеза. Он говорил очень интересно, с энтузиазмом. По окончании ему задали два-три вопроса, после чего я выступил. Говорил минут 15. Показал несколько четких фотографий хромосом, из которых следовало, что «феномена» просто нет. После этого Н. П. сказал что-то в заключение, но уже коротко и без всякого энтузиазма. Народ расходился с некоторым недоумением, часть вообще не поняла, что произошло.

Совсем забавно, что парень тот вскоре нашел еще один «феномен», на этот раз с 13-й хромосомой в своих собственных клетках. Правда, Н. П. уже не представлял эти данные и его сотрудник самостоятельно ездил с докладом на конференцию, но все же это была работа из лаборатории Н. П. Более того, парень умудрился привлечь внимание какой-то местной комсомольской газеты, которая поместила о нем статью. Пафос состоял в том, что молодой ученый делает доклад о сенсационном открытии причины рака, и при этом сам он с высокой температурой, поскольку «болезнь», возможно, уже развивается в его организме. В отличие от первого «феномена», этот второй никто серьезно не обсуждал. Потом были публикации этого сотрудника на другую тему, но в статьях обнаружились прямые подтасовки с иллюстрациями. Тогда Мадам всерьез занялась ситуацией, и Н. П. — под давлением улик и общего мнения — расстался с ним. Самое обидное, что парень-то на самом деле был способным исследователем, отнюдь не хладнокровным прохвостом. Просто он оказался в очень нетребовательных руках, а после первого провала не смог остыть и в попытках реабилитировать себя только усугублял ситуацию. В большой мере это была вина и Н. П. тоже.

Далее еще интереснее. Пару лет спустя я защищал кандидатскую диссертацию в институте Дубинина (1967). Других мест тогда не было. Внутренняя апробация прошла в нашей лаборатории на расширенном семинаре. Мадам как научный руководитель не отказала себе в удовольствии похвалить меня, как обычно, только ей присущим образом. В заключительной речи она сказала несколько забавных фраз типа: «Мы знаем, что Виктор Миронович комплексом неполноценности не страдает», но затем: «Он наступил на горло своей песне и дважды все переделал от начала до конца, чтобы быть уверенным в результатах», и, наконец, коронная фраза: «Охватывая все в целом, что мы здесь слышали, можно сказать, что, казалось бы, ничего такого не сделано, но какое это имеет огромное значение!» Я знаю — вы смеетесь. Я тоже, когда слышал это еще в первый раз. Но вообще-то приятного мало, если не знать, что это Мадам. Она могла бы размазать и более существенно. Впрочем, на апробациях не голосуют. Тайное голосование на официальной защите. Меня все время интриговало, что сам Н. П. думает — не по поводу диссертации, там все ясно (кто-то из рецензентов даже упоминал: «Не стоит ли сразу подумать о докторской?» — но основной рецензент сказала, что «рано — слишком молод еще»), а по поводу той «свиньи», которую я ему устроил совсем недавно. На самой защите, однако, все прошло ординарно: оппоненты хвалили, были зачитаны дополнительные отзывы впечатляющих авторитетов (включая Н. В. Тимофеева-Ресовского, В. П. Эфроимсона и др.) — все положительные. При голосовании только один «против». Известно кто — один дремучий селекционер растений, который слова «гены» и «хромосомы» до 1948 года просто не понимал, а после известной сессии ВАСХНИЛ — на дух не принимал, да и евреев не жаловал.

Ну и что тут интересного? А вот что — Н. П. понимал силу своего интеллекта. Он мог позволить себе быть джентльменом. Можно, конечно, сказать, что не хотел он ссориться с Мадам, учитывая к тому же, что назревал уход от него целой группы авторитетных сотрудников старшего поколения в институт академика Б. Л. Астаурова. Но, на мой взгляд, он не был примитивным прагматиком, мелочно просчитывающим варианты. Он был сложнее. Уже годы спустя я с ним общался и по поводу своих собственных исследований, и когда просил его за других моих коллег, чтобы он представил их статьи в труды Американской академии наук (он давно был ее иностранным членом), и когда мы защищали от нападок работу одной его сотрудницы и т. д. Со мной он разговаривал всегда спокойно, даже мягко, без тени высокомерия (все же была между нами большая разница в смысле научного веса). При всех его не вполне ясных мне поступках и поворотах в научной политике он был действительно крупным ученым в области генетики со всеми ее приложениями.

И все же оставалась для меня некая загадка в Дубинине. Я никак не мог квалифицировать его в общей системе моих представлений о разных типах личности. Наличие многих граней в нем было очевидно. Но либо какие-то из граней не очень состыковывались одна с другой (что случается вообще-то нередко), либо было что-то еще — мне неизвестное. Одни обстоятельства были на виду и понятны. Например, с годами около него накапливалось все больше сотрудников с заметными особенностями личности и поведения (выраженное сверхценное отношение к собственным идеям, неэтичные поступки, откровенное приспособленчество и т. д.).

Скажем, группой генетики человека руководила у него бывший врач-невропатолог — дама вообще-то способная и очень знающая свое дело, начинала еще в лаборатории В. П. Эфроимсона. И В. П., и дама эта прониклись красивой идеей С. Н. Давиденкова о гетерогенности наследственных болезней нервной системы, которую этот замечательный невропатолог-генетик обосновал еще в 1925 году. Но они максималистски распространяли такой подход на любую патологию без достаточных на то оснований и абсолютно не воспринимали иных точек зрения. В этом отношении В. П. был очень похож на З. Фрейда — та же страстность в отношении к собственным идеям и нетерпимость к иным. Характер у него, конечно, был очень непростой — врагов себе создавал часто на пустом месте. Так вот, та дама позже в чем-то разошлась с В. П., стала письма на него писать в партийные органы и т. п. Старик, естественно, очень переживал. А как не страдать, если ваша любимая ученица и наследница ваших научных идей грязью вас поливает. Когда лаборатория В. П. в АМН развалилась, эта дама нашла себя у Н. П. Дубинина. И уже оттуда продолжала бороться со всеми. С одной из анонимок, вышедшей из ее группы, я потом знакомился в комиссии Минздрава, разбиравшей дела в институте Н. П. Бочкова.

Правда, у Дубинина не было психологического сродства (ассортативности) к такого рода людям — сам он не проявлял подобных склонностей. Просто не было у него необходимой осторожности в подборе сотрудников. А те, кто имел вполне сбалансированный характер, со временем уходили из его лаборатории. Например, Нина Орлова — очень знающий генетик, исключительно трудолюбивая, оптимист, хохотушка, заводила молодежи (подробнее о ней расскажу позже). Они разошлись на почве интерпретации результатов ее исследования старения семян растений, и она ушла на кафедру генетики МГУ. Так было с другими достойными сотрудниками Н. П. Разумеется, уходили не все. Однако это случалось часто и постепенно приводило к накоплению более удобных ему людей.

С другой стороны, были обстоятельства, не вполне ясные мне. Например, Н. П. состоял в партии — не знаю как давно, а это существенно. Объясню, почему. Скажем, академик А. А. Баев, которого уважали очень многие, и не только моя теща (она много лет была ближайшим его сотрудником, хотя самым любимым был, конечно, Андрей Мирзабеков), вступил в партию в 60 лет — уже будучи признанным во всем мире крупным ученым. Кого-то это, наверное, удивило. Меня — нет. Он поступил так, сказав, что «в партии есть место и для честных людей». Я понимал такой подход, тем более что где-то уже брезжила «заря возможных перемен». Кто-то расценил это как наивность. Сейчас это неважно. Ясно другое — мотивация А. А. следовала из его морали честного человека, ибо в тот момент он уже не нуждался в обеспечении своей личной карьеры, для чего многие из советских как раз и становились партийными.

В этом смысле было бы важно знать, когда и при каких обстоятельствах вступил в партию Дубинин. Напомню, что, согласно официальной версии, он выходец из беспризорных. На знаменитой фотографии Ленина с бревном во время первого коммунистического субботника в 1918 году, где рядом с вождем стоит некий ребенок, последний вроде бы и есть Н. П. Тот пацан на фото — в возрасте 10–12 лет, так что в конце 20-х он вполне мог быть принят в партию. Если с фото все верно, тогда рабоче-крестьянское происхождение Н. П. — хорошая рекомендация в те времена. Такая молодежь шла в партию активно, по искреннему убеждению, хотя были, конечно, и просто карьеристы. Если так, то здесь нет ничего занятного. Беспризорники в ранние 20-е формировались как личности нового общества в известных колониях по перевоспитанию под опекой тогдашних органов, которые заботились также и о своей молодой смене (вспомните о знаменитом учителе и друге беспризорных — Антоне Макаренко). Сходным образом, если он вступил в партию на патриотической волне в военные годы — тоже понятно. (Впрочем, как член академии он, вероятно, имел броню и на фронте не был.) Скажу больше. Даже если Н. П. вступил в партию в поздние 50-е, мотивы этого вполне понятны. Скажем, он мог предвидеть перемену политики партии в отношении генетики и хотел ускорить этот процесс. Но совсем другое дело, если приход его в партию пришелся на 30-е годы и именно этим объясняются его крайне неэтичные выступления против своего же учителя академика Серебровского. Трудно отрешиться от ощущения, что малопонятные поступки

Н. П. могли иметь объяснение не столько в его собственной мотивации, сколько в обстоятельствах, которые понуждали его к этому. Вне таких обстоятельств он производил впечатление по-житейски вполне достойной личности. К сожалению, действительно полной и объективной биографии Н. П. Дубинина еще никто не написал. А жаль, в историческом аспекте могла бы получиться интересная и поучительная сага о всей советской эпохе, так как умер Н. П. совсем недавно.

Вернусь теперь к Нине Орловой. Уйдя от Дубинина, она стала позже замдекана биофака МГУ и вела основной генетический практикум на кафедре генетики. Многие студенты ее очень любили, хотя порою она бывала жесткой в силу принципиальности в понимании своих замдекановских функций. (Некоторые, впрочем, считали, что она была «слишком принципиальной», намекая на ее членство в партии.) Мы с ней были близкими друзьями. Таковыми и остаемся. (Она ежегодно приезжает в Штаты к своему сыну и внукам и находит время встретиться еще и со мной.) Но даже рассматривая меня как друга, она однажды устроила мне публичную «порку». В 1978 году, на Международном генетическом конгрессе, впервые проходившем в Москве, она отвечала в оргкомитете за многие вещи, включая и распределение материалов конгресса — красивые такие папки-портфели с тезисами, блокнотами, ручками и другими занимательными штучками. Тогда это было редкое дело, и все охотились за ними. Но надо было платить довольно большую сумму. Я взял одну такую папку для себя (имел на то право, как и другие организаторы, так как был ответственным за программу и руководство секцией клинической генетики). Нина то ли не знала, то ли забыла об этом и устроила мне жуткий разнос. Я удивился, но не обиделся, понимая, что такой уж у нее принципиальный характер. Естественно, что рано или поздно она не могла не разойтись с Дубининым, учитывая обстановку в его лаборатории.

С нею связан другой занимательный случай, который показывает, на мой взгляд, что может она держать свою принципиальность в разумных рамках. Однажды она пригласила меня рассказать студентам ее группы о работе моей лаборатории. После этой лекции двое студентов проявили интерес к нашей научной тематике и решили сделать у меня курсовые проекты.

Один из них, скажем условно Шурик, о нем речь и будет, шаржировал потом ситуацию на рисунке с надписью: «Вдруг откуда не возьмись объявился Гиндилис», вместо ударения на первом слоге. Курсовая работа его была посвящена анализу хромосом в клетках лука, что от психиатрии было довольно далеко (я тогда работал уже у Снежневского, но еще сохранял прежний интерес к цитогенетике). Однако в следующем году выпускную дипломную работу Шурика трудно было планировать в том же аспекте, и я свел его с Е. Ананьевым (о нем совсем скоро), который тогда был уже самостоятельным исследователем в лаборатории В. Гвоздева, на другом краю Москвы. Они занимались там политенными хромосомами дрозофилы.

Дипломная работа Шурика шла в общем нормально, но с отношениями у них там что-то не складывалось. Непонятно. Оба работящие, талантливые, без явной фанаберии, но в межличностном плане — какие-то трения. Был там с ними еще третий, которого Женя Ананьев включил вторым научным руководителем этого диплома. Думаю, что, возможно, было это лишним, поскольку могло создавать дополнительное напряжение. Об этих трениях узнал я косвенно и уже на поздней стадии. Оба были как бы мои воспитанники, оба симпатичны и дороги мне, так что я не вмешивался, чтобы не обострять ситуацию. Но к моменту защиты диплома у них наступил, очевидно, пик недоразумений. В результате Шурик не показал Жене окончательный экземпляр диплома, а отправился на защиту, подписавшись за научного руководителя сам. Ну ясно, что был это подростковый поступок. Эмоционально понять можно, но есть все же формальная этика. Женя со вторым руководителем приехали на защиту, увидели диплом и пришли в сильное возбуждение. Надо было, конечно, хотя бы меня поставить в известность и обсудить ситуацию. Так нет. Пошли к Нине Орловой (она была ответственной за проведение дипломных защит) и «настучали». С Ниной Николаевной вы уже познакомились выше, так что реакция ее вам ясна — искреннее возмущение, полный разнос Шурика и перенос защиты диплома на осень. Узнав об этом через час, я пришел в ужас. Мне было жалко всех. Хотя понятно, что Шурика я не хвалил, но видел ситуацию глубже, понимая, что изначально весь сыр-бор возник явно на пустом месте.

Начались длинные телефонные переговоры с Ниной и Женей. Я поехал на кафедру и стал убеждать ее, что все это халоймес. Моя аргументация казалась мне вполне разумной. Одно дело, если дипломная работа откровенно плохая, есть подтасовки в результатах, дипломник очевидный прохвост, научный руководитель не допускает работу к защите, тогда подпись за руководителя — это очевидная подделка. Надо жестко наказывать. А что имеем на самом деле? Работа — очень хорошая, дипломник — способный парень, но по молодости не вполне дисциплинированный (хотя хотелось бы еще знать, в силу каких причин), научный руководитель сам работу к защите допускает, но дипломник не приехал к нему в последний момент за подписью. Конечно, не очень красиво. Но не ломать же парню лето и карьеру. На худой конец, можно было бы его «размазать» при своих после защиты. Короче, и Нину, и Евгения я убедил, что надо поостыть. Шурик защитил диплом на другой день. В тот же вечер у меня в лаборатории было по этому случаю большое «отмечание», Нина Орлова танцевала с Ананьевым с упоением, Шурик с Женей выпили и вроде бы помирились. Врагами не были, но взаимной доброжелательности и теплоты между ними я с тех пор так не видел. А жаль. Оба достойные люди. Нина Николаевна проявила себя, на мой взгляд, совершенно разумно, не переступив за нежелательную черту.

Многое из рассказанного выше является не более чем беглыми «зарисовками» самого раннего периода возрождения генетики, в том числе и медицинской, в бывшем Союзе. Периода, который пришелся на годы моей молодости. (Кстати, в это же время, 60–70-е годы, одновременно зарождалось и диссидентское движение.) Здесь есть два смещения, хотя все рассказанное основано на фактах. Первое очевидно — я упоминал только то, во что сам был прямо вовлечен. Но в сообществе генетиков происходили, конечно, и многие другие важные и занимательные события, в которых я не участвовал. Либо просто не знал, либо забыл. Второе — смещение возрастное. Относительно подробно я обрисовал портреты лишь немногих участников событий, которые относятся условно к «старшему» или «среднему» (то есть моих сверстников) поколению советских генетиков, возрождавших ее в 60-е годы. О тех, кто шел за нами, я сказал очень мало. Среди них были разные люди, но первые одна-две волны прибили к генетическим берегам много интересных и по-своему замечательных личностей. Некоторые из них позже стали крупными учеными. Хочу восполнить этот пробел, хотя бы частично, и расскажу подробнее об одном таком персонаже, часто упоминавшемся выше. В лаборатории Мадам о нем говорили полушутя как о «лучшем лаборанте всех времен и народов». Речь идет о Жене Ананьеве. Впрочем, это будет скорее не портрет, а справка-«объективка».

Мы работали в одной комнате с Олей Капитоновой, и нам обоим нужна была помощь лаборанта. Мадам должность такую из дирекции выбила для нас. «Бабуся» (Ирина Вешнева), как всегда, проявила инициативу в поисках и вскоре привела парня, только что окончившего десятилетку. Работал он помощником электромонтера. Жил с матерью. Отец имел другую семью, но с сыном регулярно общался. На первый взгляд ничего примечательного, кроме одной детали — как-то избежал вступления в комсомол, что в то время было довольно редким случаем, поскольку затрудняло доступ в вузы. (Кстати, как «бабуся» вышла на этого парня, для меня так и осталось загадкой.)

Уже через пару месяцев стало ясно, что случайно нашла она алмаз. Судите сами. Парень оказался в среде, в которой раньше никогда не бывал, — люди вокруг обсуждали вопросы, о которых он прежде не имел никакого понятия, свободно высказывались, нередко вразрез с официозом, рассказывали много интересного и необычного. Ему посоветовали заниматься английским языком, и он охотно согласился (я сам учил его поначалу). Лабораторию нередко посещали очень известные ученые, в том числе и западные. Однажды был Н. В. Тимофеев-Ресовский, вполуха слушал, как «верещала Шурочка» о ДНК, РНК и хромосомах человека. (Мадам красиво картавила, как и моя теща.) Потом сказал, иронизируя: «Ну-ну, все *ДНКакаете* и *РНПукаете*. А про классические подходы совсем забыли!» (РНП — это комплекс РНК и белка.) Молодежь смеялась. Как-то из Штатов приехал Курт Штерн. Его знаменитое руководство по генетике человека было переведено на русский и стало настольным для нового поколения генетиков в Союзе. В общей беседе случайно выяснилось, что в нашей лаборатории из пяти сотрудников мужского пола трое были дальтониками (с цветовой слепотой). К. Штерн стал быстро вычислять на бумажке вероятность такого события при случайном стечении обстоятельств. Она оказалась близкой к нулевой. Затем он сказал, что, по его наблюдениям, среди генетиков вообще есть накопление дальтоников, так что лаборатория Мадам только подтверждала это эмпирическое правило.

Во все это вчерашний школьник из рабочей среды окунулся внезапно. Другой на его месте этого обвала новизны, как и рутинных лабораторных обязанностей, скорее всего не осилил бы и вернулся в свою привычную среду: танцплощадка, киношка, пивные ларьки и т. п. Евгений, однако, молчаливо впитывал в себя окружающее с быстротой и интенсивностью очень сухой губки, брошенной в воду. При этом редкая дисциплинированность, собранность и сообразительность в работе, поразительная сдержанность в отношениях с окружающими. Он был равнодушен к алкоголю и не курил. Мое курение доставляло ему настоящие муки, поскольку я имел дурную привычку (из-за страха пожара, пережитого в детстве) гасить окурки водой или слюной. Гора их скапливалась в пепельнице и явно пахла. Однако у меня порог ощущения этого дерьма был (как у многих курильщиков) много выше, чем у него, и потому я очищал большую пепельницу слишком редко. Он терпел это много лет, о чем проговорился спустя годы. Объяснение этому терпению? Сначала просто стеснялся сказать, поскольку это могло выглядеть как замечание старшему, а позже, я думаю, опасение обидеть меня фактом обнажения некоего «дефекта». У меня тоже были подобные ситуации, когда трудно сказать близкому человеку о чем-то, что обнажает его (ее) недостаток.

Американцы, кстати, в этом отношении вполне без комплексов. Недавно я узнал, что некоторые из них перед свадьбой специально обговаривают, можно или нет пукать в постели! В недавнем интервью известный актер и любимец девушек Брэд Питт на вопрос, как он в свои первые месяцы с молодой женой, весело заметил в ответ: «Великолепно.

Можно пить кофе в постели и пукать». Если это правда, то такое обнажение интимно-физиологических сторон личной жизни кажется мне неуместным. Я отнюдь не пуританин и, более того, считаю, что излишняя закомплексованность добавляет многим людям всякие сложности в жизни. Но, с другой стороны, странно, как американцы, минимизируя чисто физиологические комплексы, остаются в тяжком плену у самого главного своего поведенческого комплекса — «winner—looser»: каждый боится выглядеть неудачником и все хотят быть победителями в социальной гонке. Есть смысл обеспокоиться этим фактом.

Через год с помощью Мадам мы устроили Евгения на вечерний факультет биофака МГУ, а когда замаячила перспектива надолго или вовсе потерять его бесценную помощь в работе (в связи с призывом в армию), перевели его на дневное отделение. Правда, он стал появляться в лаборатории как бы на полставки. В университетской среде его интеллектуальное развитие стало еще более стремительным. Он довольно приятно играл на гитаре и пел, но вскоре обнаружилось, что он успевает еще читать огромное число книг по истории, философии, искусству, несмотря на студенческие занятия и частичное пребывание в лаборатории. Потом вдруг появились занятно выписанные картины на индусские сюжеты и т. д. В нашей же лаборатории он сделал дипломный проект и блестяще его защитил.

В этот период я переходил на работу в Институт психиатрии и возник вопрос с распределением Евгения на работу. Мы оба столкнулись со сложным выбором. Он оставил решение за мной. Я сказал очевидную вещь, что-то типа следующего: «Было бы подарком для меня взять тебя с собой в новую лабораторию. Но это не лучший вариант для тебя, поскольку давление моего авторитета будет мешать тебе обрести самостоятельность. К тому же эта новая область далека от тебя. Это психиатрия, где хорошо иметь врачебное образование. Короче, давай найдем более подходящее место». Его взял к себе в лабораторию В. Гвоздев в молекулярном корпусе «Курчатника», где все было пропитано установками известного советского генетика Романа Хесина. Это была хорошая школа. В конечном счете Евгений защитил там обе диссертации, а также переоткрыл на молекулярном уровне явление «перемещающихся генетических элементов». Позже вся их команда получила за это госпремию. Первые их доклады и публикации стимулировали конкурентов в Штатах, которые подтвердили его и получили новые данные. В результате Барбара Макклинток, которую лет тридцать в самих же Штатах игнорировали, считая ее саму и ее эксперименты по генетике кукурузы «очень странными», была признана выдающимся ученым и получила Нобелевскую премию. (Она еще в конце 40-х годов, используя сложнейшие генетические скрещивания у кукурузы и анализ распределения окрашенных зерен в початках, говорила о «перемещающихся по геному» регуляторных элементах, задолго до их прямого молекулярного анализа в 80-х годах.) Потом А. А. Созинов, сменивший Дубинина на посту директора Института общей генетики, пригласил Евгения руководить большой лабораторией в этом институте. И на этом новом поприще — внедрение молекулярной генетики в селекцию злаковых растений — он проявил себя очень скоро, став крупным научным авторитетом. Но... в момент, когда и он, и многие другие из бывшей молодежи были уже на большом взлете, грянула новая революция в России. Если раньше уезжали только евреи, то теперь потянулись и другие. Почти треть моих бывших учеников и сотрудников живет и работает сегодня в Штатах или в других странах Запада. К сожалению, в основном не на тех позициях, которые соответствуют их реальному научному весу. Тут уж ничего не поделаешь. C'est la vie in the West.

Нынче он снова «на ногах», весь в молекулярной генетике кукурузы и других «народнохозяйственных» растений. Регулярно публикует интересные результаты в престижных журналах. Ему уже за 50 лет, но он продолжает ставить сложнейшие эксперименты собственными руками (даже после четырех байпассов в один присест — результат сильного стресса, как у многих из России). Научное видение — потрясающее. В России, в условиях нормальной экономики и спокойствия, был бы среди самых выдающихся ученых и организаторов науки. Жена его Ольга Данилевская — тоже известный генетик. Несколько лет работала в Бостоне, в MIT (Массачусетский технологический институт). Теперь они с Женей работают вместе в одной фирме. Дочь пошла по стопам родителей в смысле генетики, приехала в Штаты по контракту, сама уже воспроизвела новых граждан США, успешно работает в фирме, имеет собственный дом. Сын — тоже Евгений и тоже талантлив. Из-за глупостей местной школьной системы были временные трудности с адаптацией, но теперь успешно завершает образование в одном из университетов в Новой Англии. Ждем еще одного выдающегося ученого (или бизнесмена), возможно, на поприще компьютерной биотехнологии. Когда он родился и мы праздновали это событие, я принес шкалик коньяка с пожеланием, чтобы выпили мы это на его 18-летие. Года три назад событие это вся семья с друзьями отмечала в Бостоне. Я болел тогда и очень расстраивался, что не участвовал в таком важном деле. (Кстати, узнав об этом факте, Орлова напомнила мне, что история с четвертушкой коньяка — это мой собственный плагиат. Дело в том, что за шестнадцать лет до рождения Ананьева-младшего я уже приносил аналогичный шкалик с коньяком на празднование месяца жизни ее сына Леньки. Тогда мы: Орлова, Женя Герф, Ира Сапожникова и я — написали каждый короткие послания для Леньки к его 18-летию. По ряду причин празднование это не состоялось. Да и само послание куда-то затерялось, о чем Орлова сильно сожалеет. Однако что-то в моей памяти смутно всплывает — вроде видел я этот лист бумаги где-то среди *моих* архивных документов, оставшихся в Москве. Надо бы поискать там.)

Последний вопрос: «А как же с диссидентством, которое пышно цвело вокруг Ананьева-старшего?» Все просто. Пока он был совсем юным, его вообще не вовлекали ни в какие обсуждения или читки запрещенной литературы. В Квартире на Горького он никогда не бывал и о многих правозащитниках ничего не слышал. Друзей моих, конечно, видел на моих семейных датах, политические анекдоты слышал, но мнения своего не высказывал. Разумеется, когда он повзрослел, я что-то иногда рассказывал и объяснял ему, почему думаю так, а не иначе. Но особых дискуссий не было. И вообще в ранние годы он больше слушал, чем сам высказывался. А когда он стал уже авторитетным ученым, вовлекать его в то, что вызывало явное раздражение властей, было опасно и неэтично. К тому же по ментальности своей он склонен был скорее к исследовательской деятельности, подальше от политики.

Думаю, что эта короткая история имеет второй занимательный аспект. Это лишь один среди мириад примеров, наглядно опровергающих вздорные заявления красно-коричневых, официально распространяемые в нынешней России. Большинство советских евреев вместе со всеми — не лучше, но и не хуже других — строили и укрепляли мощь государства, в котором родились (независимо от того, что некоторые из них думали на этот счет), а не «высасывали соки из русского народа и разрушали Россию». То, что среди большевиков 20-х и диссидентов 60-х годов были евреи, так они всегда и везде были — и на той и на этой стороне, как те же русские, украинцы, грузины, армяне, латыши, татары и т. д. Я уже много лет прожил, много чего повидал и потому не должен был бы удивляться людской глупости, но все же никак не могу взять в толк: почему — вопреки очевидным фактам — в своей ненависти и клевете на евреев прохановы-шафаревичи находят отклик среди многих русских?

Узелок пятнадцатый
УТЕЧКА МОЗГОВ В ПСИХИАТРИЮ

Это крылатое выражение прозвучало на одном из капустников в ИМБ АН осенью 1969 года и подразумевало два независимых события — одну сотрудницу института госпитализировали в остром состоянии в больницу Кащенко, а Гиндилис перешел на работу в Институт психиатрии АМН, расположенный на базе той же самой больницы. Таким вполне очевидным образом некоторые остряки из бывших коллег отреагировали на мой переход в новую научную область. Обижаться тут было не на что, так как факт «утечки» действительно имел место, но в моем случае это был выигрыш и в зарплате, и в плане совершенно новых перспектив научного исследования. Все же я был медиком, и психиатрия давно меня интриговала. Это была главная причина, но, конечно, можно вспомнить и «сопутствующие» поводы. В плане «зоопсихологии» поясню, в чем было дело.

В любой научной лаборатории, как в советской, так и здесь в Штатах, и в прошлом и нынче проблема повышения в должности-зарплате после защиты диссертации часто осложняется отнюдь не научными обстоятельствами. Личность шефа-босса лаборатории существенно влияет на то, в каких формах — в достойных или в безобразных — процесс этот происходит в конкретном месте. Мадам, конечно, сыграла важную роль в возрождении советской генетики, особенно академических исследований в общей хромозомистике и прикладных исследований в медицинской генетике. Обе ее лаборатории (одна в АН, другая в АМН) были центром притяжения для многих молодых исследователей, которые со временем оставили заметный след в советской генетике. Однако были у Мадам свои слабости, которые создавали проблемы, главным образом для тех, кто был совсем рядом. Одна из таких слабостей — ревность к достижениям своих ближайших учеников. Другая — вероятно, чисто женская страсть к «корриде» между мужиками. К 1967–1968 годам четверо из пяти ее «мэнээсов» в ИМБ АН защитили диссертации и, естественно, встал вопрос о повышении кого-то в звание старшего научного сотрудника (старнач), что заметно увеличивало зарплату и расширяло возможности. Лично у меня в тот момент таких амбиций не было по той простой причине, что остальные трое были старше, начали работать с Мадам и защитили диссертации раньше меня. Между тем в частных беседах с каждым из нас Мадам говорила разное. Скажем, Юре Богданову: «Хотя вы, Юрий Федорович, конечно, первый на очереди, но вы ведь знаете, какой Алексей Борисович пробивной». (Несмотря на нашу молодость, Мадам обычно величала почти всех своих сотрудников по имени-отчеству.) Обсуждая это с Алешей Иорданским, она повторяла те же слова, только заменяла фамилии: «Ну конечно, Алексей Борисович, вы самый способный в этой лаборатории, но Юрий Федорович защитился раньше, да и мнение о нем в дирекции лучше, хотя, правда, Энгельгардт почему-то о работе Виктора спрашивает чаще». Со мной ей даже и душой кривить не приходилось, поскольку и так было ясно, что я моложе всех, но все же хотелось ей возбудить и во мне ревность к остальным. Кстати, тот факт, что Оля Капитонова вообще-то была самой первой ее сотрудницей и тоже кандидат наук, она просто не принимала во внимание. Ясно, что неоднократное повторение подобных высказываний отнюдь не способствовало здоровому климату в лаборатории. Первым сломался Алексей, который резко изменил свое отношение ко мне, а потом и к Оле. (Как сказал тогдашний партсекретарь в ИМБ и известный «шутник» Алик Зеленин, «все дело в том, что Иорданский хотел быть первым, а Гиндилис — единственным». В данном случае Алик для красного словца воспроизводил очень старое крылатое выражение, но в моей ситуации вторая часть фразы была неверна.) Давно зревшее во мне разочарование в стиле руководства Мадам, в чем тот же Алексей убеждал нас с Олей неоднократно, к этому времени как раз и сыграло свою роль — я решил сменить место работы. Для дирекции мое заявление об уходе явилось полной неожиданностью — настолько, что Борис Готих, ученый секретарь института, даже счел нужным прогуляться со мной как-то к вечеру около нашего дома и прояснить ситуацию. Но я твердо стоял на своем, напирая на то, что я все-таки врач и мое место в медгенетике, а к тому же мой уход, возможно, даст понять Мадам, что пора кончать со страстью к мужским «корридам». Еще об одном, более личном, обстоятельстве я тогда умолчал. Дела давнишние — теперь можно и расколоться.

Суть моей кандидатской состояла в том, что я предложил разумные критерии распознавания отдельных хромосом человека и обосновал оригинальную для того времени групповую их классификацию. Кроме того, с помощью Жени Ананьева я сделал очень интересный фотоатлас хромосом человека — уникальный для того времени — и подарил его Мадам. В 1965–1966 годах два американских издательства предложили мне опубликовать атлас. Мадам отнеслась к этому скептически и не приветствовала такую возможность, хотя было очевидно, что, будучи моим научным руководителем, она, естественно, была и соавтором этой работы. Я тогда не счел возможным поступить вопреки ее ясно выраженному нежеланию публиковать этот атлас на Западе. С точки зрения дальнейшей судьбы главного результата моей работы это было, конечно, ошибкой. Постепенно Мадам стала внушать всем сотрудникам, которые учились кариотипировать хромосомный набор человека по моим рекомендациям, что надо придерживаться зарубежных стандартов и игнорировать предложенные мною улучшения. В конечном счете оказалось, что главные усилия нескольких лет моей аспирантуры были затрачены как бы впустую. Естественно, это обстоятельство меня угнетало и я был сильно разочарован таким стилем Мадам. Правда, уйдя из ее лаборатории, я не застревал на этом, довольно скоро все забыл и продолжал общаться с ней по разным поводам, тем более что жила она в том же подъезде, двумя этажами ниже нашей квартиры.

На новом месте я оказался в совершенно иной административной среде. Прежде, в институте В. А. Энгельгардта вообще, а в некоторых лабораториях (включая нашу) в особенности, была вполне либеральная обстановка, обусловленная личностями как самого директора, так и Мадам. Это касалось научного видения, научных дискуссий и собственно рабочего режима. В институте А. В. Снежневского, куда я перешел старначем в лабораторию М. Вартаняна, господствовали, напротив, жесткая иерархия и авторитаризм. Это касалось как административных, так и научных вопросов, что шло от самого директора — крайне сложной и противоречивой личности.

Интересно, что я слышал о нем еще в студенческие годы от его сына, тоже Андрея, который учился в параллельной со мной группе. Позже мы даже подружились. Хотя и не очень охотно (поскольку отец имел к тому времени другую семью и жил отдельно), Андрей все же посвящал меня иногда в какие-то детали их взаимных сложных отношений и в свои оценки его деятельности в поздние 50-е годы. Теперь я, конечно, многого не помню, но ощущение, что Андрей был критичен к отцу, но уважал его, остается неизменным. Сам он был замечательным парнем, очень дружелюбным в общении, мастерил занимательное любительское кино. И, как я понял позже, своим дружелюбием заметно отличался от отца.

В то время Снежневский не только директорствовал, но был еще членом президиума АМН и секретарем клинического отделения (фактически третье-четвертое лицо в иерархии АМН). Кроме того, в академический Институт психиатрии он пришел после того, как провел значительную реорганизацию научной работы в минздравовском Институте судебной психиатрии им. Сербского, и следовательно, по характеру работы должен был иметь тесные связи с органами. Как самый крупный советский авторитет в области клинической психиатрии того времени он еще консультировал кремлевскую номенклатуру и их семьи. (В свое время он получил орден за эту свою работу, выданный ему в закрытом порядке, по поводу чего он позволял себе «поморщиться» в частной беседе, хотя по сути был рад этому.)

С другой стороны, ему приходилось довольно регулярно выслушивать критические замечания из местного райкома партии по поводу того, что в научном составе его института слишком высокий процент евреев. Сам он если и недолюбливал евреев, то скорее чтобы «не выпадать» из общего стиля, широко распространенного в партийно-советской номенклатуре. Именно поэтому казалось действительно удивительным, что на самом деле он игнорировал райкомовскую критику. Два главных его заместителя были армяне — Р. А. Наджаров (еще вроде бы и с еврейскими корнями) и Марат Вартанян. Его правая рука по всем бумажным делам, ученый секретарь института Майя Щирина — еврейка. Среди руководителей отделов и старначей почти третья часть тоже были евреями. Для клинического института АМН это, конечно, слишком много. Тем не менее гонений на эту часть работников без какого-либо явного повода по сути не было. Думаю, что у него просто не было комплекса «интеллектуального страха» и зависти к евреям, которыми страдают умственно примитивные люди.

Помню забавный случай, когда я брал в свою лабораторию молодого математика-еврея, завершившего аспирантуру на мехмате МГУ, но без всякой перспективы остаться там на постоянной позиции. Это был единственный случай, когда я брал еврея в свой довольно большой, практически русский коллектив. Как обычно, я попросил своего ближайшего босса Вартаняна подписать у директора заявление этого парня о приеме на работу. Марат без возражений согласился, но потом стал тянуть время и под конец без объяснений отказался. Стало очевидным, что дело в пятом пункте. Тогда я пошел к Снежневскому сам. Тот слушал мои аргументы раздраженно, пытаясь усомниться, нужен ли вообще в моей лаборатории профессиональный математик, и в порядке отговорки предлагал мне поискать другую кандидатуру — прицельно среди программистов (мой протеже готовился к защите по теории вероятности и программистом не был). Наконец я разозлился и сказал: «Ну, Андрей Владимирович, чего вы хотите, я и сам бы предпочел взять русского, но на такую мизерную зарплату ни один русский математик-программист не пойдет. Я только потеряю время в поисках, а важная работа стоит на месте!» Он поморщился, ничего не сказал, но заявление подписал.

Еще одна деталь, чтобы лучше понимать особенности чисто врачебного мировоззрения Снежневского. Среди диссидентов было распространено убеждение, что именно он является автором психиатрического диагноза «вялотекущая шизофрения», которым он пользовался крайне расширительно, особенно применительно к правозащитникам и вообще к любой политической оппозиции в Союзе. На самом деле диагноз такой существовал и до него. Еще Г. Е. Сухарева, одна из выдающихся советских детских психиатров, наиболее четко описывала такой тип развития болезни в подростковом возрасте. (Между прочим, глава о биологии и генетике шизофрении в известном ее учебнике по детской психиатрии 1974 года была написана мною по ее просьбе.) В период своей «академической молодости» А. В. сотрудничал с Г. Е. и многому учился у нее. Но самое главное — диагноз этот он рассматривал не только и не столько применительно к людям, вступающим в конфликт с политической властью, сколько к *любым личностям*, если они, на его взгляд, «неадекватно конфликтовали» *по любому иному поводу, не обязательно с политической мотивацией*. Разумеется, предполагалось также, что подобные «кляузники» *обязательно обнаруживают* «сопутствующие симптомы психических расстройств в сфере мышления и эмоций». При этом следует иметь в виду, что ему была присуща выраженная конформность мышления при истолковании поведения окружающих лиц. Это касалось того, как человек выражает свои мысли (формулирует и проговаривает их), какая у него мимика и жесты, как одевается, какова походка, какого типа хобби, как относится к работе, насколько личность продуктивна в работе и творчестве и т. д. и т. п. С его точки зрения (хотя она никогда не формулировалась им письменно с исчерпывающей полнотой и ясностью в каком-то одном месте), *любые заметные проявления нонконформизма в поведении* уже давали ему некое основание подозревать возможность каких-то психических отклонений. Причем его поведение при общении с тем или иным пациентом или *предполагаемым* больным часто зависело от четкости его собственного понимания конкретного больного. Так, если диагноз шизофрении (не важно, какой конкретно формы) не вызывал у него никаких сомнений, он как бы любил пациента, то есть был доброжелателен к нему, мягок в беседе. И это потому, что такой пациент, на его взгляд, вписывался без противоречий в его же систему. Но если он имел дело с пациентом, которому он не мог поставить диагноз шизофрении в силу собственных сомнений и вынужден был думать скорее просто о психопатии, он начинал внутренне раздражаться, и это находило отражение в стиле самой беседы с таким пациентом. Он говорил более сурово, хмурился, задавал относительно провокационные вопросы, чтобы оценить реакцию пациента, и т. п. Такая его реакция тоже понятна — больной не очень вписывался в его диагностическую схему.

Основу ментальности А. В. формировал не только явный конформизм, но на самом глубоком уровне, как мне кажется, еще и ксенофобия в самом широком смысле этого понятия. Я не имею здесь в виду наиболее частый вид ксенофобии — неприятие каких-то этносов. Как я упомянул, если и можно было говорить о его мягкой, так называемой «просвещенной» жидофобии, то это отражало скорее культуральный фактор, поскольку так было принято в советской (да и вообще русской) академической среде. Скажем, у Н. П. Бочкова (директора Института медгенетики в 70—80-х годах; о нем подробнее в следующем фрагменте) это была, напротив, изначальная и резко выраженная именно этническая ксенофобия, в основном к евреям, при которой культуральные факторы лишь усиливали эндогенный «зоологический» характер такого чувства. У А. В., однако, ксенофобия проявлялась не к этносам, а к любому виду *нонконформизма* (своего рода внутренней свободы) и в поведении, и в мышлении. Для него, по сути, не было большой разницы между публичными протестами советских правозащитников на Пушкинской площади и, скажем, моим поведением, когда, будучи руководителем группы в его институте, я приходил на работу в ярко-полосатых джинсах (так называемый «матрац»), обтянутых на поясе широченным ремнем с заклепками и огромной медной пряжкой в виде морского якоря. Он рассматривал такое мое поведение как симптом по меньшей мере психопатической реакции (истероидного типа), а может быть, и относительно мягкого развития вялотекущего процесса («время покажет», думал он про себя, а иногда и вслух).

Или вот такой эпизод. В 1980 году у меня случился перелом одной из плюсневых костей стопы. (Бежал по перрону Казанского вокзала к ульяновскому поезду, чтобы передать с проводником несколько пачек сливочного масла для родителей, и резко оступился в ямку.) В травмпункте 1-й Градской больницы на Ленинском проспекте дежурил один из моих бывших сокурсников. Он заключил мою ногу по колено в восхитительный гипсовый сапог, сработанный по высшему классу. Я получил бюллетень на два месяца (впервые в жизни). Но дома у меня тут же начался почти психоз — я не мог почесать ногу, а под гипсом она зудела так, что хоть на стену. Я потащился на работу, и там вместе с моим сотрудником Юрой Шапиро мы этот сапог распилили, оставив только нижний кусок, в котором была стопа. Эза Каляева привезла из «Курчатника» огромную резиновую калошу, которая была еще и просвинцована, так как использовалась в радиационной защите. И в таком виде я стал ходить ежедневно на работу. С точки зрения Снежневского, столь «излишняя» увлеченность работой связана с особенностями личности, которые должны настораживать.

Был в этом случае еще и дополнительный повод, чтобы «насторожиться». Время было раннеапрельское, в отдельные дни снег сильно таял. Лаборатория моя располагалась на втором и третьем этажах больничного корпуса в нескольких комнатах между так называемыми спокойной и беспокойной половинами отделений для больных. Крыша над моими комнатами потекла. Я работал у компьютера, а Юра Шапиро и еще кто-то из ребят этажом ниже выделяли ДНК. Поскольку помещения для больных не были затронуты, а день был воскресный, дежурных ремонтников найти было невозможно. Я решил сам вылезти через чердак на крышу. Ребят просить не стал, так как формально не мог это делать, ибо к рабочим обязанностям это не имело отношения. Поскольку я полез на крышу в гипсе, Юра присоединился ко мне, чтобы помочь и присмотреть за мной. Картина, конечно, привлекла внимание санитарок, сестер и дежурных врачей корпуса. Знали меня там все, так как торчал я в отделениях ежедневно и присутствовал на многих клинических разборах, в особенности тех больных, которые включались в материалы нашего генетического исследования. Мы очистили наш участок крыши, и течь с потолка вскоре прекратилась. На следующий день Снежневскому историю эту, естественно, донесли. Но к тому времени моя преданность работе его уже не волновала. Он как-то потускнел в смысле задора 60-х «вскрыть природу шизофрении». Годы шли, а обещанные Маратом биологические маркеры патогенеза болезни все как-то ускользали. Старик стал осознавать, что вряд ли уже узнает что-то кардинально новое об этой болезни. Отсюда и скепсис к нашим стараниям. Теперь ему казалось, что доктору наук в воскресенье надо бы дома сидеть, телевизор смотреть или, на худой конец, книги читать. А лезть на крышу в гипсе и снег сбрасывать — это определенно проявление все той же истероидной психопатии — это по меньшей мере.

И это еще не все! Другой занятный персонаж нашего института — главный бухгалтер имела свои причины «нажаловаться» директору. Беспокоилась она, понятно, не о моем здоровье, а о своей премии. Советская система имела не только минусы, но и мелкие «плюсы» для того, кто знал, как ими пользоваться. Суть простая. Если бы я взял медбюллетень и сидел дома, мне платил бы профсоюз по так называемой соцстраховской статье бюджета, а эти суммы не включались в расходы по заработной плате. Благодаря этому у главбуха нашего возникала как бы бумажная экономия фонда зарплаты, и за это ее обычно премировали ежеквартально. Как доктор наук и старнач я имел ежемесячно 400 рублей, то есть за два месяца 800 рублей. С ее точки зрения это была приличная экономия, а я хотел лишить ее «хлеба». Тогда я предложил ей, как говорят здесь в Штатах, «фэр барген», или «гуд дил». Я давно добивался от нее повышения зарплаты для двух лаборанток в моей группе, хотя бы на 20 рублей. Они получали всего-то не более 60–80 рублей каждая. Директор под давлением этого главбуха навстречу мне не шел. И тут я решил их прижать. Я ей сказал: «Хорошо, я буду закрывать бюллетень, но вы мне даете для моих лаборантов по 15 рублей ежемесячно». Это 30 рублей, а за год 360 рублей расхода и за два года всего-то 720 рублей, то есть все еще меньше экономии за счет моей зарплаты.

Но экономию эту она имела сразу — уже в текущем квартале, а расход на лаборантов растянут «по маленькой» на длительной срок. Первый раз я так удачно проявил себя в таком аспекте — обычно все финансы давались моему пониманию с трудом. Главбух наша, вероятно, подумала: «Вот хитрый жиденок, всегда они так!» — хотя вслух проехалась по поводу моей этнической «сообразительности» вежливее. (Кстати, забавно тут вот что — и это меня всегда занимало: бухгалтерша наша — русская и, как многие другие бухгалтеры, в финансовых делах умнее всех вокруг, но очень удивилась бы, если бы по тем же соображениям кто-либо сказал ей о ее так называемой «еврейской находчивости».) Директор тоже был недоволен, так как я проявил прыть в деле, которое относилось к его компетенции, а так получалось, что не дирекция поощряла работников, а руководитель группы, что не по рангу.

Важным критерием для Снежневского была так называемая продуктивность в деятельности, о чем он судил, конечно, в своих собственных терминах. Как-то в сердцах по поводу очередной моей «выходки» (это могло быть что угодно, скажем, невыход на ленинский субботник в воскресенье, поскольку я предпочитал сидеть в это время в лаборатории, а не собирать опавшие листья в сквере у больницы) он сказал одной из коллег, обсуждавшей с ним наши генетические исследования: «Да вялая шизофрения это, конечно!» Поскольку тот конкретный разговор имел место уже после защиты моей докторской диссертации, она ему вежливо напомнила, что «вот докторскую-то он защитил, да вы и сами ее хвалили!». На это он нахмурился, поморщился и нехотя согласился: «Ну психопат, определенно!» Другими словами, диссертация для него показатель продуктивной деятельности, и это говорит против диагноза шизофрении, а вот выход на площадь с протестом — это явно непродуктивно. (Действительно, на внутренней апробации моей докторской Снежневский сказал, что со времени его учителя профессора Юдина таких важных результатов по генетике шизофрении, как в моей работе, еще не было. Впрочем, не берите в голову — это была минутная слабость старика. На самом деле за сложными формулами современного генетического анализа и обилием вычислений, использованных в этой работе, он просто не разглядел подкоп под его классификацию эндогенных психозов. Позже, под влиянием критики западных психиатров, собственных сомнений и моих генетических данных Рубен Наджаров все же пошел на определенные изменения этой классификации в смысле включения в нее так называемых шизоаффективных психозов, то есть формально сузил диагностические рамки шизофрении.)

То, что я рассказываю здесь, не есть попытка найти какие-то оправдания позиции Снежневского по использованию психиатрии в делах советских правозащитников. Полагаю, что из всех этих мемуаров мое собственное мировоззрение просматривается абсолютно прозрачно. Я просто стараюсь честно обрисовать ситуацию, насколько это позволяет мое собственное понимание социальных и моральных сложностей в бывшем советском обществе. Помимо выраженной ксенофобии в отношении нонконформизма любого рода, была еще у Снежневского ригидная убежденность в своей научной правоте. (Понятие ригидности использовано здесь намеренно, поскольку сказать «твердая убежденность» — значит придать мысли скорее позитивный оттенок.) Я это отчетливо осознал, когда однажды пришел по его вызову, чтобы показать, какой интересный метод мы разработали для более объективной диагностики шизофрении и аффективных состояний.

Сама эта проблема постоянно беспокоила меня с самого начала появления в этом институте. Я ведь читал не только книги по психиатрии, написанные А. В. и его школой, но еще и критические статьи по поводу его концепций, а также зарубежные руководства и публикации. Я понимал, что мой генетический анализ может быть эффективным и интересным, *только если он будет независимым от любой клинической оценки изучаемых мною семейных материалов*. Поэтому надо было найти способы независимой клинической оценки состояния больных.

Между прочим, в любом деле, когда мы хотим иметь независимую оценку чего-либо, путеводной звездой для нас должна служить известная из оснований математики теорема Геделя. Согласно последней (правда, не очень строго), «находясь внутри некоторой системы понятий и аксиом, связывающих эти понятия, нельзя узнать, противоречива и самодостаточна ли такая система». Другими словами, всегда полезно выйти за пределы изучаемой системы и посмотреть на нее как бы со стороны, то есть независимым взглядом. В науке такой подход обязателен. Но и в повседневной жизни это тоже часто оказывается полезным. Не случайно советские философы и идеологи очень не любили и даже боялись теоремы Геделя. Им совсем не хотелось, чтобы мы знали и умели смотреть на себя и на них независимым взглядом. Равным образом это было чуждо и для авторитарной ментальности нашего директора.

В конечном счете нам удалось кое-что придумать, и я должен был обсудить это со стариком достаточно дипломатично, учитывая его изначальную подозрительность к любым формальным методам анализа клинических материалов. Как и большинство медиков-клиницистов, он математики не понимал и боялся ее в том смысле, что ему могут «подсунуть» что-либо на первый взгляд привлекательное, но в конечном счете «глупое» в его понятиях (своего рода «научную крысу»). В какой-то момент беседы я, как это типично для открытого мышления (то есть без всякой «задней» мысли), сказал: «Как будет хорошо, Андрей Владимирович, если заодно мы проверим разные системы клинической диагностики, в том числе и нашего института, и тем самым покажем ее достоинства». На это он жестко заметил: «Нам не надо *проверять*, нам надо *подтверждать*!» Кто-то услышит в этом откровенный цинизм. Да, но только если не знать, кто именно сказал это и в каком контексте. В устах Снежневского это знак *абсолютной убежденности* в своей *научной правоте*, и потому как бы «нечего тратить усилия на всякие там проверки, силы будем тратить на то, чтобы сделать наше понимание убедительным для всех остальных». Это его кредо.

К такой убежденности нередко добавлялось еще некое чувство «державности» (но не в смысле примитивного шовинизма). Он презрительно относился к западным психиатрам, особенно к американским, английским и скандинавским, считая, что те совершенно утеряли классическую методологию клинического исследования и описания больных на основе уважаемых им клинических методов крепелиновской школы в Германии. (Он часто цитировал что-нибудь подходящее к случаю из «Психопатологии» Карла Ясперса. Одна из таких цитат мне очень нравилась. Как-то обсуждался доклад о разных формах слабоумия в позднем возрасте. Свои замечания он начал с напоминания о том, что, «как справедливо говорил товарищ К. Ясперс, человек рождается идиотом и умирает слабоумным». В известной мере это верно.) Французов терпел, поскольку их описания бредовых расстройств всегда были очень подробно разработаны. Но, по его понятиям, они слишком увлекались разнообразием и классификацией бредовых психозов, тогда как сам он большинство таких форм психических расстройств включал в одну диагностическую категорию — «шизофрения».

Вскоре после защиты докторской меня в порядке поощрения впервые включили в научную командировку в Варшаву и Прагу. Мы вели совместные исследования с польскими и чешскими психиатрами по генетике аффективных психозов. Я разрабатывал формализованную карту описания и лечения больных. Перед поездкой я ему сказал, что наши польские и чешские коллеги во многом ориентируются на американские стандартизованные тесты и могут не захотеть использовать его подходы. На это он махнул рукой и как само собой очевидное бросил: «Скажем — и захотят!» По-моему, он настолько привык к авторитарному стилю у себя в институте, как и вообще в АМН, Минздраве и т. д., что распространял это и на другие страны.

Как я упоминал, непосредственным моим боссом в этом институте был Марат Вартанян. Еще в самые первые годы нашего знакомства с ним (в 1964 году) он только начинал как молодой завлаб в области биологической психиатрии. Свою дальнейшую академическую карьеру он частично связывал с развитием у себя в лаборатории генетических исследований. Взяв меня в 1969 году, когда я был уже кандидатом наук, причем из ведущего научного коллектива в области генетики человека, он понимал, что его уровень экспертизы в этой области сильно уступает моему. Но относился он к этому обстоятельству совершенно спокойно. Поддерживал мои планы, очень помогал с обеспечением исследований. К тому же с его младшим братом, работавшим завотделением в той же больнице им. Кащенко, мы были сокурсниками по мединституту и хорошо знали один другого. Короче, с Маратом у нас быстро установились вполне дружелюбные отношения и оставались такими длительное время. Бывал я нередко в его доме, пока он жил совсем близко от нашего. Несомненно, был у него определенный шарм в общении.

Однако со временем две причины осложнили наше сотрудничество. Об одной из них, связанной с многократными попытками Коли Бочкова разрушить это успешное поначалу наше сотрудничество с Маратом, я расскажу в следующем фрагменте. Второе обстоятельство оказалось более серьезным. Дело в том, что карьерный заряд у Марата выражен был очень сильно — не меньше, чем у того же Бочкова. Но в самый ранний период это не очень отражалось на этике его административной деятельности. Однако неизбежные внутриинститутские интриги при авторитарном правлении Снежневского, а больше всего его собственные замыслы ускоренного избрания в АМН (некоторые его сверстники — скажем, Бочков, Бадалян и другие — уже были там) привносили в его поведение, а потом и в характер неприятные черты. У него дважды были неудачные выборы в АМН по клиническому отделению. Частично это объяснялось тем, что в 70-х позиции Снежневского внутри АМН ослабли (критика советской психиатрии на Западе была в самом разгаре), он ушел со своих постов в президиуме и в клиническом отделении АМН. Поэтому либо не мог обеспечить Марату избрание, либо, быть может, и не очень хотел (Рубен Наджаров как клиницист был ему явно ближе и более приятен). Надо помнить также, что Марат хотя и придерживался столичного лоска и шарма, но все же сохранял восточную ментальность, в рамках которой неудача с выборами в академию не просто болезненно переживается, но выглядит как серьезный провал в глазах этнической общины.

(Между прочим, некоторые историки любят обсуждать всякие политически мотивированные объяснения тому факту, что Сталин расстрелял или отправил в лагеря почти всех родственников своей жены Н. Аллилуевой, а также пересажал жен многих из своих ближайших сподвижников, что в политическом контексте кажется полным абсурдом. На мой взгляд, здесь все проще, если учитывать опять же его восточную ментальность. Самоубийство жены для восточного человека — это в большой степени позор для него как для мужчины. Сталин был уверен, что ближайшие к Аллилуевой люди намеренно настроили ее против него. Абсолютно естественно для его восточной ментальности отомстить и жестоко покарать такой «грех» — отнюдь не политическое «преступление» в терминах какой-то там внутрипартийной борьбы, а именно грех.)

В этом раннем периоде моей работы в Институте психиатрии два эпизода кажутся мне показательными для характеристики нравов нашей повседневной «научной» деятельности.

В начале 70-х я начал разрабатывать так называемый многомерный генетический анализ, основанный на использовании сложных методов многомерной статистики, что требовало серьезной компьютерной техники. Благодаря поддержке Марата и его хорошим связям во внешторговых конторах мне удавалось получать новейшие программируемые калькуляторы, включая довольно мощную настольную машину «Хьюлетт Паккард». Но и они были, конечно, слабыми, чтобы осуществлять крайне громоздкие вычисления с матрицами корреляций для нескольких десятков признаков, которыми мы пытались характеризовать клиническую картину и развитие болезни. Первое, что я сделал, — это посетил вычислительный центр АМН, располагавшийся при Онкоцентре. «Начальник машины» (тогда это была огромная «Минск-20» или 22, сейчас уже не помню) выслушал меня и попросил расписать очень подробно все этапы анализа. Как я понял, у них не было готовых программ для работы с матрицами и он предполагал, что его программисты должны будут писать их, для чего и требовался детальный алгоритм. Изучив мои бумажки, он посоветовал «зайти через год» (!). Когда я удивленно спросил: «А чего так долго?» — он пояснил, что состоит в этой должности совсем недавно, а до него здесь сменилось человек пять, и каждый вносил в машину «исправления» и «улучшения», так что теперь требуется на самом деле специальный отдел для изучения того, «как эта машина вообще работает» (!). Возможно, это была просто отговорка, но мне она понравилась, так как давала основание просить у Вартаняна и Снежневского средства на покупку настоящего компьютера.

Как раз в то время в каталогах Внешторга появился первый американский компьютер с настоящим экраном и магнитной памятью на больших дисках — машина «Ванг». Марат заполучил в АМН деньги, и я стал посещать знаменитое высотное здание на Смоленской площади, общаясь с внешторговскими чиновниками по поводу спецификации. К сожалению, они часто сами не очень хорошо знали оборудование, так что заказанная мною конфигурация была, как потом оказалось, не самая лучшая. Через несколько месяцев нам позвонили из Внешторга, что заказ пришел. В подготовке к установке первого в институте, да и вообще в АМН, настоящего американского компьютера мы выпросили у Снежневского большую комнату, соседнюю с моими, в которой дирекция сначала планировала разместить кабинет заведующего клиникой профессора Т. Ф. Пападопулоса (очень спокойный и мягкий человек, из греческих политэмигрантов, уехавший с началом перестройки на родину и открывший там свою частную клинику). Он совсем не рассердился, заполучив более удобный и вместительный кабинет этажом выше.

Наш начальник снабжения взял, как это было принято тогда, «поощрительные подарки» (в виде двух бутылок с чистым спиртом) и отправился в отдел хранения грузов на Белорусском вокзале. Вернулся он с *полусотней* (!) больших и малых ящиков, которыми заполнили практически до потолка всю комнату, отведенную под новый компьютер. Я был в недоумении и с трудом нашел по своей спецификации штук пять ящиков, принадлежавших нам. Среди случайно открытых ящиков я обнаружил новейшую приставку со съемным магнитным диском на 2,5 мегабайта. Для того момента это было нечто впечатляющее, и я присоединил этот диск к нашему компьютеру. Однако оставалось неясным, что делать с остальными 45 ящиками. Через пару дней выяснилось, что весь «ванговский» заказ Внешторга благодарные грузчики на вокзале отдали нашему снабженцу. Среди предполагаемых получателей оказалась даже пара каких-то сверхсекретных организаций. Никто, впрочем, особо не беспокоился, включая чиновников из Внешторга. Ко мне приезжали истинные получатели, и ящики «рассасывались».

Из Риги приехал молоденький инженер, долго рылся в остатках, внимательно рассматривал уже установленный нами экземпляр, а потом нерешительно заметил мне, что не может найти одного ящика из своего заказа и сдается ему, что приставка наша вовсе не наша. Я это решительно отверг и предложил ему искать лучше. Он, однако, пошел в дирекцию. Дело дошло до Снежневского, и тот вызвал меня «на ковер». Я стал убеждать директора, что в спецификациях путаница и я не могу просто так отдать дорогой прибор, так как потом «он же сам будет меня распекать за разбазаривание столь трудно добываемой институтской валюты». Мы смотрели другу другу в глаза, и директор понимал, что, возможно, я «вешаю лапшу», но, с другой стороны, резоны были и в моей позиции. Он морщился, гвоздил меня взглядом, но потом сдался и сказал, чтобы я нашел выход из ситуации без большой тяжбы с Ригой. Разумеется, я мог бы все это замотать, так как бардак с заказом был всем очевиден и Внешторг совсем не хотел во все это вникать.

Потом, правда, мне стало жалко этого парня из Риги, ибо я представил, как ему может влететь от его начальства за нерасторопность. Но больше всего я чувствовал себя скверно в глазах нашего замдира по АХЧ и, конечно, по совместительству начальника «штаба гражданской обороны» (помните еще, что это такое!) Павла Филипповича.

Он был отставным полковником из Генштаба. Замечательный человек. К научным сотрудникам относился с редким для этого контингента уважением. Меня он особенно уважал, почерпнув, возможно, из разговоров в хозчасти, что я занимаюсь действительно «большой» наукой. Кроме того, он видел и не очень одобрял, хотя и молча, как иногда начальство меня «ело» не по делу. Так вот, П. Ф. в процессе обсуждения этого дела, когда я уже согласился отдать тому рижскому парню их приставку, сказал мне с наивной растерянностью: «Ну как же вы, Виктор Миронович, могли так ошибиться? Почему сразу же не отдали?» И было в его глазах такое недоумение с вежливым и молчаливым осуждением («вот ведь — настоящий ученый, а ведет себя как рядовой хозяйственник!»), что я готов был провалиться сквозь землю. Был это единственный в моей жизни подобный эпизод. Помнил я всегда о том недоумевающем взгляде Павла Филипповича и не хотел встречаться еще раз с таким же взглядом. Память моя хранит еще один занимательный эпизод, ярко показывающий наивность П. Ф., часто свойственную честным людям, и остроумную его находчивость.

Я уже упомянул, что он был в нашем психцентре ответственным еще и за гражданскую оборону. Это означало, что раз в три месяца он должен был собрать всех сотрудников в конференц-зале, чтобы заслушать политинформацию о международном положении и постоянных происках американского империализма против Союза, а также провести инструктаж о поведении сотрудников в случае военной опасности, включая мобилизационный призыв. Понятно, что почти никто к этому серьезно не относился, а к началу перестройки это и вовсе стало восприниматься как анахронизм, так что собрать людей в конференц-зале было очень трудно. Как человек военный П. Ф. страдал от этой недисциплинированности сотрудников, но где-то и сам все понимал. Вартанян, лишившийся к тому времени своей лаборатории, но будучи замдиром по науке, использовал любую возможность демонстрировать свой контроль всех дел в психцентре и потому присматривал за тем, как сотрудники собираются на лекцию. Как-то после 15-минутного ожидания, когда в зале присутствовало все еще не более полутора десятков человек (из общего числа порядка 100–150), Марат не выдержал и произнес в адрес П. Ф. своего рода риторическое замечание. Чтобы понять ту его ремарку, я должен сказать, что в то время, пытаясь всеми силами обрести новые сильные связи в партийных верхах, он запустил в ЦК в отдел Лигачева идею-проект о необходимости психологической контрпропаганды. В связи с этим он постоянно крутился во многих советских организациях, так или иначе связанных с общением на международном уровне. В один из таких форумов, работавших на ниве «борьбы за мир», была вовлечена и Раиса Горбачева, а также один из высших чинов московской РПЦ. Вартанян часто общался с ним и говорил о нем как о своем друге.

Об этом друге речь и будет. Обращаясь к П. Ф., Марат сказал: «Я вот вчера участвовал в заседаниях проходящего в эти дни международного форума, о котором вы все, конечно, слышали, и отец Питирим, тоже бывший там, пригласил меня выступить перед его сотрудниками и принять участие в их трапезе. Причем о согласии моем они узнали лишь за час до начала всего этого. Но когда мы с ним приехали в его резиденцию, вы бы видели, какой там был порядок и как быстро все сотрудники заполнили зал. Вот это дисциплина! А у вас что, Павел Филиппович?» Ответ П. Ф. привел меня в восторг. Он, почти не задумываясь, простодушно сказал: «А потому как не по средствам они там живут!» В зале послышался иронический смешок. А Марат, явно не ожидая такой реакции от всегда молчаливого П. Ф., даже не нашелся что сказать в ответ. (Хочу добавить тут, что как раз вот П. Ф., а еще Люся Пекунова, Таня Сиряченко и другие мои близкие друзья — каждый по-своему — создавали все вместе в моем сознании образ того лучшего, что есть в русских людях (совестливости, сопереживания, здравого смысла), и это как-то компенсировало мои фрустрации по поводу злобного жидофобства не столько в самых низах, сколько в кругах русской академической и «литературно-художественной образованщины», не говоря уже о партийно-советской номенклатуре.)

Возвращаясь снова к компьютерной тематике, должен сказать, что и новый американский «Ванг» устроил нас лишь ненадолго, так как ограничивал мой сильно разгоревшийся вычислительный аппетит. Год спустя на ВДНХ впервые выставили ранее секретную советскую машину «МИР-2», которая делалась в Киеве и предназначалась для военных. Я ее осмотрел на выставке и «загорелся», ибо это был один из первых советских промышленных компьютеров на транзисторах, то есть очень компактный, в сравнении с ламповыми машинами, но много мощнее (этот «Мир-2» можно было поставить в обычном врачебном кабинете, и его мог обслуживать всего один инженер-электронщик). В последние дни декабря 1972 года мы носились с Маратом на его «Волге» по всей Москве из одного госбанка в другой, где по письмам с «высокими» подписями, выбитым Маратом из Совмина и АМН, пытались достать виртуальные деньги (так называемая безналичка) и отослать их на Киевский завод. Нюанс тут был в том, что если банковская транзакция не успевает до 12 часов дня в пятницу 28 декабря, то деньги вообще-то пропадают и поступают в некий «общий карман» государства. Мы успели это сделать, но только к концу рабочего дня. Я был в полном расстройстве: держать счастье почти в руках и упустить из-за обстоятельств. Звонил на завод в Киев, но там меня тоже не порадовали, сказав, что никаких наших денег они не получали. Новый год я встречал без обычной радости.

И вдруг после 10 января неожиданно мне позвонили с киевского завода и сказали, что наш груз (30 с лишним мощных деревянных ящиков, от 50 до 200 кг каждый) отправлен в наш адрес. Я был на седьмом небе! Это был один из самых первых экземпляров столь мощного советского компьютера, вышедшего в открытое использование в науке. Когда мы установили его и запустили, вся дирекция приходила смотреть, как он работает и как световым карандашом можно было вписывать прямо на огромный экран телевизора цифры и буквы. Разумеется, мороки с машиной было много. Пока я искал инженера для обслуживания машины, приходилось кое-что делать самому. Однажды я вскрыл панель так называемой логико-вычислительной матрицы и пришел в ужас: там были протянуты десятки тысяч тончайших волосков, объединенных кое-как в отдельные пучки, причем концы их были припаяны к мельчайшим клеммам. Обрыв одного волоска — это сбой в работе. Этот компьютер на тот момент (1973 год) был, конечно, задуман как один из самых-самых в мире, но техническое его воплощение отражало заметные несовершенства советской электронной промышленности в части культуры производства.

Тем не менее с помощью этой машины мы значительно продвинулись вперед в понимании генетики шизофрении. Это был период временного расцвета «детанта» (разрядки напряженности), и в наш институт зачастили американские коллеги. Некоторые даже задерживались на пару месяцев, чтобы стажироваться в нашем генетическом анализе. Благодаря этому помещения для моей группы расширили (этажом выше я получил еще несколько комнат) и отремонтировали. С одним стажером случился прокол. Он никак не мог понять, почему он должен выполнять, как все сотрудники моей группы, включая меня, много технической работы. Парень стал нервничать и вести себя довольно странно, так что даже посеял в дирекции некоторые сомнения — уж не прислан ли он ЦРУ. Думаю, если бы была в том визите такая цель, то прислали бы заведомо более покладистого парня. К моему спокойствию, он вскоре уехал.

Работая в Институте психиатрии, я в ряде случаев знал как бы изнутри или оказывался косвенно вовлеченным в события, которые в те или иные моменты широко обсуждались в кругах московской интеллигенции и западными радиостанциями, вещавшими на Союз. Понятно, что многие из тех событий активно обсуждались и в Квартире на Горького. Иногда я хотел узнать мнение Л. Копелева и Р. Д., в других случаях — иметь больше информации для собственного понимания. Одной из первых была история с госпитализацией в областную психбольницу в Калуге известного биохимика-генетика Жореса Медведева.

Жорес руководил тогда группой в радиобиологическом отделе института, созданного в Обнинске при одном из первых промышленных атомных реакторов. Там же работал и Н. В. Тимофеев-Ресовский, в лаборатории которого были разные люди, в том числе и такие, которые занимались не только чистой наукой, так как после войны органы всегда плотно опекали этого генетического «зубра». После выхода известной книги о Н. В., в которой, если не ошибаюсь, кое-что об этой опеке упоминалось, народ стал «показывать пальцем», правда, лишь в одном направлении. Я не уверен, однако, что это направление было главным и единственным. Не знаю также, по какой причине Жорес параллельно своей научной работе стал проводить эксперименты совсем иного рода — с целью выяснить, действительно ли переписка населения, и в особенности ученых, перлюстрируется в почтовых отделениях. Он обобщил результаты этого исследования в рукописи, с которой хотел познакомить коллег. Это-то и явилось причиной того, что органы проявили к нему живой интерес. Чтобы не привлекать внимания к делу примитивным арестом, как в случаях с другими диссидентами, власти решили поступить «умнее» и подать все как банальную психиатрию, тем более что в отдалении от Москвы возможный «шум» можно было бы свести к минимуму.

Однако, благодаря усилиям друзей Жореса и позиции многих крупных ученых в Академии, в научных кругах быстро распространился большой шум. Появились письма в поддержку, что тогда было еще совсем необычно для советской публики. С одним таким письмом я познакомился у Мадам дома, когда неизвестная мне женщина предлагала Мадам подписать это письмо (потом оказалось, что она была нашей соседкой по подъезду, а лет пятнадцать спустя я столкнулся с ней в Минздраве, где она, оказывается, всегда работала). Моя бывшая шефиня поступила, как всегда, изумительно. Без тени смущения она сказала: «Вот тут у меня как раз Виктор Миронович Гиндилис, он работает в институте Снежневского и как психиатр понимает ситуацию лучше, чем я. Пусть он прочтет это письмо, и если он подтвердит, что все там правильно, я подпишу его». Я сердито посмотрел в невинные глаза Мадам, но письмо прочел и сказал: «Здесь есть одна важная неточность. Люди, подписывающие такие письма и тем самым рискующие своим положением, должны быть абсолютно уверены, что им не предъявят обвинений в том, что они участвуют в распространении ложной информации». Кому-то может показаться, что я просто нашел отговорку, тогда как в тот момент всякие «мелочи» нужно было бы игнорировать. Однако я и теперь считаю, что моя позиция была правильной.

Суть в том, что письмо это содержало формулировку типа «...ни сам такой-то и никто из его близких родственников никогда ранее не госпитализировались в психиатрические больницы и не обращались к психиатрам...». Во-первых, указание на близких родственников было абсолютно излишним, так как помещать здорового человека в психбольницу по политическим мотивам противозаконно и аморально независимо от того, есть среди его родственников действительно больные или нет. Во-вторых, в данном конкретном случае один из родственников на самом деле обращался к врачу с ведома самого Жореса, так как были там какие-то временные проблемы. Понятно, что авторы письма хотели «как лучше», то есть думали усилить доказательства необоснованности решения властей в отношении Жореса. Но из-за неграмотности сделали хуже. Для Мадам в присутствии той женщины я уточнил только ту мысль, которая указана выше в «во-первых». То, что сказано выше в «во-вторых», я тогда оставил при себе, поскольку, строго говоря, это сугубо врачебная информация, о которой я знал из неофициальных источников (главврач Калужской больницы как раз в те дни был у нас в институте и обсуждал там что-то с руководством). Кроме того, в Союзе я обычно не обсуждал чью-либо семейную информацию — даже со своими домашними и близкими друзьями, если это было связано с психиатрией.

Продолжение этой истории последовало через пару дней, когда моя теща сказала, что В. А. Энгельгардт просил меня зайти к нему в институт. Беседа была недолгой. В. А. поинтересовался, что я думаю о Снежневском, и еще просил позвонить академику Б. Л. Астаурову домой. Относительно Снежневского у нас с ним возникло некое не столько несогласие, сколько недоразумение. Я сказал, что «Снежневский авторитарен и обстановка в его институте, конечно, отличается от той, к которой я привык у вас в ИМБ. Но впечатление пока такое, что Снежневский действительно заинтересован в выяснении природы шизофрении, выделяет значительные средства на биологические исследования, поддерживает мои планы по расширению генетического анализа, тогда как в АМН, как вы знаете, многие генетику отнюдь не приветствуют. Что касается его участия в политических делах, то я не имею пока доступа к конкретным случаям. Кое-что знаю со слов других и собственного мнения еще не имею». На это В. А. заметил: «Вы, Витя, очень наивны. Он просто сволочь!» Я, надо сказать, раньше никогда не слышал из его уст таких сильных выражений. (В доме у него я не бывал, а в его кабинете обсуждал с ним только науку, когда он, распределяя по сотрудникам самые последние новинки из зарубежных журналов, присылаемых ему лично, надписывал над титулом какой-нибудь статьи мое имя, а потом просил высказаться по поводу прочитанного.) В ответ я только сказал, что мне нужно время, чтобы разобраться во всем этом.

Б. Л. Астаурову я позвонил в тот же день и зашел к нему домой, благо наши дома располагались по улице Дмитрия Ульянова один напротив другого. (В том же доме, кстати, и Н. П. Дубинин жил, как-то я там был у него.) Борис Львович объяснил мне, что они добились от властей создания представительной комиссии, которая посетит Жореса в Калуге, и в эту комиссию, возможно, включат кого-то по просьбе семьи как независимого эксперта. Могу ли я посоветовать кого-то из известных московских психиатров, кто будет достаточно независимым от давления «инстанций» и авторитета Снежневского. Я подумал и предложил профессора Д. Е. Мелехова.

Во-первых, о нем весьма уважительно отзывались трое моих коллег по институту: Ирина Шахматова, с которой я непосредственно сотрудничал в своих генетических исследованиях, и две мои близкие подруги — Таня Сиряченко и Люся Пекунова. Клинической психиатрией я, по сути, овладевал не только читая руководства и книги, но главным образом благодаря постоянным обсуждениям конкретных больных с этими ближайшими моими друзьями. Во-вторых, у меня был опыт общения с Мелеховым, когда я добивался снятия диагноза шизофрении у одного из братьев в паре близнецов, которых мы исследовали. В нашем институте не было бы никакого шанса снять подобный диагноз вообще и тем более в данном случае генетически идентичного партнера из близнецовой пары. Профессор Мелехов, однако, со мной согласился и изменил диагноз на более мягкий, что освобождало моего подопечного от значительных социальных ограничений. Даже наш замдир — профессор Р. А. Наджаров — не стал возражать, когда прочел заключение Мелехова (правда, это могло быть и потому, что Рубен просто устал от моих постоянных приставаний к нему по поводу этого близнеца).

Таким образом, мне думалось, что Д. Е. Мелехов сможет проявить твердость при решении вопроса с Жоресом. Но позже выяснилось, что эту кандидатуру «инстанции» не утвердили и комиссия во главе с Рубеном Наджаровым, естественно, дала некое «резиновое» заключение, чтобы и власть сохранила какое-то лицо, и общественность в Союзе и на Западе успокоилась. Довольно скоро Жореса из больницы отпустили, а потом он и вовсе уехал в Англию. Именно после этой истории имена основных фигур в советской психиатрии: А. В. Снежневского, Г. В. Морозова (директора Института судебной психиатрии им. Сербского) и Марата Вартаняна — стали нарицательными в диссидентских кругах и в передачах западных «голосов».

В те же времена начала 70-х произошла забавная история и со мной. В части 1-й я рассказывал об одной байке по поводу телефонного разговора академика А. Д. Сахарова с Ю. Андроповым. Я был настолько восхищен ответом А. Д. начальнику органов, будь это даже и миф, что воспроизвел его дословно, когда районный отдел КГБ пытался привлечь меня романтикой своих ежедневных будней накануне полузакрытого международного симпозиума по психиатрии.

Интересно, что работник, говоривший со мной по телефону, оказался не столь гордым, как Андропов, и, осознав мою неуступчивость, пошел навстречу и приехал ко мне в лабораторию, на что я, конечно же, не рассчитывал. Законный вопрос: «А что, они не знали, что имеют дело с человеком, который общается с диссидентами и разделяет их взгляды?» Могли быть, однако, разные объяснения. Например, это могла быть инициатива деятелей районного уровня, тогда как Квартирой и ее персонажами занимались определенно на более высоком уровне. С другой стороны, полезно сослаться на мнение одной женщины, с которой я познакомился, уже будучи в Чикаго (тоже из наших недавних иммигрантов). Раздосадованная моими вежливыми «уходами в сторону», она как-то сказала: «Виктор, вы все время посылаете ложные сигналы: то ссылаетесь на врачебную справку, то сетуете, что чувствуете себя одиноким, то, наконец, встречаетесь с какими-то женщинами на стороне!» Это верно, в экстремальных ситуациях я, возможно, иногда даю повод к ложным впечатлениям. Так и в случае с вербовкой.

Дело в том, что за пару недель до упомянутого симпозиума мои домашний и рабочий телефоны были поставлены на постоянную прослушку, что, впрочем, меня совсем не удивило в той ситуации. Это было время, когда западные радиоголоса особенно часто обсуждали использование в Союзе психиатрии в преследованиях диссидентов, а также ответственность за это руководства нашего института. В один из тех дней «Литературная газета» опубликовала статью нашего начальства о «клеветнической кампании» Запада против советской психиатрии. На следующее утро мне позвонил на работу один знакомый парень, работавший вместе с Натальей Броуде, и поинтересовался, что я думаю об этой статье. Я, разумеется, моментально ответил вполне спокойно, что «статья по делу и не содержит ничего такого, что могло бы компрометировать нашу психиатрию» (ответ на самом деле просто идиотский, поскольку вторая его часть совершенно не вписывалась в пафос самой статьи). У моего знакомого, очевидно, «отвисла челюсть» на том конце линии, так как он бывал у нас дома и вообще-то примерно знал, каковы мои умонастроения. Он в недоумении повесил трубку. Но прослушка, как и та моя знакомая в Чикаго, уже приняла ложный сигнал. Так что все проще.

Минут через пятнадцать раздался звонок из районного КГБ и говоривший «товарищ» пригласил меня туда на беседу. Не раздумывая, я сослался на «исключительную занятость в связи с подготовкой к важному докладу на предстоящем международном симпозиуме» и в подтверждение сообщил, что вынужден даже ночевать в лаборатории, чтобы завершить многосуточные вычисления на компьютере. (Кстати, это был действительно честный ответ, а не «лапша на уши». Во-первых, компьютеры в 70-х, как я упоминал выше, были еще несовершенные. Например, чтобы вычислить собственные векторы матрицы 18-го порядка на машине «Мир-2», она должна была трудиться непрерывно 20—22 часа. Но за это время происходили сильные перепады напряжения в электросети, так как к вечеру на окружающих заводах снижалась занятость оборудования. В результате в машине происходили сбои, и мне приходилось начинать все сначала. А кроме того, в органах и сами знали о моих ночевках на работе благодаря прослушке телефона и другой информации.)

Короче, «товарищ» появился через полчаса. Был он молод, с типичной короткой стрижкой, в характерной кожанке, вежлив и настойчив. Беседа была забавной, хотя она не доставляла мне удовольствия. Он предлагал информировать его организацию обо всем, что будет происходить на симпозиуме и вокруг него. А я говорил, что, «несомненно, если увижу что-либо настораживающее, я поставлю в известность прежде всего 1-й отдел моего института и моего непосредственного начальника профессора Вартаняна». (Конечно, я знал, что Марат имеет отношение к органам.) «Товарищ» оказался в сложном положении, так как не мог прямо отклонить тех, о ком я говорил. Он похвалил меня за правильное понимание ситуации, но тем не менее настаивал, чтобы я информировал также и его. Так повторялось раза три. Тогда я решил сменить тактику, чтобы, если он умный, дать ему шанс отступления с «сохранением лица». Я сказал: «Ну хорошо, в конечном счете посмотрим, как будут развиваться события. Там видно будет, кого я поставлю в известность». В результате мы расстались «почти друзьями». Правда, на самом симпозиуме я вел себя так, что вторично никто меня уже ни о чем не просил.

Симпозиум тот, посвященный исследованиям шизофрении, проходил сначала в Ереване, а затем в Тбилиси. В перерыве между этими двумя тематическими блоками минздрав Армении устроил большой прием-завтрак с форелью на озере Севан. Все было организовано почти великолепно, за одним «но»: зал местного ресторана был относительно небольшим, а местных друзей с их женами у министра оказалось больше, чем участников симпозиума. В результате некоторые из них остались как бы без места. Восток есть Восток, а советский — тем более, и министр приказал часть московских участников перевести в малый зал через коридор от главного. Забавно, что среди «перемещенных лиц» оказался и крупный чин из московского КГБ, первоначально скромно присевший у самого края общего стола. Меня вообще-то это не касалось, так как, будучи докладчиком на симпозиуме, я сидел вместе с зарубежными коллегами в основной части стола. Однако в силу скверности характера у меня возникло очень неприятное чувство неловкости за тех, кого столь бесцеремонно переместили в подсобное помещение, причем, скорее всего, без обещанной форели. Я тихо покинул главный стол и ушел в коридор, где оказался бильярд, которым я и занялся в одиночестве. Спустя минут десять кто-то из обслуживающих столы доложил министру, что «один гость» ведет себя необычно. Не углубляясь в детали, скажу лишь, что в течение минут сорока меня убеждали разные помощники этого министра проявить уважение к хозяину и возвратиться к столу. Я был непреклонен до момента, пока в эту обработку не включилась ослепительно элегантная молодая армянка — все из того же института Сербского. Тут я понял, что зашел слишком далеко в отстаивании своих подростковых принципов, и сдался, отправившись в малый зал — голодный и злой, оставшись без форели. Слабым утешением всему этому явилась лишь довольно приятная игра на пианино «крупного чина из КГБ». Естественно, что Вартанян был взбешен моим столь неадекватным поведением, которое по восточным меркам бросало тень скорее даже на его статус босса, «коль скоро он не может держать своих подчиненных в должной узде». А в терминах психиатрической школы Снежневского это легко укладывалось в квалификацию «инфантильного поведения с явно истерическим (вызывающе-показным) радикалом». Можно было ожидать наказания, но после симпозиума. Правда, я не думал, что это произойдет очень скоро и столь экстравагантным образом. Я вернусь к этому чуть позже.

Весь остаток дня после утреннего приема нас везли на автобусах по горам в Грузию в сопровождении большого числа милицейских машин с мигалками. В пункте, где сходятся границы трех республик: Армении, Азербайджана и Грузии, — состоялся непродолжительный отдых-перекус. Представьте себе ранний тихий летний вечер высоко в горах на Кавказе. Рядом перед глазами заснеженные горные пики. Кругом зеленые с обилием оттенков лесистые склоны и ущелья. Под открытым небом длинные столы, полные бутербродов, сыров, шашлыков, фруктов и вина, льющегося прямо из нативных емкостей. Хозяева-азербайджанцы, встречавшие грузины и провожавшие армяне попеременно провозглашали тосты, пели и даже плясали. Местные партийно-советские власти, медицинское и психиатрическое начальство из трех республик — все были на высоте. Вряд ли когда еще снова в таком глухом месте состоится подобная встреча. Зарубежные ученые (человек около пятнадцати) вместе с московскими участниками слились в общем экстазе дружбы социалистических наций. Иностранцы были в восторге от этого экзотического шоу. Заинтересованные наблюдатели из органов могли расслабиться вместе со всеми.

Следующие три дня — в Тбилиси. Примечательным был эпизод, который приоткрыл мне глаза на то, как органы понимали и осуществляли «контрпропаганду». Кажется, в последний день во время обеденного перерыва ко мне подошел мой московский коллега, который не имел отношения к психиатрии, но присутствовал здесь как синхронный переводчик, блестяще владея английским, что было тогда редкостью для советских ученых, особенно в медицине. Мы были дружны с ним, когда я работал еще у В. А. Энгельгардта. Он никого не знал среди участников достаточно хорошо, кроме меня. Неожиданно он мне говорит: «Слушай, в зале заседаний появился какой-то странный тип. Ведет себя необычно. Смотрите, как бы чего не случилось». Я зашел в аудиторию, где в тот момент было лишь несколько человек из местного персонала. В первом ряду сидел незнакомый мне человек, неопределенного возраста, возможно, 25–30 лет, довольно щуплый, одетый очень скромно на фоне окружающего великолепия костюмов местной публики, этнически — определенно из россиян, то есть точно не кавказец. В его мимике и движениях было что-то настораживающее. Замечу, что заседания симпозиума были фактически закрытыми и даже местные психиатры не могли просто так пройти на заседания без соответствующего пропуска, не говоря уже о случайной публике с улицы. Я поискал кого-нибудь из оргкомитета. Натолкнулся на молодого парня, который был зампредседателя этого комитета и одновременно сыном председателя комитета — известного грузинского психиатра. Объяснил ситуацию. Тот забежал в аудиторию, взглянул на того типа, о чем-то его спросил и, вернувшись, сказал, что займется этим делом сам.

Я счел свою миссию завершенной и продолжал слоняться по соседним помещениям, пил чай, курил и ожидал начала заседаний, на какой-то момент даже забыл о том типе, так как встревал в короткие обсуждения с иностранными коллегами, что требовало напряжения по причине моего слабого английского. Вскоре участники большой толпой стали заполнять аудиторию. Я прошел в зал. Ведущий объявил очередного докладчика. Участники еще не утихомирились и обменивались мнениями, на трибуну поднялся наш коллега Роберт Лидеман, руководивший группой биофизики в лаборатории Вартаняна. Я на момент отвлекся, беседуя с кем-то из сидевших рядом со мной. И тут раздались какие-то шумные возгласы в микрофонах, я перевел глаза на трибуну и увидел, что тот странный тип оттеснил Роберта и, захватив руками микрофон, громко истерически повторяет однотипные короткие фразы. За столом президиума и в зале началась суматоха. Иностранцы поднялись с мест, не понимая, что происходит (переводчики молчали). Марат, кстати, только в этот момент входил в аудиторию, как и московский чин из органов вслед за ним. Но лицо Марата (я с интересом следил за ним) выражало только слегка тревожное любопытство, хотя и чуть ироничное. У меня сложилось тогда впечатление, что даже для него все это было неожиданностью, тогда как «московский чин» был спокойно-сосредоточен и лицо его не выражало никакой тревоги или озабоченности. Ведущий заседания громко призывал, чтобы отключили все микрофоны, которые вскоре действительно замолкли. Через пару минут появились дюжие, но элегантно одетые молодые грузинские «психиатры», которые нежно подхватили щуплого типа под руки и вывели из зала. Все зарубежные участники покинули аудиторию, собрались в общую группу и что-то активно обсуждали. Официальные лица из оргкомитета объяснили им ситуацию, и вскоре все улеглось. Бедный Роберт продолжил свой доклад. Но его содержанием, как и всеми последующими докладами, мало кто уже интересовался.

На следующий день мы улетели в Москву. В самолете я узнал, что того бузотера госпитализировали в местную больницу, зарубежные участники потребовали встречи с ним и немедленно получили согласие. Напомню, что это был 1973 год, расцветал «детант»*, брежневский режим был заинтересован создать у Запада впечатление, что с правами человека в стране дело обстоит совсем не так уж скверно, как о том шумят западные и местные правозащитники, а потому шел навстречу умеренным просьбам. Зарубежные коллеги посетили бузотера в больнице и узнали от него, что «его преследуют по политическим мотивам, что он только что вышел не то из больницы, не то из лагеря где-то на Севере страны и прикатил прямиком сюда в Тбилиси специально на этот симпозиум, чтобы привлечь внимание к судьбе таких, как он». Тем не менее зарубежным коллегам было очевидно, что парень вроде бы «действительно страдает шизофренией» и может, вообще говоря, доставлять хлопоты любой местной власти без всякой политической мотивации. Западные корреспонденты из этого эпизода, естественно, не могли создать сенсацию. С другой стороны, мне лично было понятно, что «щуплый тип» появился не случайно, что была некая «рука», которая его привезла в Тбилиси, провела на наши заседания и пропустила мимо ушей наши предупреждения, которые по случайности могли сорвать всю задумку. Это была так называемая контрпропаганда, нацеленная на создание впечатления, что правозащитники у нас в стране в основном психбольные.

Вернувшись в Москву, я предвкушал отпуск и отдых от перенапряга во время многонедельной подготовки к прошедшему докладу. Но на работе Вартанян преподнес мне довольно странный сюрприз. Зарубежные коллеги продолжали «копать» и добились разрешения посетить генерала Григоренко, содержавшегося в то время в «судебке» им. Сербского. Марат просил меня взять две академические «Волги», проехать к гостинице в центре Москвы, подобрать там группу этих психиатров и отвезти их в институт Сербского. Я очень удивился и

---

* «Детант» — разрядка международной напряженности (*примеч. ред.*).

подсознательно насторожился. С одной стороны, вроде бы ничего особенного. Элемент некой политики здесь, конечно, был, так как начальство стремилось ненавязчиво демонстрировать западным ученым, что евреи в стране вполне успешны и накакого государственного антисемитизма нет вообще и в психиатрии в частности. Но, с другой стороны, дело было достаточно ответственное и среди ведущих сотрудников Марата были еще два еврея, к тому же коммунисты и много более выдержанные, чем я, в плане официального общения. К тому же он хорошо знал через органы о моих связях с Квартирой, да и сам я этого особо не скрывал, хотя и не афишировал. Кроме того, наше клинически ориентированное начальство в институте всегда квалифицировало меня как психопата, от которого можно ожидать нестандартных выходок, например типа той, что была на озере Севан неделю назад. Другими словами, в поручении Марата могла быть скрыта какая-то «крыса». Однако для отговорок не было явных оснований, и я поехал.

Забрал иностранцев в гостинице и направился к «судебке», благо, как упоминалось ранее, родился я и жил в прошлом рядом с этим заведением. Высоченный глухой каменный забор отгораживал довольно большую территорию института, где содержались разного рода обвиняемые, в том числе особо опасные уголовные преступники, проходившие экспертизу. Генералу Григоренко там, конечно, нечего было делать, даже если под очень сильным «психологическим микроскопом» у него и можно было бы найти какие-то особенности личности, нередко встречающиеся почти у всех нас. Мы подъехали к запасному входу позади института, где в проходной будке, помимо милиционеров, были еще вооруженные охранники МВД. Я объяснил офицеру, что к чему, он позвонил куда-то, а затем сказал, что ворота сейчас откроются и мои машины могут въезжать. Я вышел во внутренний двор и стал ждать. Ворота открылись, две черные «Волги» с моими психиатрами медленно въехали и остановились около меня. Но до того как ворота стали задвигаться, к хвосту второй машины пристроилась еще одна маленькая легковушка. Это было странно, поскольку, когда я входил в будку, переулок был абсолютно пустой, а провел я в будке не более пары минут. Короче, я сказал офицеру, что о третьей машине я ничего не знаю, пусть разбирается сам. Он поговорил с сидящими в ней и выяснил, что это два западных журналиста, сносно говорящих по-русски и якобы «завернувших в открытые ворота по ошибке». Разумеется, он немедленно развернул их машину за ворота, слава богу, без скандала. Я сдал всю приехавшую группу подошедшим представителям «судебки» и с облегчением покинул территорию. Желания поучаствовать в обследовании генерала вместе с зарубежными коллегами у меня не было («меньше знаешь — проще жить», согласно золотому правилу советской системы), хотя мог бы и остаться.

Нет необходимости пояснять, что, если бы те журналисты оказались в общей группе западных психиатров во время посещения Григоренко и последующего обсуждения с советскими врачами, для них это был бы сенсационный материал. (Дело в том, что сами психиатры отнюдь не так свободны в своих интервью прессе, поскольку есть врачебная этика относительно конфиденциальной медицинской информации, особенно в психиатрии. Журналисты же в этом смысле более свободны, тем более в условиях так называемой «холодной войны».) Но меня могли определенно «взять за задницу» с учетом отягчающих обстоятельств в смысле «сомнительных» связей. Когда нужно — в зачет идет все (рассказ о невинной фотографии Тимофеева-Ресовского и Солженицына у моего коллеги в Томске, которая стоила ему работы, вас ждет в следующем фрагменте впереди).

Конечно, это могло быть просто случайным стечением обстоятельств. Журналисты, конечно, знали о визите и, возможно, надеялись «прорваться на дурачка» в общей суматохе визита (хотя трудно поверить, чтобы они не понимали, какова охрана в «судебке» Сербского). Но нельзя исключить и другое — что Марат знал о такой возможности и подставлял меня специально. Я уже сказал, что поручение это смотрелось странно, учитывая давно сложившееся мнение самого Марата обо мне по части официальных общений. Это ведь не просто научная встреча — у нее могли быть и политические последствия. Кроме того, Марат мог этим «убить двух зайцев» сразу. С тех пор как он стал членом исполкома Всемирной ассоциации психиатров и отвечал там за биологические исследования в психиатрии, у него сложились обширные связи с западными психиатрами, он уже «имел вес» и потому позволял себе вмешиваться в организационные проблемы психиатрии внутри страны. На этой почве наметились трещины в его отношениях с Г. В. Морозовым — директором института Сербского, что потом вылилось в явное противостояние, поскольку Марат неким образом подставил Г. В. в исполкоме ВАП. Так что эпизод с журналистами-«зайцами» мог иметь своей целью насолить еще и Г. В., так как ясно, что в случае журналистской удачи дирекция «судебки» могла бы столкнуться с разборками по поводу отсутствия должной бдительности. (Обычная, надо сказать, практика в советские времена, когда хотели кому-то «насолить» или кого-то «взять за задницу».)

Короче, сценариев могло быть несколько. Я так и остался в неведении относительно смысла этой истории. Спрашивать было не у кого, да и как спрашивать о таких делах в советских условиях. Уже лет двенадцать спустя, когда наши отношения с Вартаняном достигли пика антагонизма и меня откровенно давило все начальство вместе, защищая свои клановые интересы: и Снежневский, и Рубен, и секретарь парткома Ю. Поляков (хотя при этом сами грызлись с Маратом на уничтожение), — была у меня «задушевная» беседа с «кумом» из органов, опекавшим наш научный центр. Я ему историю с журналистами рассказал и спросил, как надо ее понимать в терминах марксистской философии — как случайность или как «необходимость». Он, однако, ничего прямо не сказал. Вот и живу четверть века с вопросом. Вообще-то история пустяковая. Но для человека левополушарного с рациональным мышлением нет здесь необходимой завершенности. В моей классификации различных персонажей клетка, отведенная Марату, содержит пустоты, которые уже не заполнить (он неожиданно умер в 90-х). Между прочим, Е. К. Гинтер однажды сказал мне со злостью: «У вас, В. М., сугубо формалистическое мышление, вы все хотите строго по полочкам уложить, а жизнь сложнее». Я согласен, что жизнь — «штука сложная», хотя это вовсе не оправдание для неэтичных поступков. Его раздражение было вполне понятным, он интуитивно понимал, что как раз с ним вопросов у меня не было — отведенная ему клетка в классификации давно была заполнена. С Маратом оказалось сложнее — строгость вывода провисает, поскольку сомнения свои за факт принимать не могу. Ну да ладно. Это все в прошлом.

Впрочем, еще один сюжет может показаться кому-то интересным. Было это в самом начале 80-х. На базе нашего Института психиатрии создавался большой научно-клинический центр психздоровья (об этом подробнее позже) и даже филиал его в городе Томске. Властвовал там персеком обкома партийный бонза Егор Кузьмич Лигачев. (Многие еще помнят его нашумевшее «Борис, ты не прав!», когда вместе с М. Горбачевым они Бориса Ельцина разжаловали в рядовые на пленуме ЦК в 1987 году. Будучи еще в Томске, Лигачев стремился, по-видимому, составить здоровую конкуренцию научному Новосибирску и потому всячески поддерживал создание в своей столице разного рода научных учреждений. Во всяком случае и Коля Бочков там же стал крутиться с организацией какого-то своего филиала. Так что к моменту открытия нашего филиала они с Маратом приурочили там Всесоюзную конференцию по клинической генетике, на которой мы все доклады делали и достижения свои демонстрировали. Вообще говоря, все это было разумно, если бы не столь много «зоопсихологии» вокруг этого накручивалось.

Но вернемся к Егору Кузьмичу. В то время он как раз начал в Томске знаменитую борьбу с алкоголизмом. (Я это особо подчеркиваю потому, что советский народ во многом несправедливо винил Михал Сергеевича за проблемы с водкой. Горбачев был из семьи молокан и потому к водке относился без всякого энтузиазма, в отличие от рядового российского человека, но он и не был зачинщиком той идиотской антиалкогольной политики, проводившейся с началом перестройки.)

Хотя внутренне я был настроен против режима, но никогда не был глобальным отрицателем и, как многие в то время, не исключал, что какие-нибудь разумные люди в партии и органах начнут реформы системы в направлении того, что позже стали именовать «социализм с человеческим лицом». По этой причине у меня не было априорного негативизма к любому партийному чиновнику только потому, что он из номенклатуры, то есть мое первоначальное восприятие Лигачева было вполне лояльным. Почему?

Во-первых, в тот период (еще до известной перестройки) его антиалкогольная политика не приняла тех крайне уродливых форм, которые стали всеобщими в более поздний период. Как яркий пример полного идиотизма можно упомянуть, что в ЦК вполне серьезно рассматривали вопрос о попытках мирового жидомасонства «алкоголизировать русский народ путем приучения его с грудного возраста к потреблению кефира». Это вовсе не байка — сам читал такого рода официальный запрос из президиума АМН по поручению ЦК к А. В. Снежневскому. Эти «ноги» росли из публикаций известного жидофоба профессора хирургии Углова, который с полного ведома органов и при поддержке московской РПЦ не столько лечил больных, сколько публиковал книги, в которых доказывал, что евреи спаивали русский народ водкой уже много сотен лет. Оперировал «статистикой», которая «доказывала», что среди шинкарей на Руси евреи составляли большинство. При этом никто из старых и новых жидофобов никогда не упоминал, что в царской России евреям *законодательно было запрещено владеть землей и работать на ней*.

Во-вторых, будучи непьющим жидом (но не масоном!), я считал, что разумно организованные антиалкогольные мероприятия могут быть весьма полезным начинанием. Почему так? Да хотя бы потому, что чуть ли не ежедневные распития водки или просто разведенного спирта превратились в ритуал среди научных сотрудников и моей лаборатории и всех соседних и, более того, во всех научно-исследовательских институтах. (О праздниках, семейных датах и защитах диссертаций и говорить нечего — «Это святое!».) Впрочем, близкий мой сотрудник Сережа Агеев (с которым мы создавали первую компьютерную энциклопедию генов человека), сам из коренных русских крестьян в дедовском поколении (отец его, правда, уже не крестьянствовал и работал в органах), всегда говорил мне, что «дохлое это дело — побороть на Руси водку. За тысячу лет никому это еще не удавалось и не удастся!». Сам он, надо сказать, обладал в то время очень высокой толерантностью к алкоголю и, вероятно, поэтому настроен был скептически. (Очень жаль, что нет времени отвлекаться от темы, но вообще-то стоило бы рассказать, как мы с Сережей официально отменили уже подписанный приказ министра обороны СССР о призыве его в армию — почти фантастическая история о советских нравах эпохи распада развитого социализма. Ну да как-нибудь в другой раз и в ином месте.)

Были у меня и дополнительные впечатления о Лигачеве. Скажем, моя родная сестра общалась с ним более часа, когда он как-то посетил Ульяновск и она проводила для него экскурсию по музею Гончарова. Она потом говорила мне, что Лигачев показался ей «вполне образованным и интеллигентным человеком, заметно отличающимся от распространенного типа партийных мандаринов». (Кстати, сестра моя — большая умница, человек очень честный и, будучи завотделом истории Ульяновского краеведческого музея, трудилась на ниве просвещения многострадального русско-татарского и башкиро-чувашского населения, проживавшего на родине «великого пролетарского учителя и вождя всех народов». Острый ее язык и беспартийная принципиальность нередко держали в напряжении отдел культуры Ульяновского обкома партии и городские власти.)

Наконец, в-третьих, я и сам был удостоен личного общения. Начал я этот сюжет с того, что наш психцентр открывал в Томске свой филиал. В составе его создавалась при моем участии лаборатория генетики. Как глава области Лигачев, конечно же, принимал парад открытия, и ему представляли новый научный центр. Я, в частности, знакомил его с лабораторией генетики. Вартанян уже тогда готовился к схватке с нашим общим и главным боссом Снежневским за руководство всем этим центром в Москве. Для него, успевшего своими интригами сильно осложнить отношения со многими крупными психиатрами в стране, было очень важно укрепить связи с Лигачевым, которого должны были вскоре взять в Москву на руководство важнейшим отделом ЦК — отделом партийно-административных органов, через который проходили утверждения на все номенклатурные должности союзного значения, включая и КГБ. Естественно, он заметно нервничал: с одной стороны, ему самому представлять Лигачеву какую-то частную лабораторию было бы не по рангу (он представлял филиал в целом), а с другой — было неясно, как мандарин отреагирует на мое этническое происхождение, каковое просто слепило глаза. Более того, Марат никогда не был уверен на все сто, что я не преподнесу какую-либо «пакость», примеры чего вам уже хорошо известны.

Так вот, в процессе объяснения Лигачеву, какие исследования мы планируем в этой новой лаборатории генетики психических заболеваний, хотя я и говорил довольно простым языком, но в одном из предложений какой-то специальный термин все же случайно у меня проскочил. Марат в этот момент издал характерное восклицание, дескать, «надо же, ведь говорили ему, чтобы не умничал!». Но Лигачев спокойным жестом в сторону Марата остановил его, дав понять, что ничего страшного не произошло, он понимает, что парень волнуется, но все в целом, дескать, хорошо. Марат был очень доволен. Вот такие мелочи в наше время могли влиять на карьеру и на многое другое, ибо среди партийных бонз попадались очень разные люди. В целом тогда у меня сложилось в отношении Лигачева некоторое ощущение ожидания возможно благоприятных последствий для партийной политики. Правда, потом он этих моих ожиданий не оправдал. Да и трудно было ожидать, как я понимаю теперь, чтобы на таком номенклатурном уровне коммунист оказался достойной личностью: они сами создавали «этику партийной дисциплины» и сами вынужденно подчинялись ей, что исключало достойное обсуждение разных точек зрения.

Неэффективность антиалкогольных мероприятий Лигачева в самом Томске стала мне очевидной в первые же дни пребывания там. Поскольку я относился как бы к относительно «высокому» разряду московских гостей, мне была выделена машина с водителем. Парень оказался асом, участником гонок. Он носился со мной по городу и окрестностям с чудовищной скоростью. Как-то человек пять из местного медицинского начальства решили показать мне реку Обь, и мы на двух машинах мчались туда за несколько десятков километров. Там я впервые испытал в плавании, что такое быстрое течение большой таежной реки. Естественно, был обед на траве с водкой и прочим. Я, как всегда к осени, был в обострении своей язвы и сильно удивил местную публику трезвенностью. К вечеру мы разделились, и мой водитель отвез меня в загородный дом какого-то своего не то друга, не то босса. Это было тоже занимательно. Я, правда, принимал всякие лекарства, пил чай, курил и с трудом поспал. Он же, как я понимаю, провел чудную ночь с бассейном и в компании. Я об этом парне сохранил самые лучшие воспоминания. Ясно, что более высокие московские гости имели много более разнообразную и впечатляющую заботу со стороны местного начальства. (Между прочим, здесь в Штатах, будь это известно ушлым журналистам, был бы большой шум о незаконном использовании налоговых денег американского избирателя. И это, в сущности, правильно. Правда, я не вижу, чтобы многочисленные шумы такого рода заметно сказывались на моральных устоях и ментальности как избирателей, так и самих американских журналистов.)

Узелок шестнадцатый
АНЭТОПАТИЯ

А теперь расскажу более подробно об уже упоминавшейся по разным поводам наиболее одиозной фигуре в советской медгенетике. Это Коля Бочков. Хотя и окончил он мединститут (кстати, тоже 2-й московский), но врачом никогда не работал, не написал ни одной истории конкретного больного. И скорее всего, не мог он это сделать в принципе, так как не любил и не понимал не только больных, но и здоровых людей. Работая в середине 60-х годов при Тимофееве-Ресовском в Обнинске, Коля уже тогда видел себя скорее в общей, а не в медицинской генетике. Я же, плохо зная, с кем имею дело, но основываясь на рекомендации двух его бывших сокурсниц по мединституту, пригласил Колю на совещание в АМН у академика В. Д. Тимакова (в 1964 году). На этом совещании мы обсуждали планы формирования медико-генетической службы страны. В то время мы с Мадам и В. П. Эфроимсоном пытались пробить в Минздраве создание первых медико-генетических кабинетов в Москве и Ленинграде. Позже я рекомендовал Колю Мадам, активно искавшей новых людей из медиков для привлечения их к развитию медицинской генетики.

Как Коля понимал свое участие в развитии этой новой области в советской науке и здравоохранении, он хорошо показал на том совещании у В. Д. Тимакова. Мадам, как всегда в ответственный момент, уехала в отпуск, а всю подготовку совещания и основной доклад оставила на меня и Кирилла. Мы связались со многими из «старых кадров» генетиков-медиков (Р. Мартынова, Гайсинович, Давиденкова и другие), а также с новыми лицами в медгенетике (Л. Бадалян, М. Вартанян, Б. Лебедев и другие) и подробно рассказали о цели предстоящего совещания. Формально основной доклад представлялся от имени Прокофьевой-Бельговской, Эфроимсона и их сотрудников. Были бы Мадам и В. П. более дипломатичными, они включили бы в соавторы проекта и других авторитетов из «старых кадров», но в спешке они этого не сделали. Я же, по молодости лет, многого в их прежних взаимоотношениях не знал, да и не придавал значения, наивно полагая, что главным для всех остаются так называемые «интересы дела». (Здесь можно снова вспомнить один из «коронных» Мадаминых вопросов, о котором я упоминал в части 1-й: «Ради чего люди идут в науку?» Хотя Мадам упрощала мотивацию, но в главном оказалась права. Эпизод, который я сейчас описываю, оказался первым, но далеко не последним в длинной череде моих разочарований относительно «мира ученых».)

Так вот, когда по докладу, который я представил от имени Мадам, Эфроимсона и их сотрудников, начались прения, Коля в своем выступлении неожиданно стал провоцировать мелочные эмоции «старых кадров». Это носило откровенный характер типа: «Вот тут сидят наши выдающиеся авторитеты в генетике человека, хорошо понимающие все сложные стороны этого дела. Но они здесь как гости, а не как авторы проекта, с ними предварительно никто заслушанные предложения не обсуждал, не прорабатывал» и т. п. Ясно, что это был бальзам на раны ущемленных самолюбий. И в результате все обсуждение свелось не к тому, как должна быть организована медико-генетическая служба страны, а к вопросу, кто главный, кто первый и кто будет ответственным за создание новых консультаций. В какой-то момент, отвечая на отдельные выступления, я сказал, что нет причин для дележа приоритета, а «старших товарищей» для того и пригласили, чтобы всех выслушать и все мнения включить в окончательный проект. И все присутствующие являются авторами того, что удастся здесь согласовать. Под конец я окончательно озлился и сказал несколько патетически, указывая на портреты знаменитых российских медиков, развешанные по стенам зала заседаний, вроде того, что «вот они смотрят на нас и удивляются, что мы не о больных и их нуждах говорим, а о том, кто будет главным». На что Тимаков, чтобы разрядить ситуацию, пошутил: «Ну на вас-то, Виктор Миронович, они смотрят с явным одобрением, так что за свое имя не волнуйтесь!» В общем, было ясно, что Коля очень быстро разобрался в тонкостях ситуации и ловко использовал это для разжигания раздоров, а не для дела.

Но и после этой истории я еще не до конца осознал суть Бочкова и пригласил его вторым оппонентом по своей кандидатской диссертации. В то время это была честь для него, поскольку работа эта была вообще-то самой первой в Союзе по хромосомам человека и выходила она из самой известной лаборатории Мадам. А о Бочкове в генетике тогда никто за пределами Обнинска не слышал. Мадам, правда, понимала, что Коля «звезд с неба не хватает» и «лошадка темная», но все же решила пробивать его в АМН на пост директора нового института медгенетики, создания которого мы тогда добились в Минздраве. Сама она категорически не хотела быть директором. Другая возможная кандидатура — Эфроимсона — была абсолютно неприемлема для «инстанций»: мало того что беспартийный еврей с отсидкой в ГУЛАГе, еще и прямолинейно и резко говоривший об отсталости многих членов Медакадемии, что, конечно, раздражало академическую номенклатуру. Даже В. А. Энгельгардт, уважая В. П., все же понимал ситуацию и поддержал его кандидатуру на выборах в АМН лишь формальным письмом, которое он подписал в большей мере, чтобы отвязаться от моих назойливых визитов в его кабинет в течение нескольких дней. В результате «светловолосый и голубоглазый» коммунист Бочков, «с детства мечтавший понять, от чего зависит, почему у собак рождаются щенята, а у кошек котята» (так было сказано в статье в «Комсомольской правде»), стал благодаря поддержке Мадам членкором АМН и директором (в 1969 году) нового института, проект которого мы разработали в лаборатории Мадам. Основу этого института составила вторая лаборатория Мадам (в институте А. П. Авцына, о чем я говорил раньше), где повседневными делами руководил Кирилл Гринберг. Надо сказать, что Кир опасался и определенно не хотел этого перевода, но Авцыну пришлось согласиться, поскольку этого хотела сама Мадам. Не прошло и пары лет, как многим стало очевидно, что Бочков быстро вошел во вкус власти над людьми и их научной карьерой.

Сам я к тому времени тоже перешел на работу в новое место — в лабораторию Вартаняна в Институт психиатрии АМН. Однако очень скоро наше весьма успешное сотрудничество с Маратом стало бельмом на глазу у Коли. Дело в том, что в силу сложной многофакторной природы болезней и признаков, которые мы изучали, многие широко распространенные болезни за пределами психиатрии (скажем, атеросклероз, гипертония, рак, ревматизм и т. п.) удовлетворяли тем же методическим подходам, которые были разработаны у меня в генетической группе. Соответственно, эта группа стала центром обучения и совместных работ со многими другими лабораториями в АМН по всей стране, включая и собственно Колин Институт медгенетики. В плане престижа и карьеры Марат в Колиных глазах довольно скоро мог стать конкурентом ему в новом поколении аэмэновской номенклатуры. Меня же Коля, как говорится, «на дух не переносил» и как еврея, и как человека, который не боится говорить в лицо то, что многие другие предпочитают говорить «за спиной». (Как говорила хозяйка одной из подмосковных дач, у которой мы снимали комнату: «Я вас вижу наскрозь, потому как лицо ваше у меня как на ладони!») Понятно, что Бочков стремился любыми путями поссорить нас с Маратом. Так, он заставил уйти из своего института двух очень толковых молодых генетиков, которые, помимо прочих с ним расхождений, отказались подковерно мутить воду в лаборатории Марата, приезжая туда на стажировку и для совместных работ по генетике в моей группе. Один из них — мой ученик Е. Т. Лильин, позже завкафедрой медгенетики в стоматологическом мединституте. (Кстати, мой нынешний хозяин дома здесь, в Штатах, — Миша Ванюков — работал на той кафедре, и даже книгу о фармакогенетике они написали все вместе с еще одним моим учеником — Володей Трубниковым.) Второй из ушедших от Коли — Сережа Дьяченко — работал одно время научным корреспондентом «Литературки», увлекся позже кинорежиссурой и, кстати, известен еще тем, что до всякой перестройки первый осмелился сделать прекрасный документальный фильм о судьбе Н. И. Вавилова. На просмотр этой картины собралась почти вся генетическая Москва в Доме ученых на Кропоткинской улице (ныне опять улица Пречистенка).

Обычным делом Бочкова было распространять слухи о том, что Марат сам в генетике не разбирается, что все успехи от Гиндилиса и его сотрудников, а Марату, напротив, внушал, что я выскочка и за его спиной проявляю нелояльность. Мы неоднократно обсуждали с Маратом все эти Колины потуги, и Марат понимал это, но временами и у него сдавали нервы, особенно когда бывали неудачи в АМН. В конечном счете Марата избрали по медико-биологическому отделению, в чем заметную роль сыграла Мадам, не без моего участия. Благодаря этому на какое-то время равновесие восстановилось. И временно Бочков умерил, хотя и не оставил полностью свои попытки внести раскол в так раздражавший его наш успешный научный альянс с Маратом.

Была между тем у Коли своя большая мечта, которую он пестовал, будучи еще на заднем плане в обнинской лаборатории Тимофеева-Ресовского. «И какой солдат не мечтает быть генералом!» Ничего плохого в такой мечте, конечно, нет. Весь вопрос в том, какие средства для достижения подобных целей используются. Директорство свое в медгенетике Коля рассматривал только как трамплин для перехода в настоящую «большую» Академию — в качестве директора Института общей генетики (где тогда директорствовал еще Дубинин). Разумеется, это была сложная задача на долгие годы. Но уже к 1978 году он был на взлете своей карьеры. В тот год в Москве проходил Международный генетический конгресс, и Коля был назначен «инстанциями» председателем советского оргкомитета этого конгресса. Более того, его поддерживал тогдашний президент АМН академик Н. Н. Блохин, выдвинув Колю на второй по значимости пост в этой «Акамедии» (так удачно назвал это сообщество академик В. А. Энгельгардт, сам будучи членом АМН). Коля стал главным ученым секретарем, через офис которого проходило утверждение всех научных кадров и планов. На таком стремительном взлете своей карьеры он решил, что пришла пора пробовать. Коля посетил академика Ю. А. Овчинникова, в то время ответственного в АН за всю биологию и химию, включая закрытые разработки в области соответствующих вооружений. Правда, Коля, очевидно, не понимал ни масштабов, ни остроты зрения Ю. А. — тот видел собеседника с первых жестов и слов. Здесь у Коли ничего не получилось, избрание в АН ему в тот момент не светило. (О Ю. А. можно было бы много чего сказать, поскольку работали мы в 60-х в одном здании и формально общались, но это будет сильно за пределами данного фрагмента.)

Тогда Коля решил зайти иначе. Суть простая: президент АМН, как правило, избирался академиком и в АН в силу высокой номенклатуры поста. (Совсем хорошо, если это был еще и достаточно видный ученый, тогда и вовсе все были довольны.) Короче, Бочков стал работать со своими связями в отделе науки ЦК, намекая, что АМН определенно постарела (что вообще-то было верно), а потому нужна свежая струя и «более глубокое понимание современных направлений и задач научной медицины», то есть попросту копал под Н. Н. Блохина. Это удивительно, как плохо он «считал», хотя сидел в АМН каждый день и имел возможность наблюдать Н. Н. еженедельно. Такие деятели «малой академии», как Н. Н. Блохин, А. В. Снежневский, Г. В. Морозов, — это же своего рода тоже «зубры», с академическими корнями еще в 50-х годах. Таких нельзя было отправить в отставку просто так, приятно поговорив с кем-то из своих бывших сокурсников, окопавшихся в отделе науки ЦК, с напоминанием о совместных днях молодости, ибо сокурсники были юнцами, когда эти зубры были уже «известными деятелями науки».

Так и с Колей. Беседы его в ЦК тут же становились известными Н. Н. Блохину. У меня нет времени и желания рассказывать, как аккуратно Н. Н. преподал Коле уроки «академической борьбы», в которую оказались вовлеченными ряд видных генетиков и вообще масса всяких людей: научные работники, журналисты и, конечно, наивная рядовая общественность. Надо сказать, что в какой-то момент всей этой бодяги мне даже пришлось поучаствовать в комиссии, формально защитившей Колю, когда на него в Минздрав поступила полуанонимка (я говорю «полу», так как письмо было без подписи, но авторы легко вычислялись по содержанию письма). Я в этой комиссии отстаивал в основном лабораторию Кирилла Гринберга, которого Коля просто гноил с тех пор, как Мадам умерла. И хотя формально я подписал своего рода «резиновый» ответ на ту «жалобу» (прежде всего потому, что вообще не уважал анонимные письма в науке, независимо от их содержания), но в «инстанциях» откровенно изложил свое мнение о Бочкове. Мне сказали, что всему свое время. Многие подробности из сказанного выше я узнал лишь два-три года спустя, а в те ранние 80-е у меня еще сохранялись какие-то иллюзии в отношении Коли.

Один определенно «забавный» эпизод вполне красноречиво характеризует Колины приемы, впрочем, не самые драматические. Где-то ближе к концу 80-х на расширенном заседании совета по медгенетике при АМН обсуждался вопрос о принципах организации и эффективности работы медико-генетических консультаций в стране. Заправлял в этом совете Коля, но формально председателем был его сообщник членкор АМН В. И. Иванов (в прошлом якобы любимый ученик Тимофеева-Ресовского). К медицине он имел отношение только тогда, когда болел сам и ходил в поликлинику на прием к врачу. Вообще же — специалист по радиобиологии растений, позже проявивший интерес к изучению занятных мутаций у дрозофилы (скажем, когда на голове мушки вместо усика-антенны развивается конечность). Проблема сама по себе интересная и со временем могла бы иметь отношение к человеку и даже к медицине. Правда, уже тогда было ясно, что все самые важные открытия по молекулярному анализу этих мутаций сделаны в Европе и США. (Кстати, оказавшись в Чикаго, я все 90-е годы с большим удовольствием занимался эволюционной систематикой этих так называемых гомеотических генов и даже опубликовал пару статей по данному вопросу. Думаю, что Володя Иванов «порадовался» бы за меня, познакомившись с этими материалами.) В любом случае к практической работе медико-генетических консультаций это все никакого отношения не имело. Однако как председатель совета Иванов прямо влиял на решения дел, в которых ничего не понимал. Так вот, на том расширенном заседании совета я прямо сказал, что они не разбираются в вопросах, которые берутся решать, и больше беспокоятся о своей монополии на решения, а не о деле. А Коле напомнил, что «он с больными дела никогда не имел и о практической медицине читал только в учебниках мединститута, содержание которых, естественно, забыл за давностью лет». Какова была Колина реакция? На самом заседании никакой, ибо его мало волновало, что будет думать на этот счет пусть даже большая часть присутствовавших. Кто они? В основном работники среднего звена из академических и частью клинических институтов. Это для него несерьезно. Хуже, если случайная волна донесет такое выступление «наверх». Вот это надо пресечь на корню. Надо, чтобы в верхах Коля воспринимался прежде всего как «высокоавторитетный врач-практик»! Соответственно, через три или четыре дня (точно не помню) в центральной газете «Известия» неожиданно появляется колонка в разделе науки, где читателям сообщается о крупных достижениях Института медгенетики как раз в области практической медицины. Но и это лишь цветочки. Главная ягодка — это фото самого директора института в белом врачебном халате и даже в белой хирургической шапочке! В тексте сообщения еще кое-что о больных детишках, с которыми директор нежно общается. Отродясь Колю никто и никогда не видел в хирургической шапочке, если не считать случаев, когда он студентом мединститута, возможно, присутствовал в операционной на показательных занятиях. Я позвонил в редакцию газеты в отдел науки и спросил, как это они умудрились чушь такую напечатать. А заведующий чистосердечно мне сказал, что попросил их на днях кто-то из АМН «рассказать советскому народу об очень важных достижениях советской практической медицины» и материал этот дал: «Какие у нас основания не доверять мнению из АМН? Но в следующий раз мы, конечно, будем более внимательны». И действительно, какие у них основания не доверять?!

Так-то вот, уважаемый Виктор Миронович! Нехорошо как-то получается, клеветник вы, оказывается! Утверждаете, что такой международно признанный авторитет, как Николай Палыч, в практической медицине ни уха ни рыла, а вот центральная советская газета «Известия», горячо любимая нашим народом, сообщает, что именно он — выдающийся врач-гуманист и даже глубоко слабоумные детишки в нем души не чают. А кстати, в партии-то вы у нас не состоите, да и с пятым пунктом совсем плохо, да и связи у вас, как нас информируют, очень и очень сомнительные. Вот ведь к осужденному тунеядцу некоему Бродскому, ныне высланному из страны, возили передачи, а опозорившего высокое звание советского ученого некоего Сахарова у себя в кабинете принимали и даже пальто ему подавали. А у самого-то у вас как с душевным здоровьем? Если что, мы помочь можем в этом деле. У нас признанные эксперты есть.

И это совсем не ирония. На другом официальном заседании с Колей (а «совещались» мы частенько), прошедшем за год до этого и на которое даже старика Тимофеева-Ресовского для поддержки вытащили, Бочков вполне серьезно сказал, что дескать не следует обращать внимание на то, что Виктор Миронович тут говорил, потому как он, по мнению специалистов, в данный момент в плохом психическом состоянии и нуждается в лечении. Разумеется, меня эти его потуги даже не рассердили, потому как за все годы даже Снежневский никогда не решался публично заявить что-нибудь похожее. А директор «судебки» им. Сербского Г. В. Морозов — «большой друг» некоторых диссидентов — и вовсе общался со мной вполне адекватно, как с любым здоровым человеком. Так что при наличии таких экспертных оценок расстраиваться по поводу Колиных глупостей у меня не было времени. Однако особый цинизм его заявлений был вовсе не в содержании, а в том, что именно он затрагивал эту тему, ибо в ранние времена сам он просил моей помощи в связи с состоянием своего близкого родственника в данном контексте. Помнил он об этом, конечно, но прекрасно понимал, что врачебная этика не позволит мне ответить ему тем же (кстати, с большими основаниями) ни в частных разговорах в коридоре, ни тем более в публичном выступлении. Впрочем, только со временем я осознал, что поступкам его не следует удивляться, поскольку характерны они для особого, относительно редко встречающегося типа индивидуальности (подробнее объясню чуть позже). И обвинять его в этом нельзя. Важно, однако, вовремя распознавать природу подобного поведения и не попадать в его тенета.

Кстати, Тимофеев-Ресовский выступил на том заседании очень странно, так что мне стало ясно, зачем Коля заставил его прийти, хотя старик был далек от практической медицинской генетики. И раньше некоторые шутки Н. В. содержали элемент скрытого раздражения по поводу достижений молекулярной биологии на Западе, а потом и в Союзе (помните «ДНКаканье-РНПуканье»?). Позже антизападные высказывания в стиле Солженицына стали у него более явными. Личное общение его с писателем-пророком не прошло бесследно. А в этот раз Николай Владимирович и вовсе огорошил тем, что осудил закупки на Западе центрифуг, секвенаторов и другой аппаратуры и реактивов, предназначенных для исследований генов. Он упоминал, правда, что надо самим развивать такого рода производства (что абсолютно правильно), но это так, между прочим, а основной пафос все же состоял в том, что забыты, на его взгляд, классические генетические подходы популяционной генетики, разработанные отечественными учеными. Все это было странно слышать в то время, когда успехи молекулярной генетики явно обещали серьезные достижения в практической медицине при поиске причин тяжелых и распространенных заболеваний, а также и в практической селекции животных и растений. Более того, в большой академии А. А. Баев уже готовил базу для задуманного им советского геномного проекта и детальное обоснование программы для Совмина. На этом фоне стенания Н. В. казались непонятными для непосвященных.

Между тем тут были две независимые мотивации. Одна Колина — в общем-то понятная многим. Он руководил институтом, то есть относительно большим коллективом исследователей, в котором было десятка два лабораторий. Там было много способных и частью даже талантливых научных работников, которые хорошо делали свое дело. Но в целом в его институте не было крупных достижений. А в наиболее перспективных областях, связанных с молекулярными исследованиями генома человека, институт был значительно позади всего лишь одной лаборатории у нас в Институте психиатрии. Его это сильно раздражало, особенно когда на докладах из нашего коллектива в зал набивался народ так, что даже ломали дверь и выступления приходилось переносить в большую аудиторию (так, например, было в 1982 году на Всесоюзном генетическом съезде, кажется в Кишиневе). Не имея четкого видения и занимаясь в основном интригами в «Акамедии» и у себя в институте, Коля, по сути, проморгал смену направлений в молекулярной биологии, которая от прежних сугубо базисных исследований вдруг переключилась на явно прикладные, включая медицинскую генетику. Он все еще тщился доказать, что его исследования находятся в русле большой науки, и именно такое выступление Тимофеева-Ресовского он мог использовать в своих играх в АМН и в глазах своего коллектива.

А у старика были иные проблемы. При всей его интеллектуальной мощи он чувствовал, что остался позади. (Власть, конечно, была виновата в этом, отстранив его сразу после войны от науки на длительное время, как раз в самый начальный период зарождения новой молекулярной генетики.) Его исключительно красивые работы на дрозофиле в 20—30-х годах по пенетрантности и экспрессивности гена, а также по использованию биофизических методов для выяснения структуры и размеров гена вошли в коллекцию классических. Однако в новой эпохе с ДНК, РНП, клонированием и секвенированием любых генов на любых объектах те работы уже не могли служить прямой методической основой для новых экспериментов. Это примерно как ожидать от А. Эйнштейна, который так и не признал квантовой механики, чтобы он восхищался нынешней теорией кварков и свертывания 16-мерного пространства до трехмерного в теории суперструн. (Впрочем, с кварками еще можно примириться — есть там некая эстетика, но вот относительно свертывания многомерных суперструн — тут, на мой взгляд, товарищи «квантовики» сильно увлеклись.) Время ушло, и он это понимал. И иногда произносил, хотя и негромко, всякие колкости в адрес современной молекулярной генетики. К тому же такие «научно» мотивированные фрустрации накладывались еще на его политическое недовольство «державно-патриотического» характера в солженицынской версии. Разумеется, большинство присутствовавших на том заседании понятия не имели обо всех этих тонких материях и взаимодополняющих мотивациях, исключая, пожалуй, лишь В. Иванова, который был достаточно умен и не мог не знать чтобы не знать, поскольку старика, по-видимому, именно он и привел на заседание по заданию Коли.

Нельзя не отметить, что из нескольких наших учителей старшего поколения (я имею в виду в основном Москву), пожалуй, лишь Мадам и Р. Б. Хесин смогли после возрождения генетики реализовать свой потенциал достаточно полно, несмотря на всю новизну молекулярных идей и методов. К сожалению, научная судьба в новой генетике остальных: Тимофеева-Ресовского, Дубинина, Раппопорта, Эфроимсона, Алиханяна — отражала элементы драмы. У каждого из них это было в силу разных причин и в разной степени, но, к сожалению, это так. И во многом здесь, конечно, вина советского режима. (Мадам, например, присудили докторскую без защиты по совокупности работ, когда я подходил уже к своей кандидатской, то есть с опозданием на двадцать лет. То же было и с В. П. Эфроимсоном.)

Тут я хотел бы временно отклониться от бочковского сюжета и немного задержаться на паре фактов, почерпнутых мною из непродолжительного пересечения наших дорог с И. А. Раппопортом, и как раз на таких, которые еще не освещались авторами, уже писавшими об очень неровной судьбе этого замечательного человека. Многие из генетиков старшего поколения знали, конечно, что И. А. прошел всю войну разведчиком, потерял в результате тяжелого ранения глаз, трижды представлялся к Герою Советского Союза, но всякий раз в последний момент что-то не срабатывало — это я для прохановых-шафаревичей. Кстати, состоял он и в партии, но, насколько я помню, открыто расстался с ней после сессии ВАСХНИЛ в 1948 году, на которой принципиально и резко выступил против безграмотных проповедей Лысенко, хотя и понимал, что возражает Сталину. Как ученый И. А. известен в мировой генетике прежде всего своим крупным вкладом в разработку концепции химического мутагенеза. Вместе с тем он так и не признал ключевой роли ДНК в явлениях наследственности, хотя эта роль была окончательно доказана с начала 50-х годов. Дело тут вот в чем. Еще в конце 20-х годов академик Н. К. Кольцов сформулировал революционную концепцию о самовоспроизведении биологических макромолекул, которая служила по сути основанием для будущего развития всей молекулярной биологии. К сожалению, тогдашние представления о ДНК как о структурно очень простой и «скушной» молекуле не позволяли увидеть в ней потенциальную основу для колоссального генетического разнообразия живых организмов. С другой стороны, огромное разнообразие возможных аминокислотных последовательностей в белках уже тогда было вполне очевидно. Именно поэтому Кольцов предположил, что белки как раз и являются структурной основой гена и способны к саморепродукции. Эта вторая часть концепции позже — с развитием микробной и молекулярной генетики — была отвергнута, но И. А. неизменно сохранял приверженность первоначальной идее мэтра на протяжении всей своей жизни. Понятно, что почти все его коллеги рассматривали это как анахронизм или чудачество. Это было особенно удивительным на фоне того, что он продолжал успешно развивать теорию и практические приложения химического мутагенеза на дрозофиле, используя, как и все генетики, мутагены, действующие на ДНК.

У меня нет разумного объяснения этому крайне редкому в истории науки психологическому парадоксу. Поскольку мы изредка встречались в гостях (брат И. А. был женат на ближайшей подруге моей сестры, которая знала меня с детства), я как-то попытался очень деликатно затронуть спорную тему. И хотя у И. А. не было какой-либо повышенной чувствительности к проблеме, развернутой аргументации мне не удалось услышать. Позже он, впрочем, представил таковую в довольно объемистой монографии «Микрогенетика», на публикацию которой АН долго не давала разрешения. Довольно активно этого не хотел и

В. А. Энгельгардт. Это был, пожалуй, единственный случай, когда я отчетливо не соглашался с моим бывшим директором. Он просил Мадам и меня высказаться относительно монографии И. А. Я сказал тогда, что книга написана очень сложно, что автор использует свой особый понятийный аппарат, который часто трудно сопоставим с общепринятым в молекулярной генетике, но, с другой стороны, в книге собран богатейший фактический материал по химическому мутагенезу и это интересно и важно для специалистов. В конечном счете со временем книгу И. А. все же издали. Объективность требует сказать, что у В. А. были свои резоны. Во-первых, как ученому и одному из основателей молекулярной биологии ему казалось странным нежелание И. А. принять то, что уже стало каждодневным научным фактом. Во-вторых, были и элементы чисто ситуационной академической политики, хотя лично к И. А. это не имело никакого отношения. Просто в то время в АН иногда еще проявлялись, особенно в среде философов-идеологов и селекционеров-«мичуринцев», рецидивы «лысенкоизма», и В. А. опасался, что кто-то из таковых использует «особое» мнение И. А. для критики новой биологии. Сейчас все это может показаться наивной возней, но тогда многое выглядело иначе, особенно в свете совсем уж не столь исторически отдаленных идеологических кампаний 30-х, 40-х и 50-х годов, когда партия и органы ликвидировали не только отдельных ученых или крупные научные школы, но и целиком научные дисциплины. В. А. прошел суровую школу и все это хорошо помнил.

Вместе с тем И. А. не был зашоренным и замкнутым одиночкой. Он довольно активно участвовал во многих общественных событиях, происходивших в среде генетиков, поддерживал живые контакты со многими коллегами, а в своей лаборатории в Институте химической физики обучал новое поколение генетиков. Иногда даже встревал в так называемые «академические интриги», хотя не по собственной инициативе, а лишь откликаясь на обращение кого-то из старых коллег-друзей. С одной такой интригой я столкнулся в 80-х годах. В то время Н. П. Дубинин вынужден был оставить пост директора Института общей генетики (ИОГ), хотя оставался там, заведуя довольно большой лабораторией. Директором был назначен известный одесский селекционер-генетик А. А. Созинов. Я упомянул о нем, когда рассказывал о Жене Ананьеве, которого Созинов как раз и пригласил заведовать в своем отделе новой лабораторией молекулярной генетики растений. Причин смены руководства в ИОГ я не знал и вдаваться сейчас в рассуждения по этому поводу не имею оснований, тем более что ближе с ситуацией в ИОГ и самим Созиновым я познакомился заметно позже. Знаю только, что ситуация эта была все время сложной, в коллективе были всякие «течения» и «группы» за и против прежнего и нового директора, а Н. П., естественно, использовал свои возможности осложнить новому директору жизнь. Сделать это было совсем не трудно, поскольку в Одессе Созинов много лет директорствовал как раз в том самом институте, из которого в былые времена ушел на повышение Трофим Лысенко, то есть факт, который в новые времена можно было подавать в подходящей упаковке.

Я упоминал раньше, что группой нейрогенетики у Дубинина заведовала очень своеобразная дама, бывшая сотрудница В. П. Эфроимсона, с которым она в 70-х годах сильно разошлась. И хотя у обоих — и у Н. П., и у его сотрудницы — были очень сложные личные отношения с В. П., но в свете новой ситуации 80-х годов они снова «нашли» друг друга. Другими словами, они убедили В. П., что Созинов — «это очень плохо для генетики вообще и уж для генетики человека особенно»! Эфроимсон — человек страстный, особенно когда речь заходит о защите научных истин и самой науки. По большей части эта его деятельность приводила к позитивным результатам, хотя попутно он наживал себе много недоброжелателей среди номенклатурных «ученых», преимущественно в АМН. Но в «большой» академии В. П. был менее известен. (Отдельно и без деталей замечу, что я сильно расходился с ним по части генетики шизофрении и ряда других заболеваний, и за это он был очень сердит на меня. Однако я никогда не позволял себе выходить за рамки деликатного несогласия, особенно в публичных выступлениях.) Короче, В. П. привлек к критике Созинова еще и Раппопорта. А это была уже явно «тяжелая артиллерия». Во-первых, было общепринятым, что И. А. является абсолютно принципиальным человеком и не примыкает ни к каким «лагерям» внутри генетического сообщества. А во-вторых, к тому времени он уже был в составе АН и мог «влиять».

Вот на этой стадии меня тоже частично задействовали, но уже с другой стороны. Правда, я постарался вовлечься лишь на короткое время. Приехал как-то ко мне в лабораторию Женя Ананьев, описал ситуацию в их институте и передал просьбу А. А. Созинова поговорить с И. А. и осветить проблему более объективно. К тому времени я уже знал о многих позитивных аспектах деятельности А. А. в ИОГ, особенно его поддержку молекулярно-генетических исследований, да и сам он как человек производил вполне приятное впечатление. Я согласился поговорить с И. А., хотя понимал, что беседа будет трудной. Разумеется, я не пытался вдаваться в частности всех событий в ИОГ и убеждать И. А. в том, что он косвенно способствует усилению напряженности в большом научном коллективе. Сначала я пытался доказать лишь общий тезис о том, что любой большой ученый, прежде чем бросать свой авторитет на ту или иную чашку «весов правосудия», должен иметь точную и полную информацию о ситуации и не полагаться только на мнение одного-двух уважаемых им коллег. Это надо потому, говорил я ему, что истинная мотивация поступков и мнений у всех у нас очень сложная и далеко не всегда прямо следует из тех аргументов, которые многие из нас выставляют в дискуссии открыто. И. А. мне в ответ сослался на то, что у него нет оснований не доверять мнению Эфроимсона в отношении Созинова и того, что присходит в ИОГ, так как В. П. всегда отстаивал правое дело науки. Тогда я привел ему такой пример. «Вы знаете, — говорю я И. А., — что у нас с В. П. разные взгляды на генетику шизофрении, причем В. П. абсолютно убежден, что он прав, а мою позицию считает не просто ошибочной, но еще и очень вредной. Последнее В. П. объясняет весьма своеобразно: „Поскольку-де в глазах сообщества Гиндилис известен как грамотный генетик, значит, в его несогласии с Эфроимсоном могут быть какие-то научные основания, но на самом деле таковых нет и несогласие это обусловлено вненаучными или околонаучными соображениями, а потому для науки это вредно». Теперь, — говорю, — допустите, что В. П. просит вас поддержать его в полемике со мной по поводу генетики шизофрении. Ясно, что вас с ним связывают заведомо более давние и более прочные научные и дружеские отношения. Но, с другой стороны, достаточно ли это для того, чтобы только по одной этой причине сказать, что теория Эфроимсона о мономутантном генокопировании при шизофрении — это серьезная наука, а модель олигогенного наследования по Гиндилису — это чушь собачья и даже вредная чушь! Я думаю, И. А., что вы предпочли бы скорее избежать участия в такой дискуссии, сославшись на то, что нейрогенетика — это не ваша область». Выслушав все это, И. А. без энтузиазма, но все же согласился, что в данном конкретном случае у меня есть резоны так ставить вопрос, но в случае с ИОГ и Созиновым ситуация совсем иная. Я, однако, продолжал настаивать на том, что он основывает свою позицию на мнении лишь одного уважаемого им коллеги, хотя хорошо было бы выслушать мнения многих, прямо вовлеченных в ситуацию сотрудников ИОГ. На этом мы и расстались. У меня сложилось впечатление, что если я и зародил какие-то сомнения у И. А., то не слишком глубокие. «Мир науки» и «мир ученых» очень переплетены, но все же это разные феномены человеческой культуры. Первый отражает (на каждый данный момент) чистую логику и некий элемент гармонии и временной завершенности, второй — кипящие страсти ложно трактуемых мотиваций и иррациональных чувств, а нередко просто примитивных эмоций и амбиций. Однако и при всем этом действительно большие ученые оставляют некое научное наследие, которое служит источником знания для их учеников и сотрудников и вообще для новых поколений. Таковыми, несомненно, были и Тимофеев-Ресовский, и Раппопорт, и Прокофьева-Бельговская (Мадам), и Дубинин, и Эфроимсон, и многие другие из их поколения генетиков 30—40-х годов, от которых мы приняли эстафету генетического знания.

И по возрасту, и по интеллекту, и по вкладу в науку Бочкова в этом ряду, конечно, «не стояло». Они были многогранны и многолики в своих достоинствах и недостатках. В нем ничего многоликого нет. Он ясен и прост, как абсолютно высохшая ветка на дереве российской медгенетики, из которого он тридцать лет высасывал соки не для какого-то относительно разумного дела и даже не для собственного удовольствия (это еще можно было бы понять), а просто в силу порочности. Примитивный карьерист и зоологический жидофоб, он лишен не какой-то там высокой, а самой обыденной житейской морали, при всех скидках на шаткость самого понятия «общепринятая мораль». Как генетик, в сравнении, скажем, с Тимофеевым-Ресовским или Эфроимсоном, — просто школьник, и даже не из старших классов, хотя формально он имеет звание академика, а они такового не удостоились.

По наблюдениям Кирилла Гринберга, который к любому начальству относился обычно подчеркнуто почтительно, у Коли слабо развито так называемое гедоническое чувство, то есть чувство наслаждения жизнью (даже унижая или оскорбляя кого-либо, он не может испытать чувства «психологического освобождения», хотя обычному типу мстительных людей это как раз очень свойственно). Многие поступки его вполне объяснялись наличием своеобразного комплекса так называемого «серого вещества» — помните актера Игоря Ильинского в роли завклубом Огурцова в «Карнавальной ночи» Э. Рязанова: «Не такое уж оно у меня серое, как вы думаете!»

Знающие люди могут, правда, упрекнуть меня и напомнить, что докторскую я защищал (в 1979 году) в институте Бочкова, и весьма успешно. Здесь нет противоречия. Ситуация была особой. В тот момент мое психиатрическое начальство меня еще «любило», а Коля, стремившийся на вершину иерархии АМН, вовсе не хотел в тот момент иметь проблемы со Снежневским и Вартаняном. (В отличие от Дубинина, он-то как раз постоянно считал варианты.) Однако в более подходящей ситуации, скажем, как в случае с моей кандидатской, его ученый совет, в отличие от дубининского, проголосовал бы прямо противоположным образом — скорее один «за» при тех же оппонентах и дополнительных отзывах, ибо Коля — исключительно злопамятен. Чуть позже я расскажу об одной печальной истории.

Задумывал Бочков и много более опасные интриги. В начале 80-х еще здравствующая Мадам как-то потребовала от меня разъяснений относительно «диссидентства» Кирилла Гринберга. Оказывается, Коля всерьез убеждал ее, что Кир руководит сионистской организацией у них в институте и об этом знают в райкоме партии, требуя от него принятия мер. Странно! То ли он крутился в самых низах при органах и не знал деталей, то ли держал всех за полных идиотов. Кирилл с выпускного класса школы (с середины 50-х) был под оком у органов, еще тогда проявивших к нему интерес и пытавшихся вербовать его. В 60-х органы снова напомнили ему о себе, предложив «сотрудничество» вторично. Стучать на коллег он, конечно, отказался, а вот мнение свое об общем состоянии дел в советской биологии и особенно в медгенетике высказывал тем же органам вполне откровенно. С тех пор жил он в постоянном страхе, чем и объяснялись некоторые мелкие особенности его поведения. Ну какая тут «подпольная сионистская организация», да еще и руководство ею! Полноте! Право, все это и не смешно, и не грустно. Это просто скверно. Можно было бы рассказать и совсем возмутительные эпизоды Колиной деятельности, хотя для этого надо бы иметь в дополнение к генетической еще и юридическую квалификацию.

Кстати, самое время сказать подробнее о Кирилле. Официально свое мнение я однажды уже высказал, когда написал некролог в журнал «Генетика» (т. 25, № 10, 1989). Здесь же позволю себе упомянуть более частные вещи. В части 1-й я говорил, что познакомился с Киром, когда перевелся во 2-й Московский мединститут из Караганды. Оказалось, что мы с ним и жили почти по соседству. Он — в одном из арбатских переулков, рядом с известным театром (им. Вахтангова, кажется), а я — с другой стороны улицы Арбат, ближе к Кропоткинской. Первое, что меня поразило в его типично арбатской квартире, — это одна из комнат, по всему периметру которой от пола до потолка (без всякого преувеличения) стояли стеллажи, уставленные большими и малыми аквариумами, в которых либо резвились, либо величественно проплывали восхитительные рыбки всех расцветок и форм. Дело было к вечеру, и в комнате светились только лампочки, обогревавшие аквариумы. Это создавало обстановку некой таинственности. Очень скоро я понял, что Кирилл являет собой тип настоящего испытателя природы, нежно ее любящего и глубоко понимающего, да еще с колоссальной эрудицией в самых разных областях биологии и медицины. И вообще натура очень художественная. Плюс к этому исходно доброжелательный практически к каждому, с кем сталкивался. В отличие от меня, скажем, он избегал резковатых замечаний в лицо. Все, кто его знал, относились к нему с огромным уважением, за единичными исключениями, которые остаются на совести самих этих исключений. Были у него, конечно, свои проблемы. В частности, выступал он перед аудиторией суше, чем писал на бумаге, что иногда сковывало его мысль, которая была на самом деле глубокой и свежей. Избегал математики и компьютерного анализа, не любил статистику, хотя и понимал, что иногда это столь же важно, как и эксперимент. Впрочем, многим истинно художественным натурам это свойственно.

Самое ужасное, однако, что не успел он выразить весь свой огромный потенциал ученого. Много сил, здоровья, да фактически и жизнь (умер он в 53 года) отняло у него противостояние с Бочковым и его клевретами, которые после смерти Мадам в середине 80-х сочли ситуацию подходящей, чтобы выжить Кирилла из института, а лабораторию его расформировать. Докторская его диссертация была почти готова. (Мадам уже тяжело болела и попросила меня прочесть рукопись, чтобы вынести окончательное суждение. Я сказал тогда, что после небольшой редакции этот материал можно представлять к защите. То же самое сказал я и ближайшим сотрудникам Кира — Валере Кухаренко и М. Фрейдину, чтобы помогли ему оформить таблицы и другие иллюстрации.) Но у Кирилла все нервы уходили на противостояние с Бочковым, административные инсинуации которого были неисчерпаемы.

(Честно говоря, я никогда не мог понять, зачем Коля это делал. Кирилл в своем общении с любым начальством, включая Бочкова, всегда отличался абсолютной лояльностью и готовностью выполнять требования директора, пусть и казались они ему неуместными. В отличие, скажем, от меня он избегал любой, даже малой напряженности с администрацией. Такой был характер. Кстати, за год до того, будучи в комиссии, проверявшей бочковский институт по поводу анонимки, упоминавшейся раньше, я сказал замдиру В. Иванову, что хотя Кир — человек богобоязненный, но такие люди, оказавшись загнанными в угол, способны иногда на неожиданное сопротивление. Они не вняли моим разумным советам. Думаю, что для Коли главным раздражением служили еврейство Кирилла и глубокий его ум. Да и Кирова борода — очень уж она походила на Марксову, что должно было особенно раздражать «светловолосого и голубоглазого» арийца Бочкова, хоть и коммуниста.)

Впрочем, кто-то может сказать, что от одного из ближайших друзей Кира, да еще и человека прямо заинтересованного, ибо были у меня свои счеты с Колей, иной — «неискаженной» — картины ожидать трудно. Что могу сказать на это? Во-первых, я лишь один из очень многих, кто мог бы добавить фактов похлеще. А во-вторых, давайте послушаем самого Кирилла. Мама его, Анна Александровна, собрала после смерти Кира из его архивных материалов (фрагментов писем, философских размышлений, записанных «в стол», стихов, сказок, которые он сочинял детям своим, отзывов друзей) книжицу «В память о сыне», ксерокопированную на собственные ее средства частным образом — всего-то пятьдесят копий. Сделала она это для детей и ближайших друзей Кира. Я здесь цитирую лишь малую толику.

Вот фрагмент из его письма писателю Амлинскому. «Только что кончил читать Вашу повесть, опубликованную в журнале „Юность“. Дали мне ее „на ночь“, чтобы утром передал другим. Вот я полночи и читал. Сознаюсь — временами плакал. А пишет Вам не сентиментальный юноша, а Ваш ровесник, 50-летний седой и бородатый мужчина, отец троих детей. Вы написали повесть о Вашем отце и его времени, но это повесть обо мне и моем времени. Я родился и вырос почти там же, где и Вы, — и пути наши в детстве, наверное, пересекались. <…> Главным местом моего детства была Собачья площадка и Молчановка, и разорение и гибель этих мест я видел уже в зрелом возрасте. И генетика вошла в мою жизнь рано. Я часто бывал в доме учительницы биологии, у которой в 20-е годы училась моя мать. Моя бабушка, журналистка, далекая от биологии, попросила меня узнать у Екатерины Алексеевны (так звали учительницу) — кто прав: Лысенко или вейсманисты? На мой прямиком поставленный вопрос Екатерина Алексеевна (старомодно-учтивая, волосы собраны в пучок, белая блузка, длинная юбка) ответила неожиданно резко, даже грубо: „Лысенко жулик, он не ученый», — о чем я сообщил бабушке. А через некоторое время арестовали нашего соседа квартирой ниже, друга моей бабушки. Он был врач-психиатр и до войны работал в Медико-генетическом институте (который ликвидировали в 1937 году). Это мне потом рассказала бабушка, а я помню только, как всю ночь она и мать жгли в печке (у нас на Арбате до конца 50-х годов было печное отопление) книги, бумаги. <…> Будучи любителем аквариума, каждое воскресенье ездил на Птичий рынок. Там вывешивали объявления о работе Московского общества испытателей природы. <…> И вот я вижу строчку, подчеркнутую красным карандашом: „Секция генетики — Доклад Кирпичникова — Генетика аквариумных рыб“. Как мне повезло! И генетика, и аквариумные рыбы, да еще в Обществе испытателей природы (звучит-то как!), да еще основанном в 1805 году! <…> Так что уже более 20 лет я работаю в той области, к которой стремился со студенческой скамьи, — в медицинской генетике…»

А вот фрагмент из художественно-философских размышлений с датой «1974 год». «Изокосмоэстезия (первый опыт описания особого типа ощущений — своего тождества, слитности со всем сущим. Частный случай этого — симпатия, сострадание, сочувствие — изоантропоэстезия). <…> Я ощутил вечернюю тоску и тихую печаль во время заката и страх Божий после захода, в час Зверя. Я видел первый луч восходящего солнца, который разом избавлял от ночной тревоги в час Человека и Птицы. Однажды я поздно лег и рано проснулся, быстро встал, еще свеча догорала, а небо уже светлело — солнце готовилось к восходу. Я подошел к окну, тумана уже не было, который вечером в низинах пучился белесым чудовищем. И сразу, как птица, я чирикнул стихами, которые так мучительно-трудно складывались в городе или днем:

Свеча в бутылке, грубый стол,
А солнце медленно вступает
На леса зубчатый престол.
И розовый клочок тумана,
Как бы краснея от обмана,
Что страшным ночью притворялся,
В лучах нежарких растворялся...»

Вот еще забавные размышлизмы по поводу февральско-мартовских советских праздников — Дня мужчин и Женского дня: «.... Способность мужчин ценить прекрасное проявляется подчас в необычных формах, в частности в страсти к разведению аквариумных рыб. Посетите Птичий рынок, и вы убедитесь, что аквариум — это чисто мужская страсть. <...> Аквариумоводство — благородное, увлекательное, поучительное и художественное занятие. Настоящий аквариум — это синтез глубоких научных знаний и искусства. Для того чтобы создать такой аквариум и разводить рыб, нужно основательно изучить экологию, биологию, генетику и селекцию рыб, биологию растений и беспозвоночных, нужно знать систематику, химию воды, биогеографию, латинский язык и массу других вещей. Селекционеры при помощи генетических методов создают настоящие шедевры живописи, комбинируя цветные пятна на теле рыб. Ребенок, который увлекается аквариумом, наблюдая за поведением рыб, увидит, сколь прекрасными могут быть отношения между полами и какую самоотверженность подчас проявляют оба рыбьих пола в охране и воспитании потомства. Занимайтесь аквариумоводством! (Консультации — у П. Л. Певницкого и К. Н. Гринберга)».

Теперь по сути дела. Это из статьи обозревателя «Медицинской газеты» (22 сентября 1989 года) Н.Сафроновой: «...В мае „Известия“ (№ 125, московский вечерний выпуск) опубликовали статью с красноречивым названием „Растрата“. Речь не о деньгах — о кризисе в медицинской генетике, о положении дел в головном институте. <.... > В числе кадровых бесчинств администрации „Известия“ рассказали историю травли известного в стране генетика — Кира Николаевича Гринберга. Он умер в начале этого года от рака. Зачем так точно о диагнозе? Да гонители прикроются им непременно: дескать, причем здесь травля? Конечно, болезнь, поразившая ученого, неумолима, это правда. И все же случившееся напоминает убийство. Отнюдь не английское <...>, а наше с вами, обыкновенное, московское, коих мы не раз становились свидетелями. <...> Человек и могуч, и хрупок. А „мастера“ знают, куда бить, чтобы — больнее. <.... > Уже смертельно больной и знающий, что — смертельно, нашел в столе подметное письмо. Грубый пасквиль, с ругательствами, под „уголовников“. Кто же это, в научном-то коллективе? И не вызовешь на дуэль. <...> Пришел однажды молодой коллега, <...> после санкционированной начальством неаттестации [Кира]: „Простите, не могу дальше жить. У меня просили на Вас компромат. Простите, если можете, простите“. Умер он [Кир] вскоре после Нового года, который любил встречать с детьми...»

Между прочим, подметное то письмо сотрудники Кирилла сохранили. Были там слова, которые журналистка не решилась цитировать. А слова-то вполне типичные: «Сволочь, <...> если ты не прекратишь, то на твоих глазах детей твоих детей изуродуем, а жену твою вые...» Позже сотрудники Кира, сравнив машинописные шрифты, установили, что письмо это было отпечатано на машинке, принадлежавшей одной из сотрудниц в лаборатории самого Коли. Уже недавно кто-то из бывших сотрудников Кирилла говорил мне, что продолжает та сподвижница благополучно делать научную карьеру, тем более что Коля нынче снова властвует — уже вице-президент АМН.

Наконец, вот и мнение самого Кирилла. Это из письма в газету после того, как его, всесоюзно известного 50-летнего ученого, у которого учились десятки других, Бочков снял с должности заведующего лабораторией и с помощью ручного ученого совета перевел в мэнээсы: «...Мне 50 лет. По образованию я врач, в студенческие годы работал фельдшером и медбратом, после окончания мединститута по распределению — психиатром в Калининской области. Четверть века — в генетике. <...> Являюсь членом-учредителем Всесоюзного общества генетиков и селекционеров имени Н. И. Вавилова, активно участвовал в работе всех генетических съездов. <...> В Институте медицинской генетики АМН СССР работаю со дня его основания. <...> Я обвиняю директора этого института, академика АМН СССР, <...> члена партбюро, и прочая, и прочая, Н. П. Бочкова в губительной кадровой политике, во вредоносном стиле руководства, которые привели к отставанию медицинской генетики в нашей стране по ряду важнейших направлений...» Честно говоря, мне мучительно все это писать и переживать заново.

Было бы, однако, большой ошибкой думать, что только в одном Коле все дело. В конечном счете он имел формальное право директора поставить вопрос о лишении Кира лаборатории, если считал это полезным для *своего* института. (Вопрос о том, насколько это действительно оправданно, в данный момент я не обсуждаю.) Но вот физически голосовать за весь ученый совет, чтобы сделать Кира мэнээсом, он не мог. В этом он опирался на своих клевретов В. И. Иванова, Е. К. Гинтера, С. И. Козлову, Н. П. Кулешова и других при молчаливом согласии *бывших друзей* Кирилла, многие годы часто восторгавшихся им при жизни Мадам: Ксаны Краснопольской, Туси Ляпуновой, Толи Ревазова и других. Совершенно банальным является утверждение, что ни один негодяй никогда не действует в вакууме. Добивается он своего, только опираясь на «молчаливое содействие» многих из тех, кои считают себя вполне достойными и предпочитают иногда даже дистанцироваться от негодяя. Что из этого следует? Очевидно, прав был Ф. М. Достоевский, говоря, что в самой основе своей грешен человек (я бы здесь предпочел использовать скорее слово «гнусен») и никакие исторические и литературные примеры ничему его не учат. Из столетия в столетие одни и те же причины, сюжеты и приемы интриг. Варьирует лишь аранжировка. Хотел бы я, чтобы кто-нибудь «очень мудрый» объяснил мне, какова должна быть стратегия выживания (отнюдь не успеха, а просто относительно спокойного выживания без подлостей, предательств и т. п.) в таком неприятном сообществе двуногих созданий. Впрочем, все это можно было бы считать не более чем инфантильной риторикой, если бы для некоторых наших коллег и даже друзей это не заканчивалось трагично.

Скажем, работал в том же Колином институте (в лаборатории А. Ф. Захарова) спокойный, доброжелательный, неконфликтный старнач Бенюш, который поддерживал с Киром дружеские отношения. Этого-то ему и не простили. Никто не знает, чего от него Коля добивался, только факт остается, что умер Бенюш в метро, возвращаясь домой сразу после напряженной и неприятной беседы с Бочковым. Кто-то скажет — случайное совпадение. Но вот полтора года спустя после смерти и Кирилла, и Бенюша внезапно умирает еще и Толя Ревазов. Буквально за несколько дней до этого мы с Натальей (я имею в виду Броуде) встретили его с Юлей в очереди за билетами в Германию. Они собирались провести там отпуск. Был Толя даже моложе Кира. Ну, разумеется, курил он, как и все мы, очень много и плохие сигареты. Еще выпивал иногда. При его полноте и склонности к сосудистым проблемам все это, конечно, только ускоряло поражение сосудов сердца. Но все же главным, как я понимаю, были стресс и внутренний разлад, в которые ввергла его бочковская среда. Не мог он не переживать, что отношения его с Киром полностью расстроились, когда он по сути поддержал Колину интригу с переводом Кира в мэнээсы. А через год повторилась почти аналогичная история со мной. Уже после смерти Кира я подавал в их институт на должность заведующего лабораторией клинической генетики. Понятно, что Бочков и все его клевреты сильно наделали в штаны. Разумеется, его ученый совет двенадцатью голосами против трех провалил мои надежды оказаться наконец в том самом институте, создания которого лет двадцать назад до того мы же и добивались вместе с Мадам, Эфроимсоном и Киром. Голосовал Толя против моей кандидатуры. И хотя воспринял я это спокойно и отношений с ним не прерывал, но понимал он, что такой его поступок выглядел со стороны очень сомнительным, ведь многие годы мы дружили домами, постоянно встречались на всех семейных праздниках и т. п. Разумеется, при большом желании все можно объяснять «случайным стечением обстоятельств». Но не слишком ли много «совпадений» для одного места и времени? Вот почему те, кто знал ситуацию в бочковском институте, считали, что все три потери (и Кира, и Толин, и Бенюша уход из жизни) — большой грех на Колиной душе. Есть такая у него, но очень уж она своеобразная — сильно отличается от обычных форм души. Я давно написал некие научные заметки под общим названием «Эволюционная анатомия души», где даю определение таким понятиям, как душа, индивид, личность, интеллект, характер, деятельность, творчество и другие, обсуждая эволюционные корни этих феноменов. Кому-то это могло бы показаться занимательным. Но времени нет окончательно отредактировать и точку поставить.

Теперь о последнем эпизоде в этом бочковском сериале. В какой-то момент в 70-х годах в моем рабочем кабинете в Институте психиатрии поместил я над своим рабочим столом примечательный фотоснимок. На нем очень удачно были засняты беседующие лицом к лицу Солженицын и Тимофеев-Ресовский. Когда-то раньше негатив этого снимка дал мне Юра Богданов с просьбой размножить его (почему не он сам, я этого не спрашивал). Я сделал у себя в лаборатории довольно много отпечатков в разных форматах, часть которых осталась у меня (я собираюсь включить это фото в данные мемуары). Один мой знакомый генетик в Томске прослышал об этом фото от своих студентов, которые делали в 80-х годах дипломные работы в моей лаборатории. Коллега этот, Анатолий Полищук, заведовал кафедрой генетики и медико-генетической консультацией в Томске. Он тоже захотел поместить это фото у себя в кабинете в институте, где преподавал. Я отослал ему копию большого формата, которую он и водрузил у себя на стене. Для него, однако, это кончилось трагично — «делом» в органах, лишением работы и прописки в Томске. (Теперь он живет и работает в Израиле.) Такие были времена. Барствовал тогда в Томске известный всем Егор Лигачев. Понятно, что персек обкома всегда санкционирует такого рода акции, поскольку речь идет о профессоре вуза. Однако не сама та фотография была истинной причиной — она оказалась лишь официальным поводом дать «делу» ход. Причины были более прозаические —

еврейское происхождение профессора и занимаемая им позиция заведующего кафедрой в медвузе. А это не устраивало Колю Бочкова, главного борца за «этническую чистоту» российских кадров в медгенетике. Коля давно подобрал на эту ключевую в местном масштабе позицию своего человека — столь же «голубоглазого и светловолосого» и такого же «эксперта», как и он сам. Случай этот очень напоминает мне историю с «тунеядством» поэта И. Бродского.

Как понимать фигуры типа Бочкова? Это важно, чтобы не делать ошибок при встрече с такого рода людьми и распознавать их изначально. Попробую объяснить свое понимание. Главное в его индивидуальности — это отчетливая *анэтопатия*, или *недоразвитие психических компонентов, ответственных за формирование этического чувства, с которым связаны такие черты личности, как стыд, совестливость, сострадание и т. п.* Это не болезнь. Это типология индивидуальности с акцентом на морально-этические критерии. В особо резко выраженной форме анэтопаты встречаются относительно редко. Много чаще встречаются *диз-* и *олигоэтопатии*, которые формируются более градуально и проявляются в продвинутой молодости или зрелом возрасте. Развиваются они, конечно, на некоторой предрасполагающей генетической основе, но главным образом *в силу культуральных факторов*. Скажем, имеем заурядного прохвоста, у которого изначально (благодаря влиянию семьи или ближнего круга общения, а также господствующей в обществе ментальности «скрытого» плана) *механизмы этического контроля поведения* созревают замедленно и не полностью. Если в силу обстоятельств такой индивид оказывается во власти и переживает впечатляющий карьерный рост, он обычно быстро овладевает многообразными приемами интриг, а окружающая среда не только усиливает его устремления, но и предоставляет ему все больше и больше бюрократических средств для достижения своих целей и для расправы с несогласными. Чем благоприятнее сопутствующие обстоятельства, тем скорее это завершается формированием *дизэтопатии*. В других случаях изначальная *олигоэтопатия* (то есть по-житейски «не очень порядочный» человек) в сходных обстоятельствах и с течением времени может заметно углубиться с переходом в дизэтопатию. Кто-то скажет: «Все это слишком зыбко и очень субъективно! Тысячи мудрецов за два с лишним тысячелетия так и не сподобились выработать *четкие и приемлемые для всех* критерии моральной оценки поступков, поведения и деяний». Тогда я спрошу вас: что общего между такими деятелями, как, например, Мартин Лютер Кинг, Кальвин, Гитлер (и все остальные в его ближайшем окружении), Ленин, Сталин, Берия, Мао Цзедун, Хомейни, Саддам Хусейн и т. п.? Почти все мы много чего уже читали и знаем об этих людях.

Так что основания для моих рассуждений легко проверяются, что называется, прямо по ходу дела. Итак, что общего? А то, что они считали *любое убийство, в том числе и массовое, вполне оправданным, если это требуется и освящено их расовой, религиозной, идеологической, геополитической, внутриконфессиональной (внутрипартийной) или, в самом общем случае, ксенофобической мотивацией.* Сегодня кажется почти очевидным, что любая подобная мотивация изначально аморальна. И значит, тот, кто продолжает оправдывать свои или чужие деяния, основанные на подобной мотивации, является анэтопатом. Я не вижу в данной трактовке каких-либо логических противоречий или сложностей в приложении такого подхода к конкретной социально-политической реальности.

В нашей обыденной жизни мы, разумеется, не каждый день сталкиваемся с деятелями, ответственными за массовые убийства невинных. Скорее мы имеем дело с теми, кто, имея властные средства и по причине все той же ксенофобии (понимаемой в самом широком смысле, то есть включая реакцию на простое *несогласие с мнением*), злобно унижает и оскорбляет кого-то или неоправданно ограничивает чьи-то возможности, причем делает это для своей личной выгоды (за пределами здравого смысла и интересов общины), а часто — чтобы просто удовлетворить извращенно понимаемое эмоциональное удовольствие. Теперь, в зависимости от того, как часто и широко подобный индивид практикует указанную мотивацию в своих межличностных отношениях и общественных деяниях, мы можем судить о характере его (ее) этопатии, то есть является ли она резко выраженной (анэтопатия), или умеренной (дизэтопатия), или относительно мягкой (олигоэтопатия).

Подходящий пример — Е. К. Гинтер. (Этот тоже, как и Бочков с Ивановым, из обнинской лаборатории Тимофеева-Ресовского. По образованию врач, но в той лаборатории занимался дрозофилой.) Первоначально производил впечатление вполне достойного исследователя, немного суховатого, но вообще-то доброжелательного в общении с коллегами, с независимым мышлением, да и знал он медицинскую генетику более глубоко, чем Коля и В. Иванов. Одно время я думал, что с ним можно найти общий язык по поводу организации медико-генетических консультаций. Но от длительного пребывания в среде, созданной Бочковым и совершенно лишенной, даже по советским понятиям, весьма относительных норм научной этики, он постепенно и заметно менялся. Однажды он ввел меня в шок своим потрясающе откровенным цинизмом. Как-то я зашел к нему в кабинет, чтобы обсудить возможности компромиссного решения вопроса все о тех же генетических консультациях. Он вдруг прервал меня и неожиданно сказал: «Ах, оставьте, Виктор Миронович! Все проще. Сегодня мы наверху, и вам это не нравится. При чем тут больные и консультации? Вы хотите наверх.

Вас не пускают. Вот и все наши расхождения!» В данном случае его, очевидно, «прорвало», так же как и писателя В. Астафьева в известной переписке с литературоведом Н. Эйдельманом, ходившей тогда по рукам. Дело даже не в том, что звучало это предельно цинично. Это просто глупо. Будучи беспартийным евреем с репутацией довольно жесткого критика «невзирая на лица», я всегда знал, что у меня нет никаких шансов попасть в так называемые «верха», о которых вдруг забеспокоился Гинтер. Я наивно думал, что и они это ясно понимают. Оказывается, вовсе нет. Они всерьез держали меня за конкурента. Ну, Коля — ладно, он примитивен. Но Гинтер и Иванов! Вроде бы неглупые люди.

С В. И. Ивановым чуть проще. С одной стороны, его неглубокая дизэтопатия почти не менялась, как у Е. Гинтера, несмотря на ту же бочковскую среду. В чем тут дело? Иванов, по счастью, сам и ответил на этот вопрос, по крайней мере частично. Как-то Мадам спросила его о том, не собирается ли он избираться в АМН. На это В. И. заметил, что он слишком ленив, «любит больше на диване полежать, кофе попить и книжку почитать, а для суеты с избранием у него явно не хватает необходимого запала». На самом деле все это не помешало ему однажды поучаствовать и стать членкором АМН. И была, конечно, в таком его ответе некая доля рисовки. Но вполне возможно, что, беседуя с Мадам, он в тот самый момент искренне так думал. И действительно, карьерный заряд был у него наименее выраженным из всей этой обнинской троицы. Сильнее всего карьеризм был выражен, конечно, у Коли. В меньшей степени, но был и у Гинтера. Таким образом, как раз отсутствие сильного карьерного заряда у В. Иванова предохранило его от значительного углубления начальной дизэтопатии, даже в условиях бочковской среды.

У меня не было намерения представить здесь научный трактат по этопатиям. Я даю лишь наброски и привожу самые короткие и простые в изложении примеры, которые могли бы приблизительно пояснить, о чем идет речь. Но, вообще говоря, если надо было бы написать детальную научную статью, как это принято в психологических исследованиях личности, я мог бы привести много хорошо и детально обоснованных примеров, показывающих всю важность этой проблемы, как, впрочем, и ее сложность.

Узелок семнадцатый
ПОРА УЕЗЖАТЬ!

Я упоминал уже, что к середине 80-х административные интриги в нашем психцентре достигли апогея и я оказался в очень сложной ситуации. Описывать все события этого противостояния, длившегося почти четыре года, — это для толстого тома остросюжетного романа. В нем были бы задействованы сотни две активных персонажей, включая лаборантов, научных сотрудников, завлабов и профессоров, три академических института, верхушка АМН и Минздрава (два министра и два президента успели поучаствовать), два московских райкома партии, отдел науки Московского горкома партии (уже при Б. Н. Ельцине), Отдел науки ЦК, Комиссия партийного контроля при ЦК и даже пара членов и кандидатов в члены Политбюро, а на поздней стадии два ведущих зарубежных научных журнала «Nature» и «Lancet» тоже откликнулись на некоторые события. Ну и, конечно, местные наблюдатели из органов. Все это художественно описать под силу лишь настоящим писателям, скажем, Солженицыну или Проханову. Мне как рядовому работнику науки это определенно не удастся. Тем не менее об одной сюжетной линии имеет смысл рассказать, предварив это коротким введением в главную «интригу», иначе будет непонятно, что от чего.

Я говорил раньше, что после своего избрания в АМН Марат Вартанян в известной мере успокоился и жизнь в его лаборатории продолжалась вполне сносно. Более того, он активно поддержал мои планы, когда на рубеже 80-х я решил интенсивно развивать новое направление в экспериментальном изучении генома человека молекулярными методами за счет известного сокращения усилий в прежнем (клинико-генетическом и генетико-эпидемиологическом) разделе наших исследований. (К этому меня определенно подтолкнули беседы с Женей Ананьевым, который тогда как раз разбирался с «прыгающими генами» у дрозофилы.) Но аппетит у Марата рос вместе с расширением как этих, так и других исследований в его лаборатории. Он, оказывается, вынашивал далеко идущие административные планы.

В Москве было два крупных научно-клинических центра АМН, которые возглавляли известные академики-медики — Н. Н. Блохин (Онкоцентр) и Е. И. Чазов (Кардиоцентр). При этом оба центра — предмет зависти ученых в других, менее обеспеченных учреждениях. Даже академик Ю. А. Овчинников, руководивший огромным Институтом биоорганической химии в АН и отнюдь не страдавший бедностью (по сути, многое в советской химии и биологии как раз и зависело от его мнения), еще только начинал строить свой особый научный центр. У Марата, при его амбициях, не могла не возникнуть идея организации чего-то подобного в виде Центра психического здоровья АМН. Вообще говоря, идея вполне достойная. Как-то я положил ему на стол подробно расписанный план такого центра, который включал три института: клинической, социальной и биологической психиатрии. Один из них — клинический — как бы уже был, а два других могли быть созданы путем выделения эпидемиологического отдела нашего института и сильно разросшейся собственной лаборатории Марата в отдельные институты. При этом в смысле руководства этими тремя институтами все было продумано вполне разумно: Снежневский руководит всем центром, Рубен Наджаров — клинической психиатрией, Марат — институтом биологической психиатрии, кто-то еще — социальной психиатрией. Но я явно недооценил его задумки. Он внимательно посмотрел мои бумажки и сказал: «Убери это подальше и никому не показывай!» «Ну что ж, — подумал я, — хозяин — барин!» — как говорил обычно один из моих сотрудников-молекулярщиков, когда был недоволен моим решением.

Я забыл о том разговоре с Маратом. А у него были совсем сногсшибательные планы. Он хотел одним махом сравняться и с Блохиным, и с Чазовым, то есть сразу стать директором нового центра в целом. Но и это еще не вся беда. Отказавшись от идеи выделения своей лаборатории в институт биологической психиатрии, он решил включить в этот новый центр еще и институт мозга, который тихо-мирно существовал с 1928 года, когда был создан по решению ЦК специально для изучения мозгов выдающихся советских деятелей (Ленина, Маяковского, Горького и других). Но эта маратовская идея вовлекала в исходно очень сложную ситуацию дополнительный «академический муравейник», весьма далекий от психиатрии Снежневского и пришедший «в ужас» от такой неожиданной перспективы. Таким образом, Марат поставил себе почти неподъемную задачу. Мало того что через свои связи надо было убедить цековские «верха» в разумности такого необычного плана, но надо было еще и заполучить согласие самого Снежневского на добровольную сдачу позиций. В отличие от Бочкова в ситуации с президентом АМН, Марат, правда, пошел вроде бы честно и в открытую. Но, как и Коля, он недооценил поколение «зубров». Чисто по-восточному он решил ублажить А. В. почетом и лестью. Он обещал ему директорство институтом клинической психиатрии и еще… большой красивый памятник прямо у входа в новое большое здание центра еще при жизни А. В. Это не байка. Приглашенный Маратом скульптор (ранее уже создавший бюст бровастого генсека) даже приходил на прием к А. В., чтобы снимать с него мерку в прямом смысле. Понятно, что старик, вообще-то презиравший примитивные почести и грубую лесть, воспринял это почти как похороны, скульптора прогнал, а Марату этого уже не простил.

Развернулась по-советски характерная подковерная борьба, в которую были вовлечены Р. Наджаров и партком (с многолетним секретарем Ю. А. Поляковым, завлабом психологии, — тоже, кстати, хороший пример начальной формы дизэтопатии), поддержавшие старика, а с другой стороны — Марат, явно ему благоволивший Н. Н. Блохин, а из Ленинграда еще академик Н. Бехтерева помогала, чем могла, и уж совсем «в тени» — Е. И. Чазов (позже объясню почему). Кроме того, отдельно были Институт мозга и стоявший за ним академик Д. С. Саркисов (отец его, тоже академик, — известный нейроморфолог и в давние годы один из первых директоров этого института). Они и вовсе хотели обезопасить Институт мозга от посягательств любых психиатров. (Между прочим, Д. С. Саркисов и еще А. Г. Чучалин, пришедшие в верхи АМН несколько позже описываемого момента, принадлежали, по моим наблюдениям, к наиболее разумным и терпимым деятелям, насколько это было вообще возможно на таком номенклатурном уровне в условиях советской системы.)

При этом сам Снежневский постоянно делал вид, что он вполне готов отдать Марату желаемое. Это фантастика, это надо было видеть, как матерый академический «зубр» убедительно играл жалкого старика, который уже мало что понимает, чуть ли не слабоумный и спокойно мирится со всем безобразием, происходящим вокруг него. Он даже подписал подготовленный Маратом текст рекомендации о назначении Марата на пост директора нового научного центра. Вокруг Марата и его жены — завлаба патоморфологии в нашем же институте — уже радостно тусовались доброжелатели. Я, надо сказать, хотя и не знал в тот момент многих важных деталей, однако ни секунды не верил внезапному «слабоумию» директора. В какой-то назначенный день Снежневский отправился с тем заявлением к кандидату в члены Политбюро Зимянину, который курировал тогда всю науку и медицину. Перестройка еще только подозревалась, и в верхах продолжали господствовать мастодонты геронтократии. Они-то старика знали как бы в глаза, как давнего и авторитетного кремлевского консультанта, а кто этот молодец Вартанян — никто и «не слыхал». Была здесь еще одна «незначительная» деталь. У другого влиятельного кандидата в члены Политбюро, ответственного за идеологию, в зятьях был не кто иной, как Г. В. Морозов, директор «судебки» им. Сербского. А вот с ним-то у Марата уже давно были крайне скверные отношения, поскольку Марат нехорошо «подставил» Г. В. перед коллегами на Западе. Что ж тут удивляться, что на приеме у Зимянина старик услышал слезные просьбы всего партийного руководства, что «негоже так внезапно бросать отечественную психиатрию на произвол неизвестно кого». Снежневский, разумеется, тут же от «слабоумия» выздоровел, привезенную бумажку отправили в корзину, а Минздраву и АМН дали знать, чтобы незамедлительно решили все проблемы с организацией нового научного центра (даже с включением Института мозга) во главе с директором А. В. Снежневским и замдиректора по науке М. Е. Вартаняном. При этом никакого там института биологической психиатрии — все крупные исследовательские группы в бывшей маратовской лаборатории сами становятся официальными лабораториями (в том числе и моя генетическая) в составе Института клинической психиатрии во главе с Р. А. Наджаровым. Таким образом, Марат оставался «при деле», но формально терял всю свою огромную лабораторию. Он был в шоке, и первым пострадавшим оказался, согласно бихевиористской концепции поведения животных, конечно же, автор этих мемуаров — я ведь был как бы особью рангом ниже, которых в момент острой фрустрации и стресса положено клевать. Как говорится, «здрасте посрамши».

Конец завязки — простой и очевидный. Снежневский с Наджаровым стали меня провоцировать, чтобы я Марата игнорировал. Но тут была еще одна красивая и чисто советская задумка, которыми любое начальство в Союзе располагало в изобилии. Замдиректора Марата назначили, но деньги под эту ставку из Минздрава предусмотреть в спешке якобы «забыли». Но не оставлять же большого ученого без зарплаты — вот и использовали зарплату руководителя генетической лаборатории, то есть попросту мою. В результате хотя я и считался действующим заведующим, но зарплату получал как старнач, ибо конкурс на эту позицию они намеренно не объявляли. При этом мне давали понять (всякими «научно» мотивированными предлогами), что официально я стану заведующим, если буду придерживаться определенной линии. На это я, со свойственной мне беспартийной прямотой, отвечал, что не хотел бы встревать в сложные отношения на «ихнем верху», но пока Марат получает предназначенную мне зарплату, это означает, что начальство именно его считает заведующим и я, следовательно, формально обязан исполнять его инструкции, хотя меня это и не радует. Вот на таком основании я и балансировал около года.

И мог бы еще долго держаться. Дело было не в сотне ежемесячно теряемых рублей — не скажу, что они были бы лишние, но все же не настолько, чтобы сильно суетиться. Мог бы, если бы все двадцать с лишним сотрудников моей лаборатории продолжали вести себя должным образом, невзирая на всякие дрязги наверху и дешевые посулы. К сожалению, народ был в основном молодой, не очень устойчивый к административно-бюрократическим разборкам, а некоторые и вовсе увидели для себя в такой ситуации возможность ускорить свой рост (Марат и Рубен обещали зарубежные командировки, продвижение в должности и т. п.). Естественно, стали возникать проблемы с исполнением запланированных исследований, с подчинением. Текущие вопросы, которые раньше решались в короткое время, теперь либо длительно обсуждались («а стоит ли исполнять» мое решение), либо просто игнорировались и т. д. по стандартной схеме. Когда на ваших глазах вашего научного руководителя начальство каждодневно подвергает унизительным проработкам, лишь немногие могут сохранить этически мотивированную устойчивость. (Крупный научный авторитет академик А. В. Снежневский, по идее ежедневно занятый консультацией больных и уже в сильно продвинутом возрасте, не отказывал себе в удовольствии приходить из другого здания, подниматься пешком по длинной лестнице на третий этаж лабораторного корпуса в мою лабораторию, чтобы в 9:30 утра забрать журнал учета рабочего времени без моей подписи и тем самым зафиксировать мое отсутствие в положенное время. При этом он, конечно, знал за прошедшие лет пятнадцать, что, появляясь на работе в 11—12 часов дня, я ежедневно покидаю лабораторию в 11—12 часов ночи. Рассматривая это как особого рода акцентуацию моей личности, он тем не менее видел в этом и пользу для работы. А теперь вдруг включился в бюрократическую кампанию по укреплению рабочей дисциплины. И это лишь самое нежное из обширного ассортимента давления.) В подобной ситуации лишь немногие старначи, мэнэсы, старлабы и стажеры способны сохранить должное уважение к своему завлабу и держаться вместе с ним до лучших времен.

Неудивительно, что одна из лучших лабораторий по генетике человека в стране стала разваливаться на глазах. Лаборатория, в которую ежедневно приезжали генетики и медики со всей Москвы и из всех республик Союза, чтобы учиться или вести совместные работы, а зарубежные ученые, визитировавшие чуть ли не каждые два-три месяца, удивлялись технологическому оснащению, новизне методических разработок и, соответственно, качеству и перспективности наших научных результатов. Никого из сцепившейся в схватке троицы — Вартанян, Снежневский, Наджаров, да на подхвате еще «идейный партком» во главе с Ю. Поляковым — развал такой лаборатории не беспокоил, а скорее даже радовал. Узел затянулся настолько, что развязать его было уже трудно. Дело дошло до того, что один из самых близких мне сотрудников как-то в моем кабинете послал меня подальше буквально. Правда, был он при этом слегка под градусом, что само по себе говорило о многом, и я понял, что об меня вытирают обувь. (Впрочем, много позже — уже в Штатах — мы возобновили прежние дружеские отношения и частенько общаемся.) Тот узел надо было разрубать!

Я подготовил письмо в Отдел науки ЦК, где сжато изложил суть ситуации. Показал письмо Кириллу Гринбергу, который с момента смерти

Мадам находился примерно в таком же положении в бочковском институте. (Он с сотрудниками уже обращался в АМН за поддержкой, но там шла своя возня и было не до него.) Кир одобрил мое решение и добавил свой материал. Мы послали письмо в ЦК потому, что ни «Медакамедия», ни Минздрав никогда всерьез не стали бы со всем этим разбираться. Мы поднимали руку на очень мощный академический клан, проросший связями до самого верха. Законный вопрос — а почему была уверенность, что ЦК поможет? А ее и не было. Кирилл тогда спросил меня, что я думаю о возможном исходе. Мой ответ был такой: «С твоей лабораторией все будет в порядке, а со мной, возможно, будет и хуже». Был ли это поступок отчаяния? И да, и нет. Вспомним обстановку в то время. Я отослал письмо 3 апреля 1985 года. В стране только месяц как сменился генсек. Пришедший Горбачев заговорил что-то невнятное о каком-то ускорении. Номенклатурная геронтократия еще правила бал. Но у меня было ощущение (благодаря ежедневному чтению газет «Правда» и «Известия», которые за много лет я научился читать между строк), что скоро что-то начнет меняться. И я решил попробовать, чтобы потом, если безуспешно, иметь право сказать: все доступные возможности я использовал, а теперь идите подальше, я уезжаю.

Не имеет смысла рассказывать все, что последовало затем. Завязка начала развязываться, а может, и стягиваться сильнее, но я уже говорил, что в полном объеме эта история — для толстого романа. Как и обещал, затрону лишь один занимательный сюжет, отснятый как бы скрытой камерой. Какое-то движение началось месяца через два. Меня пригласили побеседовать в отдел науки ЦК на Новой площади, рядом с Лубянкой. Приемная ЦК для населения меня потрясла обстановкой — нечто среднее между вокзалом небольшого города и приемным покоем психиатрической больницы. Люди, ежедневно прибывающие туда со всех концов огромной страны, вызывали своим видом и поведением очень смешанное чувство — одновременно и искренней жалости, и — мне стыдно сказать — известной брезгливости. Большинство из них, очевидно, были доведены какими-то функционерами этой системы до последнего состояния, когда уже нет сил и смысла смотреть на себя как бы независимым взглядом со стороны. Правда, когда я, угнетенный увиденным, сказал об этом работнику, пригласившему меня на беседу, он осуждающе заметил мне: «Не судите об этих людях, если не понимаете...» Мне показалось, что он опустил конец этой мысли — «всей трагичности их положения». Из этого следовало, что беседовал со мной, возможно, приличный человек, чего я не ожидал.

Беседа в цековском отделе была ознакомительной и явной надежды не прибавила. Очевидно, наверху шла какая-то предварительная возня с решением вопроса — давать или не давать ход этому делу. И у Бочкова, и у Марата в этом отделе были, конечно, свои люди. По крайней мере одного я знал. Это был мой сокурсник по Московскому мединституту, но с другого факультета. Знакомство было шапочным, поскольку я перевелся туда на старший курс. Однако ребята из нашей студенческой группы хорошо его знали и однажды, спустя лет двадцать с лишним, пригласили на очередную ежегодную встречу нашей группы. Было это еще в самом начале данной истории, когда наш психцентр только создавался. Из рассказов цековского аппаратчика за столом я понял, что он хорошо знает верхушку АМН и вообще академическую элиту. Он курировал в этом отделе все медицинские кадры. При этом, показав ладонь и сжав ее в кулак, он жестко сказал: «Я их вот так всех держу». И добавил: «Эти ваши академики после каждой командировки за кордон бегут ко мне с отчетами и подарками». Но вообще-то он не особенно фанфаронствовал и вел себя доброжелательно. В какой-то момент он спросил у меня: «Что там у вас нового в вашем новом психцентре?» И хотя мы оба знали, что в нашей верхушке идет подковерная борьба, я ушел от освещения подробностей, сказав только, что «хочу вот организовать медико-генетическую консультацию для больных и их семей, но дирекция смотрит на это скептически». Вартанян, надо сказать, поддерживал эту мою идею, но Наджаров и Снежневский сочли это вмешательством в их клиническую епархию, поскольку консультация предполагалась при моей лаборатории. Дня через три после этой встречи Марат довольно иронически заметил мне, что он в курсе моей ремарки. Из этого я понял, что моя наивность его только позабавила. Было это года за два до описываемого противостояния, но я о том помнил и понимал, что для надежды на объективный ход дела в Отделе науки ЦК больших оснований не было.

Впрочем, еще через пару недель ожиданий мне неожиданно передали через кого-то из коллег по работе, что возможна поддержка моих усилий на достаточно высоком уровне. У меня просили копию письма, если я готов к такой поддержке. Я, естественно, согласился и передал письмо. Через неделю мне дали телефон академика АМН Г. В. Морозова. Я оказался в довольно «интересном положении» (в кругах «образованщины» этим эвфемизмом иногда обозначали беременность). При моих связях с диссидентским миром, хотя к тому времени и не очень интенсивных, но все же отнюдь не случайных, такой контакт разные люди могли бы рассматривать по-разному и не в мою пользу. Я подумал и решил воспользоваться помощью. Какова мотивация? Простая: во-первых, я все еще думал о так называемой «пользе науки», поскольку отстаивал не только свои личные интересы, но в большой мере возможность делать серьезную науку, а во-вторых, мне было просто интересно. За пятнадцать лет я имел возможность получить довольно ясное представление о всей психиатрической верхушке в стране. И только о Г. В. я не имел никакой ясности, основанной на личном опыте общения и наблюдений. А тут такой неожиданный и редкий шанс!

Первый же мой звонок Г. В. домой несколько озадачил. Он спросил номер моего телефона и сказал, что перезвонит. Действительно, вскоре перезвонил, но сказал, что звонит из автомата с улицы. Мы договорились о встрече у входа в Дом ученых на Кропоткинской. Ему было удобно, поскольку Институт им. Сербского, как я упоминал, располагался недалеко от этой улицы. Ситуация в целом немного смахивала на какую-то конспирацию. Я удивился. Народ в психиатрических низах и диссидентских кругах (к тому же я был еще шапочно знаком с парой сотрудников из этой «судебки») упоминал о нем часто с приставкой «генерал», произнося это звание уважительно или, напротив, с осуждением, в зависимости от отношения к режиму. Этим званием народ как бы подчеркивал его тесную связь с органами. Но если все это верно, то зачем же тогда игра в конспирацию? Это могло означать, что контакты со мной могли как-то скомпрометировать его. С другой стороны, предмет обсуждения касался официальных вещей, связанных с научными исследованиями. Что ж тут компрометирующего? В общем, я терялся в догадках. Мы встретились на следующий день и с полчаса беседовали о моей научной работе и взглядах на проблемы шизофрении, прогуливаясь пешком по арбатским переулкам по дороге к его институту. (Думаю, что, как любой психиатр, Г. В. хотел сначала лично удостовериться, нет ли у меня паранойи и насколько я вообще здраво мыслю.) В один из моментов он извинился, что прерывает беседу и должен забежать в лавку скобяных товаров, мимо которой мы проходили. При этом он смущенно заметил, что-де «дачные дела и ему самому приходится заниматься там ремонтом». Под конец беседы он сказал, что лучше звонить ему в институт, так как домашний телефон «прослушивается». Тут уж я совсем удивился. Что же это — они и своих на таком уровне так контролируют? В общем, непонятно и все в целом выглядело довольно занимательно.

Где-то через неделю мы встретились снова, и Г. В. объяснил, что меня потревожат из КПК на Старой площади (Комитет партийного контроля, который был грозой всех коммунистов, кроме, возможно, самых высших цековских уровней. Там рассматривали дела исключенных из партии или реабилитированных по давним делам, так что от рядового народа они были как бы дальше, чем «наше родное ЦК»). Действительно, мне вскоре позвонили и просили явиться на беседу. В коридорах было пусто и тихо. Я прошел мимо кабинета председателя (тогда им был член Политбюро Соломенцев) и постучался к одному из его замов. На двери была очень скромная табличка с фамилией хозяина кабинета. Я почти остолбенел и задержался у двери, ибо трудно было поверить, что это не шутка. Можно было воспринять это как знак судьбы, но чьей? То ли дальше этого кабинета дело мое не сдвинется и будет похоронено (фамилия звучала просто и коротко — «Могила»), то ли что-то уготовано для моих врагов. Хозяин кабинета критически, но не слишком сурово оглядел меня и сказал, что с письмом ознакомился и делом моим будет заниматься инспектор такой-то. Понятно, что я был несколько напряжен, бледен, худ (уже много месяцев моя хроническая язва постоянно кровила) и вообще — еврей, то есть гость в этом доме редкий. Но ясности мышления не терял. Высказывания мои, произнесенные на сугубо партийном языке (напоминаю о моем ежедневном чтении «Правды» и «Известий»), произвели хорошее впечатление. (Замечу, что аппаратчики в таких учреждениях должны первым делом быстро оценить, не кляузник ли явился к ним на прием.) Под конец он неожиданно спросил: «А вы выдержите затеянную борьбу? Понимаете ли, какие силы разбередили?» Я решительно ответил, что выдержу, «если буду знать, что в инстанциях есть люди, которые понимают, что я не только о себе пекусь, а еще и о престиже нашей науки и об очень важных исследованиях». Он, по-видимому, понял, что просто так — голыми руками — меня если и можно взять, то надо потрудиться.

Затем я прошел этажом выше к инспектору. Тот попросил обождать несколько минут. Я безумно хотел курить. Но в этих коридорах не предполагались ожидающие просители. Никаких сидячих мест и тем более пепельниц. (Туалет, я так понимаю, был у каждого хозяина кабинета свой. А посетители имели это на первом этаже, при входе.) В конце коридора я забрел в какую-то маленькую комнату, где с удовольствием покурил. Здесь стоял небольшой стеллаж, на котором лежали огромные пакеты с продуктами. Некоторые из них угадывались и гляделись очень заманчиво. Полагаю, что с уходом больших людей по домам стеллаж становился пустым. (Я и раньше знал, что в цековских кабинетах у аппаратчиков даже среднего уровня в холодильнике всегда есть по бутылке водки и коньяка, икра и т. п. Если что-то было начато, то в процессе ежедневной уборки весь набор менялся на свежий.) Разговор с инспектором был по конкретным пунктам. Я изложил самые главные обстоятельства и дал рекомендации в отношении генетиков, которые могли бы участвовать в комиссии по проверке нашего с Кириллом письма. На том и расстались. Через неделю эта комиссия во главе с инспектором появилась в нашем психцентре. В ней были известные психиатры со стороны, генетики и чиновники из АМН и Минздрава. Марат всех знал, громко здоровался, смеялся и хлопал всех по спинам. Снежневский раздраженно морщился: эта была первая такая комиссия в его учреждении за все годы. Ю. Поляков не знал, что и думать, но усиленно излучаемый оптимизм Марата его успокаивал. В центре было тихое недоумение. И то, что вообще комиссия по проверке, и еще более, что возглавляет ее не какой-то знакомый крупный чин из АМН или Минздрава, а неизвестный аппаратчик из КПК. Уровень настораживал. На «допрос» меня вызвали первым, после вызывали многих моих сотрудников. В общем, пошли стандартные процедуры заслушиваний.

После первого заседания один из членов комиссии — известный московский профессор-психиатр — сказал своей супруге, тоже психиатру: «Слушай, этот ваш Гиндилис... Я думал — увижу развалину на таблетках. А он как огурчик. Ну нервничал, конечно, но как мыслит, какой язык. Такое впечатление, что он выпускник ВПШ (Высшей партийной школы. — *В. Г.*). Куда же ваши-то ученые мужи смотрели? Они что, не понимают, что паранойи там и близко нет?»

Она: «Да не в том дело. Все они прекрасно понимают. Просто привыкли, что до него любой на спину ложился и тихо увольнялся, чтобы хуже не было. Достали его, вот он и озлился. Умнее были бы, он бы и продолжал сидеть до ночи в лаборатории — глядишь, и для них же что-нибудь новенькое нашел про шизофрению».

Он: «Послушай, у меня такое впечатление, что тут без Жоры не обошлось. Ты как думаешь?»

Она: «Не знаю. Я же там давно не была. Звонила кое-кому, но они сами в догадках теряются».

Этот диалог мне рассказали месяцы спустя после всех разборов. А по поводу Жоры догадки были, конечно, справедливы: имелся в виду Георгий Васильевич Морозов. Ясно, что серьезность, с какой комиссия приступила к работе, означала высокий уровень вовлечения, ибо КПК обычно не занималась отраслевыми институтами АМН и Минздрава. Это были интересы Отдела науки ЦК.

Через три дня Марат и Снежневский поняли, что комиссия — вполне всерьез, и не только потому, что новым ветерком потянуло на верхах. Копаются во всем детально. Да и инспектор этот слишком непривычен для их круга — как бы глух и не воспринимает их стандартных объяснений. Тогда Марат сильно встревожился, забегал и задергал все возможные связи. Я это немедленно почувствовал, так как комиссия стала появляться реже и ни в какие «инстанции» меня не вызывали. Я позвонил Г. В. и спросил, что происходит. Мы опять встречались, все там же у Дома ученых, и гуляли по арбатским переулкам. Он сказал, что надо проявить терпение. Мы немного обсудили, что нового в исследованиях моей лаборатории. На этом и расстались. Ясности относительно всего дальнейшего у меня не было. Прошло еще месяца три. Инспектор из КПК все еще готовил заключение комиссии.

Последующие события сейчас уже мало интересны. Длительная позиционная борьба в течение многих месяцев. Потом вдруг появилось решение комиссии. В нашем центре состоялось партийное собрание, где Марату вкатили выговор. Я понимал, что для него это звучало ужасно. Как мне сказали, с собрания он ушел в слезах. Дело не в выговоре, который через год отменяется автоматически. Дело в самом факте, что все, до того беспрекословно выполнявшие приказы и пожелания Марата, теперь, просто подчиняясь партийной дисциплине, согласились наказать его. На бюро райкома Снежневский и Ю. Поляков тоже получили порицание. Для старика и вовсе уже неслыханное дело, единственное, наверное, официальное порицание за всю его партийную и академическую карьеру. Он, правда, отнесся к этому вполне спокойно. Либо внутри себя согласился, что переборщили они со мной в угоду собственным дрязгам с Маратом, либо там же внутри ко всей этой партийной трескотне относился на самом деле с известной долей цинизма. Все-таки он был крупным клиницистом с собственными идеями и мировоззрением. Некоторые его клинические идеи были вполне достойными. Политическое мировоззрение — с крупными изъянами, на мой взгляд, но такова реальная советская жизнь. Многие приспосабливались как умели. А приспособившись, уже не видели пути даже в сторону, о назад и говорить смешно. На это шли лишь особо мужественные. Через два года мою лабораторию перевели в тот самый третий институт нашего психцентра — в Институт мозга. Наступило некоторое административное затишье. Можно было всерьез посвятить себя компьютерной энциклопедии генов человека, которую мы с Сережей Агеевым уже начали создавать. В «окружающей среде» расцветала перестройка и ощущалось приближение бурного времени ее апофеоза.

Интересно отношение к ситуации и поведение окружающих. К стыду своему и огорчению, должен сказать, что половина сотрудников меня «продала». Некоторые несли как бы нейтральную чушь типа: «Да он особо нам не мешал, так как не очень разбирался в нашей работе, отстал от времени» (и это молодые ребята, которым я формулировал задачи исследований, учил азам эксперимента, писал вместе с ними их статьи, вышибал из дирекции зарплаты и т. д.). Один без особого стеснения даже заикался о присвоении его научных идей и результатов.

Кстати, хороший пример, как надо быть осторожным с молодым мечтателем о славе, приехавшим из глубинки. Стажером ко мне рекомендовала его Светлана Каменева, коллега-генетик и друг, со словами: «В ученье не блистал, но усердный. Может, просто парня никто еще не смог увлечь наукой. Попробуй. Ты ведь умеешь!» Не знала она, что внутри у этого парня бушевали страсти. Оказалось, что стихи пишет. Я наивно попросил почитать. Разумеется, в поэзии я не эксперт, но все же понять, что стихи его слабоватые, можно было. Из лучших побуждений я по-дружески и очень вежливо сказал тогда парню, что, дескать, «предстоит вам в ближайшие два-три года освоить много сложных методов молекулярной генетики и читать много серьезной литературы. Сейчас тратить время на стихи параллельно работе имеет смысл, если бы вы могли их опубликовать у вас была бы надежда войти со временем в серьезную поэзию. Может быть, я ошибаюсь, дело это ваше личное, но я бы пока отложил это, дал бы

„дозреть“ своим восприятиям, чувствам и взглядам на жизнь и людей». Может, он и перестал писать стихи, но не простил мне доброжелательной откровенности и затаился. А тут вот такой подходящий случай — удовлетворить уязвленное самолюбие — подвернулся очень кстати.

Из молекулярной группы только один, аспирант Борис Скрябин, проявил мужество, все это болезненно переживал и не понимал, как можно нести такой вздор. Он вместе с сотрудниками двух других групп — генетико-математической и клинической — остался со мной. Да еще старшие лаборанты, в частности Оля Меркулова, одна из первых моих сотрудниц еще с 1969 года, когда наша генетическая группа только начинала формироваться. Все годы была самой молчаливой, никогда личную выгоду не ставила вперед, работала всегда честно и добросовестно.

Больше всего меня удивили старначи из клиники — люди, с которыми я много лет провел вместе и в разборах больных, и в научных дискуссиях, и в застольях, у которых я учился и которые от меня тоже многое взяли в смысле генетического понимания патологии, которую они изучали. Эти смотрели на меня как на врага. Как-то на партбюро обсуждался вопрос о рекомендации на представление меня к званию профессора. Понятно, что это был дохлый номер в тот момент. Но как это все обставлялось! Молодой кандидат наук, который за год до этого торчал у меня в лаборатории, пока я обрабатывал все его клинические материалы и помогал формулировать текст и выводы в соответствующих разделах его диссертации, теперь обращался ко мне с издевкой и развалившись в кресле: «А почему вы, Виктор Миронович, считаете, что уже достойны звания профессора? Не торопитесь ли вы? Может, следует просто продолжить работу и показать со временем более серьезные результаты?» Каков фрукт партийный! (В конечном счете даже он не смог потом сработаться с Маратом и, разругавшись с ним, ушел из психцентра.)

Из клиницистов лишь единицы продолжали сохранять со мной отношения. Ну, Люся Пекунова — понятно: она не только знала меня давно и непосредственно работала в моем коллективе, но и убеждения наши во многом совпадали. На комиссии она попросту сказала все, что думала, хотя на нее-то начальство давило больше всего. Или вот Таня Сиряченко. Она считала, что я напрасно затеял всю эту бодягу. На правах друга убеждала меня, что бороться с этой академической мафией в наших условиях бесперспективно, что мне пришьют психиатрический диагноз и сломают всю жизнь и т. п. Я с ней не соглашался. Ситуация долго была сложной. Но, оставаясь при своем мнении, Танька на публике продолжала относиться ко мне как к другу. В нашем психцентре это тоже в известной мере поступок. Еще вот Наташа Михайлова и Валентина Москаленко продолжали при случае вполне дружелюбно общаться. В. М. отвечала за клинические описания семей близнецов, которые мы изучали, и работала под руководством Ирины Шахматовой — учителя и друга моего в психиатрии. Предвидя большой «базар», Ирина еще до организации психцентра ушла на пенсию, так что мы остались с В. Москаленко вдвоем поддерживать богатейший семейный архив института. Позже к нам подключилась Люся Пекунова. Но обе они в конечном счете ушли из этого психцентра. Миша Ванюков, кстати, успел перед своим отъездом в Штаты даже поработать с В. Москаленко в ее новом месте. (Как всегда, я упоминаю такие факты, чтобы в который раз оттенить тривиальный марксистский тезис о «всеобщей взаимосвязи вещей и явлений».)

Большинство ребят из экспериментальных отделов отнеслись ко всему вполне нормально и отношений со мной не порывали (исключая, конечно, тех, кто близко тусовался вокруг Марата и его жены). Скажем, совсем из молодых в лаборатории иммунологии — Миша Щурин — уехал потом в Штаты. (Недавно я его неожиданно встретил в Питтсбурге. Он помог Мише Ванюкову обустроить меня на новом месте — собрали они мой огромный письменный стол и люстру повесили. Самому мне это уже трудновато.) Некоторые, наблюдая ежедневно развитие событий, испытывали своего рода «фан». Один из самых первых сотрудников в коллективе экспериментального корпуса — Эрик Минскер, работавший на равных с еще совсем молодым Маратом и бывший с ним на «ты». Мы были с ним в дружеских отношениях, и он определенно сочувствовал мне в этом противостоянии, но его принципиальная точка зрения состояла в том, что все мои усилия — это халоймес и вообще-то лучше вовсе уехать из страны. Другие из молодежи находили моменты зайти ко мне и обсудить науку, чтобы тем самым как бы поддержать морально. Например, граф Истомин. Так я звал Вадима в связи с его фамилией, которая мне очень нравилась. Он из лаборатории патоморфологии, которой заведовала жена Марата. Вадим изучал структурные особенности мозга при шизофрении с помощью весьма сложной техники анализа микроизображений, сам писал компьютерные программы. Все хотел найти, что там в мозге нарушено. (О наших беседах с ним в то время по поводу природы шизофрении я расскажу в отдельном приложении и в другой раз.)

Позже АМН, под давлением отдела науки ЦК, взялась уже за Бочкова, в чем были заинтересованы в самой акамедии. В общем, как я и предсказывал, у Кирилла формально дела улучшились: его восстановили в звании старнача и лабораторию перестали преследовать, по крайней мере откровенно. Но теперь уже болезнь настигла Кира. Дело продолжил его ученик и давний заместитель Валерий Кухаренко — суперпрофессионал в клеточной генетике и на редкость принципиальный человек. Активно помогала ему многолетняя сотрудница Мадам и Кирилла, когда-то начинавшая работать еще со мной Ольга Подугольникова. Тоже оказалась стойким борцом. Разумеется, и я не ушел в кусты — помогал как мог.

В результате Коля заполучил партийный выговор, из руководства АМН его «ушли» и даже директорство свое он вынужден был отдать своему заместителю В. И. Иванову. Валеру избрали завлабом и даже председателем месткома, ибо народ ценил его честность и твердость. (Правда, после всеобщего развала и он с семьей, и Ольга Подугольникова со своей оказались тоже в Штатах. Мы с Кухарем даже успели года три пообщаться в Чикаго, поскольку он в ту же самую контору устроился.)

Интересно, что еще до завершения всей той истории Бочков обрел себе с подачи Марата Вартаняна нового спонсора — Е. И. Чазова. В АМН Е. И. был из поколения, следующего за упоминавшимися «зубрами», а потому, возможно, более восприимчивым ко всякого рода новым ветрам в научной медицине. Он свободно общался с западными учеными и с подачи Кремля легко включился в борьбу за мир (помните — «Врачи мира против ядерного оружия»), за что даже разделил с известным американским кардиологом Нобелевскую премию мира. В самой АМН он, конечно, стремился сформировать из своих сверстников ближний круг поддержки. И понятно, что он вовлек в свою орбиту, скажем, Марата. Этот грамотно говорил не только на хорошем русском без известного «днепропетровского акцента», столь знакомого всем советским по брежневским временам, но свободно общался и по-английски. И вообще имел определенный шарм общения. Но вот что полезного Чазов нашел в Коле — это удивляло, если не считать только, что он его подхватил для второстепенных поручений, в общем-то понимая истинную его цену. Для советской медгенетики чазовская поддержка Бочкова не принесла пользы. Уже в разгар перестройки мы добились создания первых кафедр медгенетики в ряде ведущих медицинских вузов страны. Чазов сам же это санкционировал (его решение было ключевым), но посадил он на руководство первой такой кафедрой в Москве именно Бочкова, который годился как лектор и воспитатель студенческой молодежи ровно в той же степени, как я, например, для руководства симфоническим оркестром с моей музыкальной глухотой.

После всех событий в нашем психцентре с Г. В. Морозовым я практически не виделся. (Пару раз приглашали меня в его ученый совет как эксперта-генетика для рецензирования диссертаций.) Что он за человек, скажем, по сравнению с тем же Снежневским? До конца не понял, поскольку видел только отдельные стороны, не во всем объеме этой общественной фигуры. Не знаю даже, был ли он действительно генералом или нет. Однако по-житейски оказался он в общении много легче. Не было в нем снобизма и презрения к коллегам, которое нет-нет да и прорывалось у старика. У Г. В. это отсутствовало, возможно, потому, что не было у него и претензии на то, что он мыслитель мирового масштаба. «Крупный советский психиатр» — такое определение для себя он считал, по-видимому, достаточным. Его конкретная область — дифференциальная диагностика психопатологических состояний и оценка вменяемости в судебной психиатрии, предмет которой охватывает также изучение психологии уголовных преступников и организацию исследований в этой области в масштабах огромной страны, где уголовные преступления на почве психических расстройств — явление совсем не редкое.

Какие-то события того времени смотрелись со стороны с некоторым искажением. Скажем, тот же Вартанян цитировался по всем радиоголосам постоянно вместе с Морозовым и Снежневским. (И Марат был этому очень рад, так как считал, что это делает его значимым и возвышает в глазах своей общины.) Но на самом деле он к диссидентам прямого отношения не имел, поскольку не был клиницистом, официально диагнозы не ставил и заключения не подписывал. Надеюсь, меня трудно заподозрить в том, что я пытаюсь его «обелить». Другое дело, что у него были иные функции, в частности, через свои широкие контакты среди зарубежных ученых он, конечно, пытался создавать впечатление, что все советские диссиденты психбольные. Но даже и это он мог делать лишь в определенных пределах, чтобы совсем не растерять доверия все тех же зарубежных ученых. С Г. В., конечно, иная история. Он санкционировал заключения по тем диссидентам, которых помещали в его институт, то есть брал на себя очевидную ответственность. Между тем надо бы вспомнить, откуда росли подобные диагностические «ноги». Теоретическое обоснование дал Снежневский, когда был директором «судебки» в конце 50-х, а практические команды шли от руководства партии и органов. Коммунист любого ранга обязан был выполнять эти требования, как и тысячи других рядовых и нерядовых коммунистов-психиатров по всей стране (например, тот же Лифшиц, главврач Калужского областного психдиспансера, в случае с Жоресом Медведевым). Такова была система. И почти все сидели в говне.

Вот вам пример, как говорят в логике, «от противного». Многие знают, что во время голодовки, объявленной академиком Сахаровым (когда он был в ссылке в Горьком), его кормили через зонд психотропными средствами. Могли ли, пусть не все, но хотя бы 50% состава АН и АМН, многие из которых с мировым именем, а какая-то часть — просто близкие коллеги Сахарова, обратиться в тот же ЦК, хотя бы неофициально, индивидуально, а лучше — коллективно, с требованием прекратить это издевательство? Мне кажется, что могли и ничего ужасного с ними не произошло бы. Однако же никто не обратился. Большинство в АН и АМН были коммунистами. Был страх перед партийной дисциплиной, ибо могли немедленно исключить из партии, да еще и «коллективку» приписать. Напомню, что со времени печально известного X съезда РКПб (в 1921 году) и благодаря «мудрому Ильичу» любые коллективные сомнения рассматривались как «фракционная деятельность», а потому как самый большой партийный грех. (Когда Ленин навязал своей партии эту чудовищную резолюцию, он, видимо, предполагал, что жить будет долго и сам не позволит «злоупотребить» ею. Вряд ли это свидетельствует о его мудрости.) Такова была система. И потому почти все сидели в говне. Скажем, тот же Снежневский. Долгое время сам он смотрел на себя как на мыслителя и одного из немногих в мировой психиатрии в смысле глубины понимания проблем и широты знаний в своей области. И какие-то основания так думать у него действительно были. Но тогда и требования к этике собственного поведения и в науке, и в административной деятельности у него должны были быть много выше. А этого по сути не было. Почему? Потому что он был коммунистом и была партийная дисциплина. И потому почти все сидели в говне.

Скажем, почему я в партию никогда не вступал, хотя мне это неоднократно предлагали и в Ульяновской больнице, и в ИМБ, и в Институте психиатрии? Тот же Ю. Поляков, наш долголетний партсекретарь в психцентре, раза три советовал серьезно подумать. Я всегда отвечал, что «еще недостаточно зрелый и работаю над собой постоянно» (!). Потому как знал, что на первом же партсобрании обнаружатся наши расхождения и в стиле обсуждений, и в том, как решения принимаются, и в этических принципах, особенно если кого-то начнут травить (а что рано или поздно кого-нибудь травить будут, можно было не сомневаться). Знал я эти свои слабости. Да и сама партия помогла мне это вовремя распознать. Я ведь в старших классах школы и в студенческие годы в Караганде был очень активным и социально ориентированным комсомольцем. Хотя понятие «социализм с человеческим лицом» появилось много позже, я уже тогда интуитивно хотел видеть именно такого рода общество. И тут же пришел в конфликт с системой. (Это поучительно, но за пределами данных мемуаров.) Так что был у меня собственный опыт, раскрывший мне глаза на то, что такое «партийная дисциплина», в результате которой все сидят в говне, хотя и на разном уровне. (Кстати, детей своих постарался я предохранить от такого опыта, когда они в школьные годы, следуя генам, обнаружили интерес к пионерско-комсомольской активности. Пришлось ненавязчиво познакомить их с историей деда Мирона и деда Венкстерна, да и про себя кое-что рассказать. Вероятно, помогло. Во всяком случае желание строить социализм, даже с приятным лицом, у них как-то быстро улетучилось. Правда, и время-то было уже совсем иное — общее брежневское загнивание, и о кратковременном энтузиазме «оттепели» 50-х никто уже и не помнил.)

А вот, кстати, почему режим загнивать-то стал? Многие на этот вопрос брались отвечать, но сдается мне, что самое главное упустили. Любят об ошибочности марксизма поговорить, особенно в российских условиях и т. п. Разумеется, были в Марксовой теории крупные ляпы, да не те, на которые обычно указывают. Впрочем, мемуары — это не то место, где такие «скушно-серьезные» вещи следует обсуждать. (О главных ляпах марксизма-ленинизма я собираюсь рассказать в другом месте.) Поэтому ограничусь здесь завершающим эпизодом из советской действительности, который, возможно, кому-то «глаза и откроет».

Уже в самый разгар перестройки пришлось мне пообщаться с журналистами, что раньше случалось крайне редко. О «журналистской безответственности» знал я поэтому только со слов других. Многие помнят, что с ранней перестройкой оживились все виды оппозиции режиму, особенно «патриотической», о которой упоминал я в 1-й части, повествуя о беседе с одним космонавтом. Пресса открыто заговорила тогда о геноциде русского народа и трагическом разрушении его генофонда (как будто бы все другие народы России только жирели и расцветали).

Время разгара перестройки было занятным во многих отношениях, и прежде всего новизной относительной свободы слова. Часто случались явные курьезы. На днях вот узнал из газеты, что умер академик В. Гольданский. Многие наверняка его помнят по тем временам, поскольку входил он в кружок «ученых-друзей» Михаила Сергеевича. Академик удивил меня тогда своей статьей о природе «хиральности» («рукости», означающей право-левую асимметрию молекул химических соединений), опубликованной в журнале «Коммунист». Сама статья — вполне достойный научпоп, только вот кому она была адресована? Могу об заклад биться, что многие секретари обкомов, увидев в заглавии статьи слово *хиральность*, предположили, что даже в их родном журнале стали допускать типографские ошибки — «вот ведь до чего перестройка доводит»!

Так вот, из отдела науки одной центральной газеты попросили меня дать профессиональный обзор на тему «о геноциде генофонда». Просили ответить, в частности, на вопрос, возможно ли вообще, чтобы революции, войны или иные социальные катаклизмы (ГУЛАГ, скажем) резко изменяли генофонд и «психологическое лицо» этноса. Тема, понятно, близкая к моим собственным размышлениям. Я написал довольно серьезный обзор на эту тему. Но попутно — «черт меня дернул» — объяснил еще, что такое «принцип Феликса». Последний я открыл самостоятельно, опираясь на высказывания Дзержинского в его собственных письмах, и объяснил также, какую важную роль сыграл этот социально-психологический механизм в неизбежной деградации советского режима. Статья моя была уже в гранках, которые я проверил и подписал. Но внезапно что-то где-то не склеилось, и гранки отправили в корзину.

Как раз в те дни был я в редакции у заведующего отделом (конечно, коммуниста), и мы обсуждали ситуацию в медгенетике. Не помню уж, как перешел разговор на Сталина (впрочем, дня через три стало ясно «почему»), но перешел. Я так, между прочим рассказал этому хмырю историю о том, как в конце 20-х годов отравили академика Бехтерева, крупнейшего психоневролога, всемирно известного еще в царские времена. Отравили после того, как он консультировал Сталина по поводу острого бредового приступа, причем в тот же вечер — не то рыбой, не то тортом. Старый академик якобы сказал тогда ворчливо кому-то из сопровождавших его лиц, что, дескать, зачем тревожили его по поводу такого легкого приступа паранойи. Я эту историю слышал в двух очень близких версиях. Одну — в 50-х от родного дяди Маца, профессора медицины, а другую — в 70-х от Вартаняна со слов Снежневского. (Последнему, в свою очередь, и под большим секретом, рассказал историю эту один старый психиатр перед самой смертью в конце 40-х.) Попутно изложил я этому заву свое мнение о психологических особенностях вождя. На том и расстались. А через три дня читаю я в «Литературке» большую статью этого зава о Сталине. И в ней вдруг вижу упоминание рассказа Снежневского, с которым автора статьи любезно ознакомил некий В. Гиндилис (который на самом деле лично с А. В. этого никогда не обсуждал). Представьте, как я себя чувствовал в тот момент, учитывая, что базар в нашем психцентре был все еще в самом разгаре, а фамилия моя вызывала у Снежневского острую аллергию. Я так и не узнал, читал ли старик эту статью. Если читал, то что он обо мне мог подумать? А ведь я, как говорится, ни сном и ни духом. Кто-то скажет: «Какая тебе разница, если он все равно за психопата тебя держал!» Разница, однако, есть, и очень важная. Когда старик меня квалифицировал, он основывался на фактах моего поведения, которые он лично видел и интерпретировал в меру своих представлений о психологии личности. Можно спорить с его толкованием, но факты были. А в случае с журналистом сам факт извращен — это частная беседа! Если журналист хотел опубликовать информацию, должен был позвонить Марату или прямо Снежневскому. Было бы профессионально честно. И все дела!

О чем речь? Конечно, случай с академиком Бехтеревым по масштабам своим — совершенно не сравнимый с тем, как меня подставил журналист-коммунист. Но в обоих случаях, как и в других примерах, описанных в разных местах этих мемуаров, мы сталкиваемся с извращенной этикой межличностных отношений. А ведь мораль-то на самом деле должна быть *общечеловеческой*, и как таковая она по сути вполне ясная (см. об этом в самом конце этого раздела).

А теперь на посошок о «принципе Феликса», упомянутом выше. Наткнулся я как-то на подборку высказываний самого Дзержинского, опубликованную в «Комсомольской правде» по случаю какой-то очередной годовщины не то органов, не то самого «железного Феликса». Тот писал (привожу по памяти): «Если в нашей работе нужно сделать выбор между не очень образованным, но абсолютно нашим товарищем и очень образованным, но не очень нашим, мы, конечно, выберем первого». Я это как прочел, так и прозрел! Серьезно считаю, что это исключительно важное обобщение. Ясно, что примат отдается доверию, а не профессионализму. Много раз я упоминал, что люблю переводить первичные данные в знания. Конечно, я немедленно стал моделировать историю советского режима согласно этому «принципу Феликса». Смотрите: в самом начале среди тех, кто, собственно, решал, кого впускать в свои ряды, а кого нет (или даже отстреливать), были еще *относительно* образованные люди. Известно, что многие революционеры учились в российских и европейских университетах и знали два-три языка, то есть «планку выбора» можно было считать еще относительно высокой. Но когда отбор действует в пользу только «абсолютно наших» и против «очень образованных» (практически по Дарвину — «менее приспособленные» отметаются), планка выбора постепенно снижается, ибо с каждым следующим поколением партийной номенклатуры в ней накапливается все больше и больше «абсолютно наших» и все меньше и меньше «образованных». (Понятно, что речь здесь идет не о формальной учебе в каком-нибудь провинциальном вузе или комсомольской и партийной школе, а об образованности в широком смысле.) Отбор был, таким образом, очень жесткий и очень направленный. Даже в природе такая прямая направленность дарвиновского отбора встречается относительно редко.

Поэтому нет ничего удивительного в том, что к 80-м годам режим пришел к очевидному результату — все «абсолютно наши» и почти никого «из образованных». Я их всех хорошо помню: *Брежнев* (как его Сталин поощрил, я уже упоминал раньше), *Подгорный* (знаете ли вы что-нибудь полезное об этом лице?), *Громыко* (этот, не раздумывая, позвонил в кремлевскую медслужбу и приказал «немедленно убрать эту врачиху», которая не смогла сразу распознать причину болезни у подростка, оказавшегося сыном дальней его родственницы), *Романов* (это про него была байка, когда его сослали послом в Китай и он прилетел в Пекин, то, глядя с трапа на толпу китайцев внизу, якобы сказал: «Ну что, жиды? Прищурились?!»), *Гришин*, *Устинов*, *Черненко*, *Язов* и прочие — все по большому счету с очень узким и темным интеллектом. Был, правда, еще Ю. Андропов, про которого говорили, что он якобы умные книжки читал и даже стихи писал. Но отбор в органы — это специальный случай: там даже требовалось, чтобы кандидаты на такую работу обладали теми или иными художественными способностями. Особенно приветствовалось профессиональное умение играть на музыкальных инструментах, петь, танцевать, рисовать, ну и стихи по возможности сочинять или по крайней мере уметь читать их наизусть.

Последнее поколение советских правителей — Горбачев, Яковлев, Шеварднадзе и в известном смысле даже Лигачев с Ельциным — это в некотором смысле флуктуация «принципа Феликса», означавшая, что кое-кто в кругах, близких к верхушке, стал осознавать пагубность самого этого принципа. Между прочим, личность А. Н. Яковлева заслуживает, на мой взгляд, много большего внимания историков советского режима. Хотя его потенциал, вероятно, не проявился исчерпывающим образом, однако сам по себе этот потенциал заслуживает пристального анализа. Кто знает, если бы А. Н. с самого начала перестройки оказался генсеком, кое-что в недавней истории России и Европы могло выглядеть иначе. (Если вы полагаете, что я преувеличиваю роль личности в истории, то советую заглянуть в послесловие. Я там рассказываю, как обстоит дело на самом деле.)

Сегодня все умные и почти все понимают, что быть коммунистом, а в условиях советского режима особенно, — это значит ежедневно приходить в противоречие с обыденными общечеловеческими принципами этики и морали. А вчера очень многие этого почему-то не понимали или гнали от себя это понимание. Итак, почти все сидели в говне. А кто не сидел? Те, кто открыто и сознательно говорили советскому режиму, что он мерзостный или преступный. Из тех, с кем я был лично знаком или кого знал, это Л. Копелев и Р. Д. Орлова, Анатолий Марченко, А. Д. Сахаров, А. Солженицын. Из тех, с кем не общался, это писатели Ю. Даниэль и А. Синявский, еще Э. Кузнецов («самолетное дело»), В. Буковский, А. Щаранский. Вот они совершали подвиги. Были многие другие, о которых мы слышали или еще нет. На днях, скажем, узнаю из перепечатки в нью-йоркском «НРС» от 8 ноября совсем фантастическую историю. Оказывается, в 1975 году замечательный русский романтик Валерий Саблин — тогда замполит на большом противолодочном корабле в Балтийском море — поднял восстание с требованиями политических изменений в стране и большей свободы для советского народа. Естественно, расстреляли. Кстати, совсем недавно, уже в 1994 году, дело частично пересматривали, статью «измена Родине» отменили, но все равно дали мертвому (!) 10 лет тюрьмы за «воинские преступления», указав в постановлении, что реабилитации не подлежит. Кто там в этой военной коллегии заседал? Все — либо бывшие, либо новые — зюгановские — коммунисты. Вот они и теперь продолжают сидеть все в том же советском говне!

А что относительно нас — всех остальных? Вопрос, надо сказать, на засыпку. Ответы могут варьировать и содержать выражения типа «видите ли, с одной стороны, как бы *нет*», а «с другой стороны, вроде бы и *да*». И впервые у меня с Орловой выявились довольно серьезные разногласия. Я ей про то, что «трудно найти сильные моральные основания у того, кто был в говне по щиколотку, показывать пальцем на того, кто оказался по колено; или этим обоим показывать пальцем на того, кто оказался по яйца. Критерии градаций здесь очень нечеткие, и при всей любви к объективным математическим методам, не взялся бы я эту шкалу градуировать». Орлова же мне в ответ очень решительно: «Вовсе не все в говне сидели! Были и такие, кто хотя ГУЛАГа избежал, но либо прямо помогал правозащитникам, либо просто оставался честным в своей повседневной общественной деятельности». Кто прав? В ответ я ей рассказываю о недавних мемуарах партайгеноссе Примакова. Этот внушает читателю мысль, что в партийно-идеологической верхушке были свои диссиденты. Он даже термин особый для таких предлагает — «внутрисистемные». О деятельности некоторых из них он пишет подробнее. И о себе не забывает сообщить, что долго был «невыездным», хотя из рассказа следует, что просто не «ндравился» еще более высокому функционеру, а вовсе не потому, что был «внутрисистемным диссидентом». Однако не в этом суть. Примаков говорит, по сути, что надо бы, вообще говоря, различать тех, кто был в говне по шейку, и тех, кто был только по колено или щиколотку. Все тот же интересный философский вопрос.

Как всегда, Миша Ванюков подыскал кое-что убедительное (с его точки зрения) в ответ на мои слова. В Интернете нашел он следующий текст из А. Галича:

«В Серебряном Бору, у въезда в дом отдыха артистов Большого театра, стоит врытый в землю неуклюже отесанный деревянный столб. Малярной кистью, небрежно и грубо, на столбе нанесены деления с цифрами — от единицы до семерки. К верху столба прилажено колесико, через которое пропущена толстая проволока. С одной стороны столба проволока уходит в землю, а с другой к ней подвешена тяжелая гиря. Сторож дома отдыха объяснил мне:

— А это, Александр Аркадьевич, говномер... Проволока, она, стало быть, подведена к яме ассенизационной! Уровень, значит, повышается — гиря понижается... Пока на двойке-тройке качается — ничего... А как до пятерки-шестерки дойдет — тогда беда, тогда, значит, надо из города золотариков вызывать...

Мне показалось это творение русского умельца не только полезным, но и весьма поучительным. И я посвятил ему философский этюд, который назвал эпически скромно:

ПЕЙЗАЖ

Все было пасмурно и серо,
И лес стоял как неживой,
И только гиря говномера
Слегка качала головой.
Не все напрасно в этом мире
(Хотя и грош ему цена),
Покуда существуют гири
И виден уровень говна!»

А что относительно самого автора этих мемуаров? Прямо скажу, что к так называемым «внутрисистемным диссидентам» себя не отношу, хотя и к тем, кто был откровенным негодяем, относить себя оснований не вижу. А все потому, что кишка у меня оказалась тонка вступить в прямое противостояние с режимом. Даже в мединститут я пошел из соображений потенциальной возможности пребывания в ГУЛАГе. Когда в силу жидофобской политики товарища Вовченко (в 50-х был такой проректор МГУ и декан химфака) меня не зачислили в университет (об этом уже говорилось в части 1-й), я вернулся в Караганду и из тамошних институтов без долгих размышлений выбрал медицинский, сказав маме: «Знаешь, талантливого инженера, как отец, из меня не получится, поскольку мышление у меня не геометрическое, а алгебраическое. А самое главное, если вдруг заберут меня в лагерь, то с врачебным образованием и опытом будет шанс выжить». На том и порешили. Как чувствовал я, что на роду мне было написано вскоре заиметь тяжелую язвенную болезнь. Лет тридцать постоянно кровил, пока вот только в 90-х, в Штатах, окончательно не избавился от этого. Тем самым хочу сказать — знал я давно, что в ГУЛАГе и полгода не протяну как в силу «скверности» характера, так и по причине язвенных кровотечений. (Очевидно ведь из всех моих рассказов, что далеко мне до солженицынского Ивана Денисовича и куда как ближе мне Анатолий Марченко. А этот умер совсем молодым.)

В общем, думаю, что сегодня важно не обсуждать, кто и по какой уровень сидел в советском дерьме, а честно и по возможности объективно рассказывать конкретные эпизоды того сидения. И может быть, выводы какие-то делать, если можем и не стесняемся. Но при этом не умалчивать об общественно важном, как это часто делают бывшие партийные функционеры в своих мемуарах. Кроме того, всем нам нужна некая точка отсчета, то есть моральная, политическая и юридическая оценка преступлений советской компартии и государственного режима, ею установленного. Официально этого пока не сделали. Однако, в отличие от примера с германским нацизмом, международный суд здесь будет, на мой взгляд, неуместным. Потому как формально последнюю мировую войну советский режим если и породил частично, то разделяет этот грех вместе с Германией, Англией, Францией и США, хотя и по разным причинам. А вот преступления советского режима в отношении *собственных народов и граждан* надо было бы российским людям самим объективно рассмотреть и дать окончательную оценку. Кто-то скажет, *что нет и не может быть в этом вопросе окончательной оценки*. Известно ведь — «сколько людей, столько и мнений», да и как сами участники будут себя же и оценивать! Где критерии того, о чем «отца спросила кроха: что такое хорошо и что такое плохо»? Да вот они, эти критерии:

Бог, единый-непроницаемый для всех,
пока не свидетельствует о себе своим бытием,
кое подвластно *всеобщей* мудрости, которая есть:

— Зло гнездится в самом человеке
и приумножается общинным житием
(молитвой в храмах грех не искупить и зло не изжить).

— Не сотвори храма вне души своей и не восславляй
мудрость всеобщую и слепую веру в нее
(ибо средство всегда замещает цель).

— Обвиняя и пророчествуя, помни,
что правд много, но истина одна
*(у Бога единого-непроницаемого нет предпочтений
и нет избранных).*

— Не было, нет и не будет правды, ради коей
оправдана ненависть к невинным, приносимым в жертву
(в *ненависти не возродишься).*

— Живи не по лжи
(слова не дождевые капли — не *высыхают).*

— Знай меру
(ибо все чрезмерное убивает совесть, сострадание и стыд).

— Помоги подняться слабому
(лишь глупец уверен, что его успех — это его личная заслуга).

— Не стремись делать хорошо, а стремись не сделать плохо
(ибо не спрашивая — не *знаешь, кому и что хорошо).*

— Ищи согласия, пока есть малая толика
не предавать мудрость всеобщую
(ибо в согласии разумном смысл мудрости).

— Протяни руку обидчику, пришедшему
с раскаянием искренним
(а *иначе себя любишь больше, что уже чрезмерное).*

Не предавай поверивших тебе, не сказав в лицо прежде
(ибо лицом к лицу согласие скорее найдете).

Взялся решать судьбы людские — соответствуй
(исполняй мудрость всеобщую, будь ты власть, родитель, учитель, друг, наставник).

Вот вам дюжина истин *этики всеобщей мудрости*. Дарю их вместо известных «десяти», давно устаревших. Лишь на такой основе можно оценить все прошедшее и настоящее без кривизны души. И только тогда можно устремиться в разумное будущее, и только тогда оно будет действительно и более справедливое, и более прочное. Лишь в таком будущем найдется место для надежды, любви и веры. *В нынешнем мире ничего этого нет, да и быть не может, ибо врут все: одни — и себе, и многим, а другие не осознают, что врут, веруя в ложные правды.*

А как с этой новой дюжиной истин? Если действительно «у единого-непроницаемого нет предпочтений и нет избранных», тогда как узнаем мы, что именно эти и содержат истинное знание? Читайте внимательно и думайте острее. Что там по сути сказано? Что «Бог единый» остается непроницаемым, только «пока не проявит себя своим бытием», а «бытие его уже подвластно»! Кому же? Всеобщей мудрости! А ее-то как осознать? Исследуйте для начала те двенадцать истин, которыми *конструктивная этика* этой мудрости описана, а потом и другие истины, которыми *конструктивная метафизика* этой мудрости описывается, тогда ясность придет и откроется то, что суть ее составляет. Но это требует, конечно, и готовности напрягать свой ум, и способности делать это постоянно, выявляя и устраняя противоречия в иных мнениях. И потому лишь немногие владеют истинным знанием.

Послесловие
ДО НОВЫХ ВСТРЕЧ!

Хотя в мемуарах этих по ходу дела упоминал я о многих людях, которые встречались мне далеко за пределами Квартиры на Горького, все же это не моя биография. Поэтому многим хорошим людям (как и не очень) я не мог уделить должного внимания. Но вроде бы еще не вечер, и надеюсь, что будут новые встречи и лица.

Что хочу сказать под конец, глядя назад и охватывая все в целом? Наверное, это верно, что бывшее советское общество состояло из многих слоев, отграниченных вполне зримо. «Партия и органы» — самый верх, за ними нечто расплывчатое, но все же «государственная элита», потом — основная масса «рядовых граждан», занятых, как и в любом государстве, своими частными профессиональными и семейными делами. А еще некая активная оппозиция режиму (диссиденты) и, наконец, практически не связанные между собой многочисленные группы тех, кто пассивно тяготел к той или иной оппозиции (демократической или державно-националистической). И вот что занятно, умудрялся я как-то скользить по разным граням всех этих слоев, когда по случаю, а когда и зная заранее. Но при этом ни в один из них не проваливался прочно и надолго. Из-за этого плохо помню встречи и беседы со многими замечательными и просто интересными людьми. (Скажем, композитор А. Шнитке. Жили мы в одном доме, только в разных подъездах. Кстати, надо бы у детей моих спросить, куда они задевали две долгоиграющие пластинки, которые он подарил мне, надписав на них что-то.) Вот ведь ирония, подробнее запоминались персоны противоречивые, а то и вовсе неприятные люди. Но это понятно почему — в силу чрезмерных ожиданий совершенства-гармонии и правды-справедливости. А отсюда и раздражение, когда сталкиваешься с их отсутствием. А жаль. Наверное, просмотрел много интересного. Я чувствую этот свой недостаток. Вместе с тем мозг мой постоянно был занят конверсией данных в знания, как и собственными идеями. Я активно жил среди людей и в то же время существовал как бы в своем особом мире ожиданий и надежд. Наверное, это и есть так называемая «внутренняя свобода», которая кому-то нравилась, скажем, основным персонажам Квартиры, каковые и сами во многом были такими же. А других эта моя черта скорее отталкивала.

Простите, если кого обидел. Nothing personal, just a business, как часто говорят местные джентльмены, стреляя вам в голову. Это всё гены. А Мадам всегда утверждала, что «собственную ДНК переделать нельзя». Как известно, геном деградирует в основном вместе с умиранием организма. Рано или поздно это придет само собой, если, конечно, кто-нибудь не поможет раньше. На этой оптимистической ноте мы и расстанемся к обоюдному удовольствию. Ибо я, право, утомился.

Сентябрь 2000 — январь 2001,
Питтсбург

Н. БРОУДЕ

ЛУЧШИЕ КОЛЕНИ ХИМФАКА

Светке с любовью

Телефонный звонок. Я поднимаю трубку и слышу знакомый хрипловатый голос. После короткого приветствия раздается длинное вопросительное и требовательное: «Ну-у-у?» Это «Ну-у-у» означает «Давай рассказывай, как ты, как работа, как Таня, Женя, Витя, мама, роман», и так до бесконечности. И я излагаю все по порядку, уверенная в том, что на другом конце провода то, что я говорю, слушается не просто с вежливым интересом, а с искренней заинтересованностью. Нас обычно прерывает вторая линия: «Наташ, подожди, я сейчас вернусь». Через секунду: «Я тебе перезвоню, это Лёня» (или Келли, Вика, Алла, Комин студент... и так без конца). С моей подругой Светланой Орловой нам редко удается поговорить без того, чтобы нас кто-нибудь не прервал.

Мы познакомились в 1963 году, будучи тогда студентками химфака МГУ. С тех пор прошло много лет, мы успели выйти замуж и развестись, родить детей и дождаться внуков. Мы потеряли многих близких нам людей и поменяли страны своего жительства. Однако некоторые вещи остались неизменными. И удивительным образом не изменилась сама Светлана, вернее, ее потребность в устройстве порядка на территории, доступной ее любви и влиянию. Моя жизнь на протяжении этих почти 40 лет оказалась в большой степени связанной с событиями, в которых Света была всегда веселым, доброжелательным и любящим участником или даже зачинщиком. Поэтому, конечно, многое для меня началось в Квартире на Горького.

1. НА УЛИЦЕ ГОРЬКОГО

В 1959 году я окончила школу и поступила на химический факультет МГУ. Время было типично оттепельское: в Большой химической аудитории мы слушали концерты Окуджавы и Евтушенко, силой прорывались на любимовского «Доброго человека из Сезуана», когда это был еще студийный спектакль, который играли в театре Вахтангова, с восторгом шли 12 апреля 1961 года на Красную площадь встречать Гагарина. Два года подряд летом мы трудились на стройках коммунизма, сначала это была Московская окружная дорога, а на следующий год — метромост в Лужниках. Чтение толстых журналов составляло очень существенную часть моей жизни: каждая книжка «Нового мира» и «Иностранной литературы» прочитывалась от корки до корки. Читала я все подряд: беллетристику, стихи, публицистику, критику. Помню, как я расстроилась, когда поняла, что мы не подписались на журнал «Москва» на 1967 год. Это означало, что мы останемся без второй части «Мастера и Маргариты». Позднее я получила эту вторую часть в подарок от моего дяди, В. Л. Броуде. Сейчас именно тот первый вариант с купюрами и со статьей В. Лакшина, переплетенный в любимый ситчик, переехал в Бостон, и я получаю удовольствие от одного взгляда или прикосновения к книге.

Наш курс на химфаке был в своем роде уникален. Мы были первыми, кому ввели предмет под названием «Основы научного коммунизма». Никто из начальства не знал еще, что это такое за наука. Лекторы менялись от лекции к лекции, и каждый придумывал что-нибудь свое. Например, Аджубей рассказывал трем сотням студентов химфака о своих заграничных поездках и о том, где и что он купил.

Вторая особенность нашего курса заключалась в том, что преддипломная практика длилась год вместо обычных полугода. В результате мы должны были закончить и защищать дипломы не весной, как все нормальные студенты химфака, а в декабре. Такая долгая практика привела к тому, что многие с нашего курса, и я в том числе, практически перестали бывать на факультете где-то с середины третьего курса. Я, например, проводила большую часть времени в Институте химии природных соединений, где была на практике, делала диплом и впоследствии осталась работать.

Группа наша ничем особенным не выделялась и состояла в основном из девушек. А были на нашем же курсе действительно выдающиеся группы. Например, группа радиохимиков — состояла на 90% из парней и потому была предметом повышенного интереса всех остальных групп, в которых, как и в нашей, девушки были в большинстве. Еще выделялась группа химков-теоретиков, где собрались самые яркие представители обоих полов. Особенно видными и шумными были девушки-теоретики. А в нашей группе самыми заметными были две девушки — Лиля и Лариса Ивановы. Они не состояли в родстве, и обе были очень хороши собой. В течение нескольких лет мы с интересом наблюдали за развитием их романов. Как-то Лариса Иванова показала мне роскошный альбом «Сокровища Египта» на французском языке, подаренный ей каким-то ее новым поклонником. Я смотрела и думала: везет же некоторым. Однако никакого развития этих отношений не последовало, и наша группа проиграла соревнование «Кто первой выйдет замуж». Первой оказалась Нора Вахитова, красавица из другой группы.

Я совсем не помню, когда Светлана Орлова появилась в нашей группе, что сейчас кажется совсем необъяснимым, учитывая Светкину яркую внешность и манеру поведения. Я думаю, что мы познакомились через Ларису Иванову, с которой обе тогда много общались, а познакомившись, постепенно сблизились. Сейчас в памяти всплывают лишь отрывочные моменты из того химфаковского времени.

На четвертом курсе основной предмет — органическая химия и большой органический практикум. В нашей группе семинары и лабораторные занятия ведет Владимир Леонидович Фосс, которого друзья в лицо, а мы за глаза зовем Волей. Его абсолютно бесстрастное поведение приводит к тому, что все или почти все студентки влюблены в него. Я собираю под тягой какой-то аппарат для перегонки и с ужасом понимаю, что за спиной у меня уже давно стоит и наблюдает Воля. Весь прибор тут же разваливается на его глазах, и я слышу: «Ну что же это, какие руки-крюки». Я понимаю, что мне рассчитывать не на что. Светка, конечно, тоже была влюблена в Волю, но ее увлечение оказалось значительно более действенным. Светка узнала от кого-то (вероятно, от влюбленных подруг со старшего курса, с которыми она дружила), что Воля страстный балетоман и фанатичный поклонник Улановой. На его очередной день рождения мы дарим ему огромный альбом ее фотографий.

Я помню, как Света говорит мне, точно советуясь или ища поддержки: «Ну, если заводить детей, то, наверное, сейчас самое время». (К тому времени она была уже замужем и вынашивала будущего Леньку.) Интересно, что я абсолютно не помню ее беременной, хотя санорин, постоянно закапываемый в нос против аллергии, тогда ее мучившей, помню.

Темный зимний переулок между Таганкой и Землянкой, я тупым карандашом пишу поздравительную записку Свете в предбаннике роддома Клары Цеткин. А вот уже совсем малюсенький Лёня в квартире, и я замечаю, как он похож на отца, Женю Герфа.

Вот Светка защищает диплом в феврале 1965-го, позже, чем мы все, из-за рождения Лёни. На защиту пришла ее мама, Раиса Давыдовна. Мы стоим стайкой возле аудитории после защиты, и Р. Д. удивленно говорит: «Никогда не слышала такого словосочетания — *реакционно-способный*. Всегда считала, что раз уж реакционный, так это клеймо ничем не исправить».

Когда и при каких обстоятельствах я попала первый раз в Квартиру на Горького? Вероятнее всего, что Светка как-нибудь пригласила меня зайти после занятий или на очередной день рождения. Я помню, как я потом рассказывала дома, в каком интересном доме я сегодня побывала. Здесь придется сделать отступление и рассказать немного о моей семье, чтобы стало понятно, почему Квартира на Горького произвела на меня сильное впечатление.

Я выросла в абсолютно женской семье, состоящей из мамы, бабушки и меня. Отец погиб в ноябре 1941 года, через две недели после моего рождения, так и не успев узнать, кто же у него родился. Мама больше замуж не вышла. Дедушка с маминой стороны был арестован в 1938 году, а после лагеря жил в Иваново в 300 км от Москвы. Я помню его редкие приезды к нам в Пестовский переулок, где мы жили втроем в одной комнате в коммунальной квартире. Как только он входил в нашу комнату, обычно вечером, и за ним закрывалась дверь, наша соседка Гудкова подбегала к телефону, висящему в коридоре напротив нашей двери, и сообщала свистящим шепотом, что тот, за кем ей поручено следить, появился в Москве. Все, что она говорила, было слышно у нас в комнате. Через полчаса появлялся участковый, иногда даже смущенный и сочувствующий, но предупреждал, что в 6 утра гражданин В. А. Венкстерн должен быть за пределами 100-километровой зоны. Дедушка собирался и ехал на вокзал. Он умер в 1949 году в Иваново. Я помню бабушку, плачущую у окна и ее слова: «Он умер так же деликатно, как и жил».

Бабушка была неоспоримой главой семьи с очень твердыми убеждениями и принципами. В доме должно быть уютно и чисто. Летом семья должна жить на даче и желательно на не тронутой цивилизацией природе. Литература должна быть только первоклассной. Из поэтов хороши только Пушкин и Тютчев. Все интеллигентные дети должны знать несколько иностранных языков. И это только маленькая толика бабушкиных убеждений. Она жила в полном согласии со своими принципами и приучила нас с мамой, да и всех кругом, их уважать и им подчиняться. Поэтому бабушка ежедневно занималась со мной немецким языком, а каждая еда или чаепитие превращались в бесконечный конвейер чашек, блюдец и тарелочек, отправляемых на стол, а потом со стола. Бабушка говорила: «Я знаю, после моей смерти вы будете есть селедку на газете, но пока я жива, будем жить прилично».

Ее принципы и их неукоснительное соблюдение были своего рода протестом против советского образа жизни и против унификации быта. В 1958 году мы переехали из коммунальной в отдельную трехкомнатную кооперативную квартиру на 1-й Черемушкинской улице (потом улица Дмитрия Ульянова), заработанную мамиными переводами и рефератами. Многочисленные знакомые в Академическом доме покупали новую импортную мебель, появившуюся в магазинах, а бабушка занималась реставрацией старой рухляди, хранившейся навалом 20 лет в нашей комнате в Пестовском переулке. Впоследствии наши соседи приходили смотреть на восстановленную мебель красного дерева и не могли поверить, что это та самая рухлядь. Кстати, бабушки давно нет, но конвейер тарелочек и чашечек не прекращается ни в маминой квартире, ни теперь в моем доме. По-видимому, гены действительно работают во времени и просто в нашем случае несколько припозднились с экспрессией.

В 1938 году бабушка в одночасье превратилась из неработающей дамы в советскую служащую. Дедушка, видя аресты кругом и предчувствуя, что и ему не избежать этой участи, убедил ее начать работать, и она, не имея специальности, стала преподавать немецкий язык. Деда действительно вскоре арестовали, мама в это время была еще студенткой и не была замужем, так что бабушкина работа стала тогда единственным источником дохода. Она стала работать в ИМЭЛе (Институт Маркса — Энгельса — Ленина) и давать частные уроки немецкого языка женам видных военачальников (Сталин играл с Гитлером в кошки-мышки, и немецкий язык был нужен и очень в моде). Позднее, уже на моей памяти, она преподавала немецкий язык аспирантам в Академии наук.

Поступая на работу в ИМЭЛ, бабушка скрыла, что ее муж арестован. Она рассказывала мне, с каким ужасом она каждый раз шла через проходную, мимо энкавэдэшника с пистолетом, который проверял ее пропуск. У него явно были какие-то подозрения (не нравилась ему эта буржуазная дама). Чтобы их подтвердить, ему достаточно было поднять трубку и навести одну-единственную справку. Бабушка считала, что дни ее сочтены. Но, говорила она, «Бог меня спас». В следующий раз в будке сидел другой энкавэдэшник, а тот, первый, как выяснилось, внезапно умер.

Кстати, бабушка не была прилежной верующей в полном смысле этого слова, но определенные религиозные традиции она соблюдала. Иногда она ходила в церковь и брала меня с собой. Мы всегда делали пасху, пекли блины на Масленицу, а перед Новым годом бабушка говорила: а ведь сегодня сочельник, завтра Рождество.

Бабушка считала, что Бог спас ее трижды. Второй раз это было связано с уже упоминавшейся Гудковой, нашей соседкой по коммунальной квартире. Во время войны стараниями Гудковой и ее мужа, знавших, что мой отец погиб, а дед арестован, у нас отняли вторую комнату, в которой до войны жили мои родители. А еще до этого, пока мы были в эвакуации, обе комнаты были абсолютно разграблены. В самый критический момент войны, в октябре 1941 года, когда немцы были ближе всего к Москве, Гудкова сообщала в НКВД, что Венкстерны — немцы и только и ждут вступления германской армии в Москву. (Кстати, в связи с этими доносами бабушке пришлось идти в милицию и показывать там наши семейные старинные грамоты, подписанные собственноручно императрицами Елизаветой и Екатериной Второй, о пожаловании дальнему предку, Христофору Венкстерну, очередных чинов в российской армии за примерную службу. Она рассказывала потом, что была очень удивлена, с каким благоговением милицейское начальство — все коммунисты — рассматривало и обсуждало эти грамоты.) Можно легко догадаться, что бабушка с Гудковой не были лучшими подругами. Более того, отношения после войны достигли критической точки. Бабушка говорила: «Одна из нас должна была уйти, и Бог опять меня спас». Гудкова погибла в автокатастрофе: машина, в которой она ехала, попала под поезд на переезде. (В скобках замечу, что дочь Гудковой, Инна, назвала позднее своего сына Женей в честь моего отца и с ней мы были и остались в хороших отношениях даже после того, как и мы, и они переехали из Пестовского в новые квартиры.)

Как Бог спас мою бабушку в третий раз, я, к сожалению, не помню.

Бабушка была реалисткой с уклоном в пессимизм, и у нее не было никаких иллюзий относительно советского режима. Она говорила: «Государство, основанное на тако-о-й лжи, долго не протянет». Мама же тогда была и до сих пор осталась неисправимой идеалисткой. Часто вечерами, еще в Пестовском переулке, я слышала их споры. Мама убеждала бабушку, что, мол, все-таки становится лучше, ведь теперь не сажают, кругом такое строительство, вот и мы скоро в новую квартиру переедем. Бабушку эти аргументы нисколько не убеждали. У нее на это был один ответ: «Ты не знаешь, что такое свобода, а я видела ее в России своими глазами до 1914 года».

Я была совсем маленькой, когда к нам еще в Пестовский переулок приходили близкие родственники-друзья Бахаревы. Они закрывали дверь и шепотом спрашивали, обращаясь к бабушке: «Ну, как тебе нравится, что хозяин-то опять учудил?!» Имелись в виду последние новости из газет. О том, что дедушка был арестован ни за что и что так же ни за что были арестованы все его сослуживцы, жившие в соседних квартирах в нашем доме, и о том, как аресты происходили по ночам и в каждой квартире с ужасом слушали — к ним или не к ним, бабушка рассказывала мне безо всяких обиняков. Еще она рассказывала о провокаторе, которого они с дедушкой встречали за границей, в Париже, в 1929 году. (Дедушка работал юрисконсультом в Берлине в 1925–1929 годах, и вся семья жила в это время в Германии. Оттуда бабушка и дедушка ездили в Париж повидаться со многими эмигрировавшими друзьями.) Там этот человек крутился в эмигрантских кругах, а потом объявился в Москве в кругах пречистенской интеллигенции. Бабушка и дедушка встретили его однажды в квартире дедушкиной сестры, Н. А. Венкстерн. Этот человек посадил многих из этого круга, к которому принадлежал, кстати, и М. А. Булгаков. Ненадолго была арестована и сама Наташа Венкстерн. А с этим провокатором дедушка встретился на очной ставке в Лефортовской тюрьме.

В итоге, когда в марте 1953 года нас, школьниц 423-й школы, собрали на траурный митинг и в зале кругом все рыдали, начиная с нашей учительницы Зинаиды Сергеевны, я смотрела на все это с испугом и удивлением, так как знала, что дома у нас эта смерть была встречена с радостью, а вовсе не с сожалением.

Бабушка готовила, убирала и одевала всю семью почти до самого своего конца. Мама же занималась наукой, а вечерами сидела над бесконечными переводами и рефератами, зарабатывая деньги. Свою жизнь она посвятила трем объектам: памяти моего отца, мне и Институту молекулярной биологии (ИМБ), в котором она проработала почти всю жизнь (сначала это был Институт биохимии, из которого позднее ушел В. А. Энгельгардт и организовал ИМБ). Вся ее успешная научная карьера была связана с именами двух крупных ученых, В. А. Энгельгардта и А. А. Баева, которых она не только уважала, но и любила и которым была беззаветно предана. Я думаю, что трудно найти второго человека, который с таким упорством и самозабвением, как она, посвятил бы несколько лет своей жизни изданию книг, посвященных их памяти. Она не только писала, собирала и редактировала материалы, договаривалась об издании, преодолевая сопротивление людей, которым было абсолютно не до воспоминаний об уже умерших людях, но и позднее занималась внимательным и трогательным распространением этих книг среди тех людей, которым они могли бы быть интересны.

Имя Женя и в нашей семье, и в семьях людей, знавших моего отца, встречается явно с повышенной частотой. В его честь называли и мальчиков, и девочек и те, кто близко знал его, и те, кто сталкивался с ним коротко или случайно, вроде нашей соседки Инны Гудковой. Он успел лишь закончить химфак в июне 1941 года и немного поработать в лаборатории Баландина в ИОХе. Ему было 23 года, когда он погиб под Ленинградом на Волховском направлении в ноябре 1941 года. По рассказам всех знавших его, он был исключительно обаятельным и одаренным человеком. У нас остались его карандашные рисунки и акварели, фарфоровый кролик с отбитым ухом (память об их совместной с мамой работе на ВДНХ) и фотографии с альпиниады МГУ, где они с мамой познакомились. В детстве я долгое время надеялась на то, что отец на самом деле жив и когда-нибудь появится, но это чудо, к сожалению, не произошло.

Мама и бабушка были едины в любви ко мне, я была основным фокусом их любви, забот и внимания. Чтобы быть абсолютно точной, скажу — большую часть своей юности я ощущала на себе ответственность, налагаемую на меня этой любовью. Если к этому добавить застенчивость, неуверенность в себе, комплекс отличницы и повышенное чувство долга, то картина закомплексованной девушки, какой я была в студенческие годы, будет довольно полной. Когда я уходила куда-нибудь вечером, меня спрашивали: «Когда ты вернешься?» И нужно было точно определить время возвращения. Если я затруднялась с ответом, бабушка приходила мне на помощь: «Ну, я думаю, что до одиннадцати-то тебе времени хватит?» Если я опаздывала на полчаса, то знала, что дома волнуются; если я опаздывала на час, то это была трагедия. До сих пор я вижу такую картину: мы веселой школьной компанией возвращаемся с какого-то вечера, идем по Ульяновской улице и подходим к Пестовскому переулку, и я с ужасом вижу на углу две знакомые фигуры в кофтах поверх ночных рубашек. Фигуры, увидев нас и убедившись, что я жива, спешат вверх по переулку к нашему подъезду, до того как их заметят мои одноклассники.

Одна тема в нашей семье никогда не обсуждалась. Не то чтобы ее избегали, а ее как бы вовсе не существовало. Это были вопросы физиологии и пола. Мужчины не присутствовали в нашей жизни, а изредка появлялись где-то на периферии, и я не помню даже разговоров, обсуждающих их отсутствие или рассматривающих, например, вероятность или желательность маминого вторичного замужества. Никаких слов, даже отдаленно напоминающих о сексе, в семейном словаре не было, и они считались неприличными. Мне кажется, что русская классическая литература в значительной степени воспитывала и способствовала развитию такого «стерильного» существования русской интеллигенции старой формации. Признанная всем миром духовность русской литературы трансформировалась в быту в абсолютизацию духовного общения и в одновременное отрицание (и в некоторой степени даже осуждение) секса как такового. Конечно, в разных семьях вопросы эти решались по-разному, но я не думаю, что ситуация в нашей семье была абсолютным исключением. В результате степень моего невежества в этой области невозможно себе представить. Достаточно сказать, что (не скажу, в каком возрасте) я не исключала возможности появления детей в результате поцелуев.

Когда я попала в Квартиру на Горького, она поразила меня всем, начиная с количества комнат, закоулков и обитателей. Но самое сильное впечатление на меня произвела атмосфера свободы и легкости. Каждый приходил в Квартиру по делу или просто так и общался с тем, кто ему был нужен. Кто-то проходил в родительскую комнату, кто-то — к Маше (младшей сестре Светы), домработница Тамара возвращалась с гуляния с Лёней, приходили друзья к Жене и Свете. Приход очередного гостя никак не влиял на общее течение событий в Квартире и, если их это не касалось, не вовлекал остальных обитателей. Это и понятно: при таком потоке гостей только так и можно было существовать.

У нас относились к гостям по-другому. Гостей любили и довольно часто приглашали, но это было целое дело. Пекли, варили и готовили целый день, в результате к вечеру бабушка уставала, настроение у нее портилось, а это означало, что оно может испортиться и у нас. Кроме того, были очень четкие разграничения: если звали родственников, то не звали друзей-историков; если звали историков, то не звали друзей с работы. Отчасти, конечно, это объяснялось размерами нашей одной комнаты, кроме того, безумно заставленной мебелью. Но главным все-таки было отношение к гостям как к исключительному событию, а не к норме жизни, которое сохранилось и после того, как мы переехали в отдельную квартиру.

А на Горького вечером все собирались за чаем или ужином, и взрослые, и молодежь — все, кто был в этот момент в Квартире.

Основным было общение. Разговор напоминал состязания хороших рапиристов: реплики, шутки, знакомые и незнакомые имена просвистывали мимо ушей, как удары клинков. Новичкам вроде меня было трудно уследить за разговором, который, кроме того, велся на языке полунамеков и выражений, уже известных в Квартире, но непонятных для непосвященных. Темы для разговоров были самые разнообразные: от легких, ни к чему не обязывающих, вроде обсуждения формы женских колен (Светкины колени были, кстати, признаны лучшими коленями химфака), до серьезных и полусерьезных разговоров и споров. Однажды, например, обсуждался вопрос о том, как самым точным образом определить, какие отношения можно считать браком. Естественно, что штамп в паспорте в расчет не принимался. Под занавес длительной дискуссии Р. Д. привела цитату из Герцена, который считал, что самым верным определителем брака является факт совместного приготовления и поедания супа. Действительно, ясно, что завтрак и ужин не могут являться такими точными детерминантами, так как гораздо больше подвержены различным случайностям. А вот обед и его символ — суп — вполне отражают сущность совместного существования. Я помню, что была очень поражена таким остроумным, простым и четким подходом к довольно сложной проблеме.

Серьезные разговоры часто касались литературы и окололитературных дел. Я помню яростный спор по поводу опубликованных в то время воспоминаний Эренбурга. Мнения наши резко разделились. Части присутствовавших воспоминания понравились, и они защищали Эренбурга, а другая часть (в нее входила и я) ругала его. Мы безапелляционно утверждали, что такие воспоминания вообще никому не нужны, потому что они насквозь фальшивые, что он либо врет, либо умалчивает, но уж во всяком случае не пишет ничего нового об описываемых им годах, людях и событиях.

Светка становилась всегда абсолютным фокусом любой компании. Быстрота ее реакции и остроумие были недосягаемы. Она легко, умело и ненавязчиво управляла обстановкой за столом, не прилагая к этому никаких видимых усилий. Ее ведущая роль становилась очевидной только иногда к концу вечера, когда так называемый хор еврейских девушек (Света, Алла Лубович и Алла Шмидт) с упоением пел Окуджаву, романсы и заканчивал пение всеми любимой «...и граф, и графиня и ента Петрова». Я жалела, что Бог не дал мне голоса, и боролась со своими комплексами, пытаясь адаптироваться, когда обстановка вокруг меня начала существенно меняться.

Однажды зимой 1964-го дверь на Горького мне открыл незнакомый красивый молодой человек. Оказалось, что это Витя Гиндилис, друг Жени Герфа (тогдашнего мужа Светы) по медицинскому институту, а теперь близкий друг их обоих — и Светки, и Жени. Его любила вся семья, и чувствовал он себя в Квартире как дома. Из разговоров на Горького постепенно стало ясно, что Гиндилис и есть тот самый бывший поклонник Ларисы Ивановой, который когда-то подарил ей «Сокровища Египта». Над ним и над его увлечениями все подшучивали, а его стихотворные «шинами шуршащими полон был асфальт...» и «скажи же почему же...» были притчей во языцех.

Очень скоро выяснилось, что мы с Витей работаем в одном здании на улице Вавилова, где в бывшем помещении Горного института находились теперь два института: ИРФХБ (Институт радиационной и физико-химической биологии) и ИХПС (Институт химии природных соединений). Витя был аспирантом в ИРФХБ в лаборатории А. А. Прокофьевой-Бельговской, а я кончала свой диплом в лаборатории Э. И. Будовского в ИХПС. Наша взаимная заинтересованность друг другом усилилась после нескольких прогулок по Москве, разговоров о генетике и на политические темы. Наши взгляды на политику оказались очень близкими. Забегая вперед, скажу, что это, пожалуй, единственное, что не изменилось ни за время нашей семейной жизни, ни после того, как мы разошлись. Тем летом 1965 года по воскресеньям мы часто ездили на дачу к Свете с Женей в Жуковку или к Витиному брату, Лёве, в Кучино. Если мы ехали к Лёве, Светка ревниво говорила: «Опять вы в свое Навозово собрались», — за это Жуковка тут же переименовывалась в «Жоповку».

Вообще стиль разговоров молодежи в квартире отличался полной раскрепощенностью. Отчасти здесь играло роль медицинское образование трех друзей «Г» (Герфа, Гиндилиса и Гринберга). Любая физиология легко и просто становилась предметом обсуждений и шуток. Каждый из этой тройки вносил свой неповторимый вклад в эту неисчерпаемую для черного юмора тему: Женя — поэтический флер, Кирилл — многоэтажный российский мат, а Витя — способность выдавать все это в присутствии любой аудитории. Немного позже мы побывали в гостях у Тани Сиряченко, и там вся медицинская компания взахлеб вспоминала организованный тремя «Г» при участии Тани и их подруги Инны Снякиной мифологический «Институт сексопатологии». Например, блюда, которые они, будучи в военных лагерях, придумывали на голодный желудок (скажем, «промежности в яблоках»).

Мне такая свобода выражений очень нравилась. Во-первых, большей частью это было очень остроумно и смешно. Во-вторых, такая обстановка как нельзя лучше помогала расслаблению, создавая ощущение легкости и праздника. Мне, кроме того, все это напоминало любимую мною атмосферу в семье моего отца, у Антокольских.

Моя бабушка с отцовской стороны, Мария Григорьевна Броуде, была урожденная Антокольская (Павел Григорьевич Антокольский был ее родной брат). Бабушкин характер можно определить одним словом — тайфун. Ей стоило войти в трамвай, как вокруг нее закручивалась оживленная беседа, вовлекались все новые и новые участники, находились знакомые, знакомые знакомых, давались советы... но уже надо было выходить. Она была врачом-гинекологом, и количество ее пациенток и, следовательно, знакомых было неисчислимо.

Она жила в квартире у Покровских ворот, в соседних двух комнатах жила ее племянница Ася Суворова, а позднее и бабушкина младшая сестра Надя, мать Аси, вернувшаяся из ссылки. Мы с мамой были постоянными и желанными членами их семьи. На дни рождения приходили Павел Григорьевич, его дочь, Наташа (Кипса), подруги Аси, младшая сестра деда, воспитанная бабушкой, Муся со своей семьей. Вместе с Надей появился целый ряд ее молчаливых подруг по лагерю. Было много шуток, иногда читали стихи, которые легко писали все Антокольские. Разговор лился легко и непринужденно. Вот, например, характерный диалог — бабушка и Надя вспоминают старого знакомого, собиравшего и знавшего бесчисленное количество анекдотов (за что он позднее оказался в тюрьме).

Надя: «Маня, ты не помнишь, как долго он был моим мужем — два или три года?»

Бабушка: «Ну, Надя, что ты такое выдумываешь, вовсе он не был твоим мужем».

Надя, смущенно: «Маня, мне кажется, что я лучше знаю. Конечно, он был моим мужем». (Вот бы где пригодился Герцен со своим супом.)

В декабре 1964 года я защитила диплом и на студенческие каникулы в январе 65-го поехала с группой студентов физфака в Польшу. Оттуда я вернулась с трофеем — роскошной «халлой» на голове, прической, которая только входила в моду. Я тут же отправилась в институт и старалась как можно чаще дефилировать по четвертому этажу, где работал Витя, чтобы прическа не пропала зря. Прическа, по-видимому, подействовала, потому что отношения наши развивались достаточно быстро, и после летнего похода в Карелию мы поженились в сентябре 1965 года. Светка, конечно, была одним из свидетелей в загсе, где официальная тетя пожелала нам «жить по-большому», мы давились от смеха и не могли дождаться окончания дурацкой церемонии.

Теперь мы приходили на Горького вдвоем, а Света с Женей изредка бывали у нас. Уходя, Женя хитро прищуривался и говорил: «Ну что же, теперь будем дружить семьями». Семьями, однако, мы дружили не очень долго. В июне 1966-го у нас родился Женя, и я целиком погрузилась в свои новые обязанности, большей частью вечерами оставалась с ним дома, в то время как Витя продолжал бывать на Горького один.

Кстати, представить себе, как проходило внедрение Вити в нашу женскую семью, я оставляю воображению читателей (для полноты картины могу рекомендовать его собственные записки). Скажу только, что бабушка была в определенной степени более терпимой по отношению к особенностям его характера, чем мама. Однажды я слышала, как она спрашивала маму: «Как ты думаешь, почему Витя утром не здоровается и появляется в трусах?» Мама же, со свойственным ей идеализмом, по-видимому, считала, что Витю можно и нужно перевоспитывать. Поэтому их диалоги всегда напоминали мне сцепленное движение шестеренок — одна реплика цеплялась за другую до бесконечности, пока у меня не кончалось терпение и я, вмешиваясь, не прекращала их взаимные подкалывания. (Через месяц после рождения Жени мы переехали на дачу в Полушкино, и там Витя учил меня пеленать и ставить клизмы. Однажды после особо удачной клизмы он сказал: «По моему, я великолепный микропедиатр». Мама тут же отреагировала: «И, по-моему, хороший макрохвастун».

В Квартире на Горького мы стали бывать реже, хотя 3 декабря (Лёнин день рождения) и 5 января (Светкин день рождения) никогда не пропускали. А 20 июля (Витин день рождения) все собирались у нас.

Со временем обстановка на Горького стала меняться. Света с Женей разошлись, появились жильцы, которым Светка сдавала комнату и которые постепенно из жильцов переходили в разряд друзей. Временами у нас дома раздавался телефонный звонок: «Приходите завтра вечером, мама будет читать свои воспоминания». Назавтра на Горького собирается человек 20, в основном Светины подруги: обе Иры, Сапожникова и Батуринская, обе Аллы, Лубович и Шмидт, Лена Рохлина, Кирилл, Люся (сестра Р. Д.) с Мишей. Чтение происходит в родительской комнате, где народ сидит на диване, на стульях, на полу. Р. Д. читает нам отрывки того, что потом будет издано как история ее превращения из убежденной коммунистки в диссидента. Я слушала Р. Д. с огромным интересом. Искренность ее воспоминаний и их со Львом Зиновьевичем правозащитная деятельность не оставляли никаких сомнений в подлинности ее чувств и мыслей ни до, ни после прозрения. Это было тем более интересно, что мне тогда казалось, особенно после книг Солженицына, Гинзбург, Булгакова, что все кругом должны были ВСЕ знать, а те, кто говорил, что не знали, — либо не хотели знать, либо кривили душой. Потом мы пили чай в столовой и продолжали обсуждать эту тему — знали — не знали — уже с привлечением нашего личного опыта.

В другой вечер Р. Д. рассказывала нам о Мартине Лютере Кинге. А еще в один — о движении «Черных пантер» и Малколме Х. Все было абсолютно ново и потому очень интересно. Иногда перед уходом мы заходили в Светкину комнату и получали что-нибудь из самиздата с приговорами, что вернуть надо через день или максимум два. Помоему, «Раковый корпус» и «Архипелаг ГУЛАГ» мы прочитали тогда благодаря Светке.

Занятая своими научными и семейными делами (в 1974 году родилась Таня), я редко бывала на Горького в это время, и для меня прощание с Квартирой в 1977 году оказалось совсем неожиданным. В опустевшей без мебели родительской комнате был накрыт большой стол, но народу в тот вечер было так много, что группы разговаривающих и курящих людей толпились повсюду, включая и площадку перед Квартирой. Только изредка попадались знакомые. Вид пустых комнат, разговоры о том, что теперь в Квартире будут жить чужие люди (кажется, болгарский консул), большое количество незнакомых людей — все это очень напоминало большие и бестолковые похороны или проводы друзей за границу, что в те времена было почти одно и то же.

2. ПОСЛЕ УЛИЦЫ ГОРЬКОГО

Наше общение продолжалось и после того, как Света с Комой (Вячеслав Всеволодович Иванов, за которого Светка вышла замуж) и Лёней переехали на Трифоновскую. Там очень быстро установились те же традиции, что были на Горького, и мы бывали там регулярно на днях рождения. Но кое-что изменилось (Р. Д. и Л. З. переехали еще раньше в писательский кооператив на Аэропортовской): у Светы с Комой появились, конечно, новые друзья — соседи Мариша и Володя; сама Светка стала замечательно готовить — ее грибной суп и пироги были незабываемы; количество книг повсюду росло экспоненциально. Но в основном все те же друзья и знакомые собирались за столом. На Светкином дне рождения Тамара Владимировна, мать Комы, поздравляя Светку, произнесла короткую речь: «За состоявшуюся Свету!» Никаких пояснений не требовалось, все были согласны с этим емким, но трудно определяемым утверждением. Я в тот вечер оказалась рядом с Комой, и мы говорили с ним о фильмах Никиты Михалкова. Они были у всех на устах, недавно вышел фильм «Пять вечеров», и большая часть публики была в восторге от всех его картин: «Неоконченная пьеса...», «Раба любви» и т. д. У меня же сразу возникло какое-то чувство неудовлетворенности и обмана, которое только укреплялось и росло от картины к картине, и мне было очень интересно мнение Вячеслава Всеволодовича. Сквозь шум и гам застолья мы выяснили, что приблизительно одинаково воспринимаем Михалкова. Успокоенная, я продолжала с наслаждением впитывать атмосферу праздника и вкусную еду.

Проводы Р. Д. и Л. З. в Германию стоят в памяти совсем особняком. Осенью 1980 года они уезжали туда на год читать лекции, но все, и они сами в первую очередь, понимали, что дорога назад может закрыться в любую минуту. (Она и закрылась для них через два месяца после отъезда, когда они были лишены гражданства.) Брежневский застой был в разгаре, и диссидентское движение казалось разгромленным. Солженицын несколько лет уже был на Западе, Сахаров был в ссылке в Горьком. Огромное количество знакомых хотело проститься с Р. Д. и Л. З., поэтому пришлось устраивать проводы в несколько заходов. На Трифоновской Р. Д. и Л. З. прощались со Светкиными друзьями. Собираясь на Трифоновскую в этот вечер, мы с Витей звали с собой Женю, которому было уже 14 лет. Мы говорили ему, что предстоящий вечер он запомнит на всю жизнь и что нельзя пропустить такую возможность. Но то ли мы были не слишком убедительны, то ли Женька оказался в тот вечер слишком занят собственными проблемами, но факт остается фактом: он с нами не поехал.

Опять был накрыт стол, и та же компания, включая всех школьных и университетских друзей, детей друзей родителей, соседей, школьную Светкину учительницу, Лёниных друзей и их родителей и многих других, собралась проводить Р. Д. и Л. З. Основной тост, который провозглашали несчетное количество раз, звучал просто: «За обратный билет!» Р. Д. и Л. З. сами с настойчивостью произносили эти заветные слова, как будто хотели заговорить судьбу. В этот день они выслушали много лестных слов, самые застенчивые и немногословные вспоминали самые яркие моменты, связанные с Квартирой на Горького, Светой и с ними самими (Р. Д. и Л. З). Однако эта тревога — обратный билет! — висела в воздухе и придавала проводам трагический оттенок. Мы грустные возвращались домой в полупустом метро с Леной Рохлиной — она жила рядом с нами на улице Вавилова. Не хотелось ни о чем разговаривать. Мы вместе вышли у метро «Университет» и сели в трамвай, идущий по улице Вавилова. На Дмитрия Ульянова мы попрощались: Лена выходила на две остановки дальше.

Весной 1987 года я оказалась в Германии на немецко-советском симпозиуме по молекулярной биологии. Собственно симпозиум проходил в Гейдельберге, а потом все советские участники имели возможность поехать в два-три других города в Германии, чтобы лучше познакомиться с немецкой наукой. Еще в Москве я решила поехать в Кельн в Институт генетики. Не последнюю роль в моем выборе Кельна сыграл Г. Белль со своей повестью «Глазами клоуна».

Первую часть пути из Мюнхена в Кельн в поезде ехала большая группа русских участников, но часть выходила по дороге, так как ехала в другие города. Среди этой части была и моя мама, которая в течение многих лет была организатором этих симпозиумов. Она прекрасно говорит по-немецки и в то время держала в руках все нити правления этого путешествия: у нее были все нужные телефоны, адреса и т. д. Как только они с Левой Киселевым вышли в Вюрцбурге и нас в поезде осталось человек семь (среди этих семи был и А. Д. Мирзабеков, директор Института молекулярной биологии и руководитель делегации), оставшиеся стали шутить, как нам будет не хватать ТэВэ. (Т. В. Венкстерн — моя мама, в институте ее многие называют ТэВэ.) Если бы они знали, как они были правы! С нами немедленно начали происходить непредвиденные происшествия. Сначала всех по радио, естественно по-немецки, попросили переместиться в передние вагоны, а потом поезд остановился и всех попросили выгрузиться со всеми вещами на перрон. Мне пришлось вспомнить все бабушкины уроки немецкого языка и переводить указания, передаваемые в вагоне по радио, так как все остальные понимали по-немецки еще хуже меня. Все, кроме того, были обременены своими вещами, которых у всех было огромное количество и которые пришлось дважды перетаскивать с места на место. Когда нас часа через полтора погрузили в другой поезд и все собрались с мыслями, до Мирзабекова дошло, что в Кельн мы приедем с огромным опозданием, будут ли нас встречать — неизвестно, а адреса или телефона Института генетики у нас нет, а также нет ни адреса, ни телефона Клауса Раевского, у которого мы должны были ужинать в этот вечер. Более того, Мирзабеков был не уверен, как пишется фамилия Раевского: через «v» или «w», с «i» или «y» на конце. Поэтому, когда мы прибыли в Кельн и ни одна живая душа нас не встречала, мы не смогли найти ни одного телефона в телефонной книге, хотя и перебирали все многочисленные варианты написания фамилии «Раевский». Положение складывалось критическое, и я поняла, что пора выручать советскую науку. Собрав все свои остаточные от неупражнения знания немецкого языка, я отправилась в информационную будку и попросила объявить, что группа русских ученых терпит бедствие и интересуется, нет ли какого-нибудь спасения. Через пять минут из ниоткуда возникла девушка, которая, оказывается, нас все-таки где-то встречала, наверное, в каком-нибудь кафе, и через полчаса мы уже были в доме Клауса, где спокойно без нас протекала вечеринка в честь нашего приезда. Чтобы отдать дань справедливости, надо сказать, что это был и день рождения дочери Клауса, Алисы, которая учила русский язык и которой хотелось познакомиться с русскими. (Здесь в скобках придется сказать, что с этого вечера началось наше знакомство с семейством Раевских, которое переросло в дружбу на уровне нескольких поколений в наших двух семьях и которое продолжается до сих пор.)

Мы сразу оказались в центре внимания. Было так поздно, что все уже было съедено, оставалось только пить и разговаривать. С моим немецким языком произошло чудо (может быть, от голода и от вина), и я спокойно объяснялась на нем, как будто только и ждала этого момента. Моим основным собеседником был Вальтер Дёрфлер. Слово за слово, и разговор с науки перескочил на литературу и политику. И вот он говорит мне, что в Кельне живут такие замечательные русские — Копелев с женой. Это для Кельна большая радость и честь. Вот только жаль, что Копелев сейчас болен и попал в больницу. Его слова меня тогда абсолютно потрясли своей неожиданностью.

Нужно сказать, что поездка в Германию была моим вторым выездом на Запад. Первый раз я была за год до этого в Швейцарии, тоже на научной конференции. И оба раза я испытала состояние шока, правда, по разным причинам. В Германию я собиралась наспех. Перед поездкой я, конечно, занималась своим докладом, плюс работа и все текущие дела. На конференции меня поразила и подавила разница в уровне немецких и советских работ и докладов: немцы были на две головы выше по уровню. Короче говоря, мысли мои были абсолютно заняты делами и наукой и далеки от каких-либо ассоциаций с московскими знакомыми. (Сейчас я не могу ответить на вопрос, как я могла поехать в Германию, не взяв у Светки адреса Л. З. и Р. Д. и как минимум письма для них.)

Когда Вальтер услышал, что я с ними знакома по Москве, он тут же сказал, что он все устроит, чтобы мне с ними повидаться, так как его близкая знакомая-славистка знает Л. З. и Р. Д. и бывает у них в доме. На следующий же день Вальтер передал мне, что Р. Д. непременно хочет, чтобы я к ним зашла.

Через день мы с Вальтером, стараясь не привлекать к себе излишнего внимания, сразу после моего доклада ушли из института и минут через 40 входили в их квартиру. Раиса Давыдовна была рада моему появлению и встретила меня, как будто мы расстались вчера, хотя мы не виделись почти семь лет. Разговоры были, конечно, о Москве, о семейных делах, о приезде Светки, о том, как ей, Р. Д., хотелось бы приехать в Москву. Она произвела на меня впечатление немного растерянного человека, может быть, отчасти из-за немецкого языка: было очень непривычно слушать, как она разговаривала по-немецки по телефону и с другими людьми, находившимися в квартире. Кроме того, она, конечно, была очень встревожена Левиной болезнью.

На самом деле это была наша последняя встреча перед болезнью самой Р. Д. Следующий и последний раз я видела ее на Трифоновской, когда она приезжала в Москву уже после двух операций.

* * *

Вот уже почти 10 лет я живу и работаю в Америке. Вскоре после нашего переезда в Нью-Йорке, где тогда жили Женя и Таня, а мы с Витей приехали, соответственно, из Бостона и из Чикаго, встречать Новый 1993 год, раздался телефонный звонок. Это была Светка, звонившая из Калифорнии. Кома получил место в Стэнфорде, и они полгода проводили в Америке, полгода — в Москве. Началась новая, американская фаза наших отношений, однако изменились лишь пейзаж и детали, суть осталась прежней.

Кстати, немного об эмиграции. Я помню, как Р. Д. сказала, приехав первый раз из Германии: «Конечно, эмиграция — это не смерть, но что-то очень близкое». В наше время стыдно даже сравнивать наше положение (настолько оно легче) с эмиграцией 70-х или тем более с трудностями первой послереволюционной волны. Тем не менее после 10 лет эмигрантской жизни в Америке (только мама все еще не может смириться с той мыслью, что это-таки эмиграция) я могу сказать, что я в значительной степени согласна с оценкой Р. Д. При всех плюсах американской жизни для меня самым тяжелым моментом является отсутствие того, что по-английски называется *continuity*. Это то, о чем Шекспир устами Гамлета сказал: «Порвалась связь времен». Сюда входит и разобщение семей, и отсутствие старых друзей, и удаленность от своего прошлого и неясность будущего. (Здесь в скобках: хочу, чтобы мои дети сделали скидку на возраст и имели в виду, что наш теперешний возраст очень близок к возрасту Р. Д. и Л. З. в 1980 году. Поэтому не удивительно сходство наших мыслей и ощущений. Я очень надеюсь на то, что Таня, например, совсем по-другому, чем я, воспринимает американскую действительность и себя в ней.) Все это отступление я делаю только для того, чтобы подчеркнуть одну мысль: каждая ниточка, связывающая меня с той старой московской жизнью (не советской, а лично моей, соответствующей моему душевному строю), приобретает здесь, в Америке, исключительно большое значение.

Итак, в очередной раз по телефону: «Наташ, ты, конечно, поступай как знаешь, но в Бостоне живет одна моя знакомая, она — замечательная. Вам обязательно нужно познакомиться, я знаю, что вы понравитесь друг другу. Ты знаешь, как это важно, особенно в эмиграции». Этот разговор повторялся несколько раз по телефону и лично, пока мы, наконец, не пересеклись с Викой у общих знакомых. Как написала Ира Сапожникова, у меня не было случая усомниться в правильности Светкиных слов.

Теперь мне звонит Вика: «Наташ, звонила Светка и сказала... у вас там в Бостоне есть один замечательный мальчик, он только что приехал, он один, ему надо помочь». Пять лет спустя я определенно могу сказать, что это был перст судьбы (читай Светки), пославший мне Васю (Вася Арканов). Не знаю, насколько я помогла ему, но мы подружились, и эти годы, что он жил в Бостоне, его теплота, внимание, помощь и просто присутствие были моим большим утешением. Кстати, теперь все мои друзья спрашивают: «Ну как там твой приемный сын?»

Как-то в телефонном разговоре со Светой мы в шутку стали подводить баланс наших жизней и наших отношений: женитьба — плюс, развод — минус, дети — плюс и т. д. Конечно, это была шутка, однако, как во всякой шутке, в ней присутствовала доля истины. Сейчас в процессе написания этих заметок, которые я начала под Светкиным давлением в 100 атмосфер («Ты знаешь, мы уже в таком нежном возрасте, что пора кое-что и записать»), я стала размышлять о том, в чем для меня заключается основная прелесть нашей дружбы. Мне кажется, что в постоянном развитии и углублении наших отношений. Во всяком случае, я открываю для себя все новые и новые, неожиданные грани в нашем общении. Вот уже моя Таня пишет письма тете Свете, а Света говорит мне по телефону: «Ты знаешь, я так соскучилась по Таньке». Для меня наша дружба и Квартира на Горького как ее начало и символ являются счастливым фактом моей биографии, неотделимым от всей моей жизни. Светкин талант дружбы (хотя и не единственный) заражает окружающих, как вирус гриппа, и я очень благодарна судьбе за то, что попала в сферу ее «инфекционного» влияния и что магнетизм ее личности не отпускает меня вот уже почти 40 лет.

1. Витя Гиндилис. 1939 г.

2. Витя Гиндилис крайний справа в верхнем ряду.
Москва, 236 школа, 2 класс «А». 1945 г.

3. Караганда, проспект Ленина, 1940–1950 гг.

4. Витя Гиндилис с родителями и старшим братом Левой. Караганда, 1945–1946 г.

5. Стоят: Витя и Лева Гиндилисы. Сидят: Мирон Моисеевич Гиндилис, Мирра Гиндилис (Савич) с сыном Володей, Вера Иосифовна Мац. Ульяновск, 1951 г.

6. Стоят: Виктор Гиндилис, Мирра Гиндилис (Савич) и Лев Гиндилис. Сидят: Мирон Моисеевич Гиндилис, Вера Иосифовна Мац. Ульяновск, 1979 г.

7. Лев Иосифович Мац с женой Сарой Моисеевной и племянницей Зоей. 1960-е гг.

8. Раиса Давыдовна Орлова и Лев Зиновьевич Копелев. Кельн, 1982 г.

9. Светлана Леонидовна Иванова (Орлова), Инна Ароновна Шихеева, Вячеслав Всеволодович Иванов, Виктор Гиндилис

10. Евгений Герф и Светлана Орлова с сыном Леней на даче в Жуковке

11. Светлана Орлова

12. Рисунок Евгения Герфа, подаренный Виктору Гиндилису

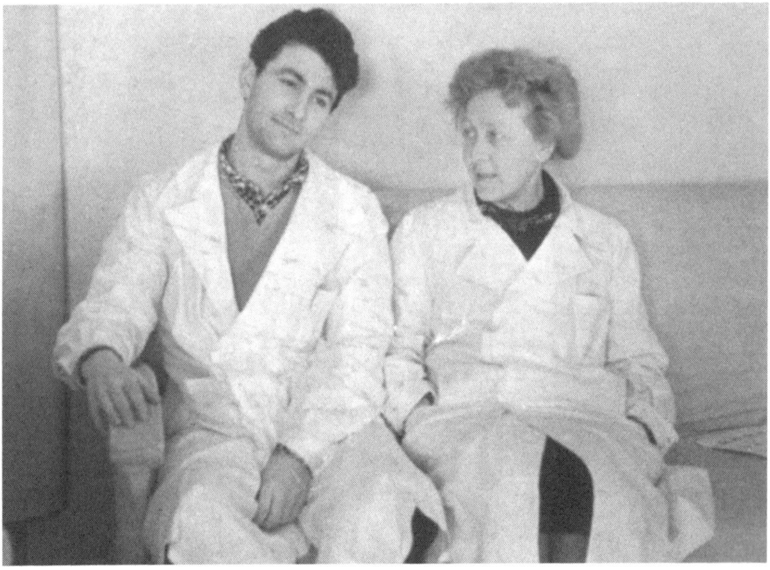

13. Виктор Гиндилис и Александра Алексеевна Прокофьева-Бельговская. ИМБ АН СССР, 1964 г.

14. А. А. Прокофьева-Бельговская

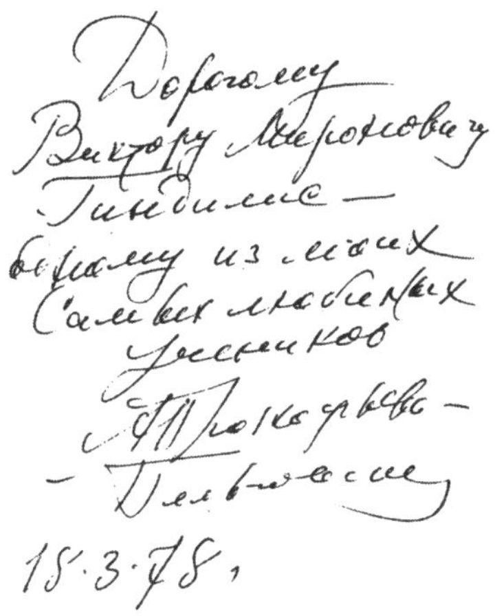

15. Дарственная подпись к фотографии

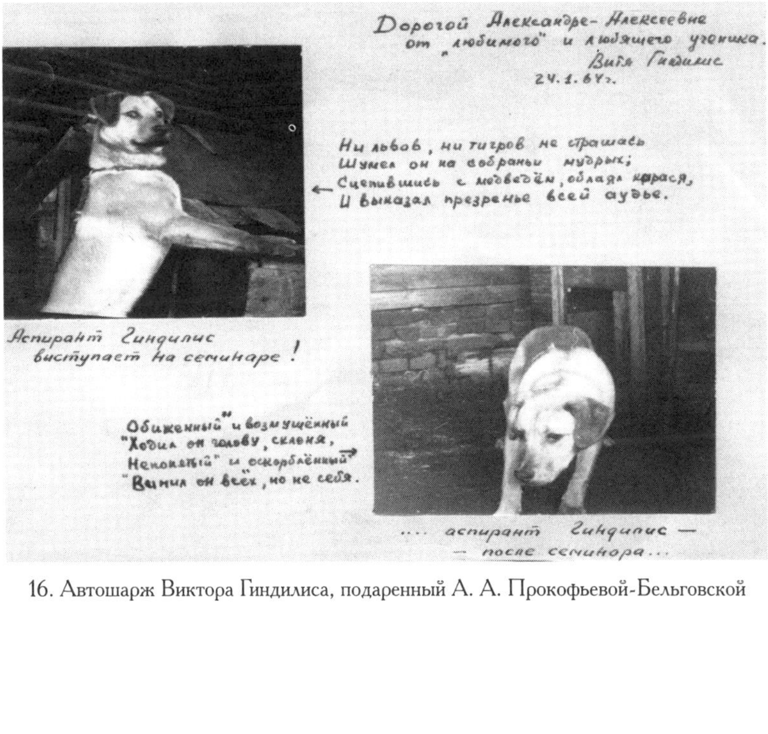

16. Автошарж Виктора Гиндилиса, подаренный А. А. Прокофьевой-Бельговской

17. Шарж на Виктора Гиндилиса (автор неизвестен)

18. Татьяна Алексеевна Сиряченко

19. Кирилл Николаевич Гринберг

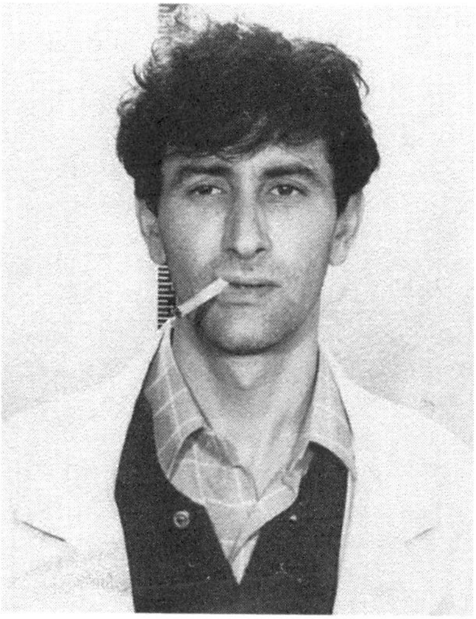

20. Виктор Гиндилис. 1960-е гг.

21. Евгений Ананьев и Виктор Гиндилис. 1960-е гг.

22. Наталья Стонова и Виктор Гиндилис

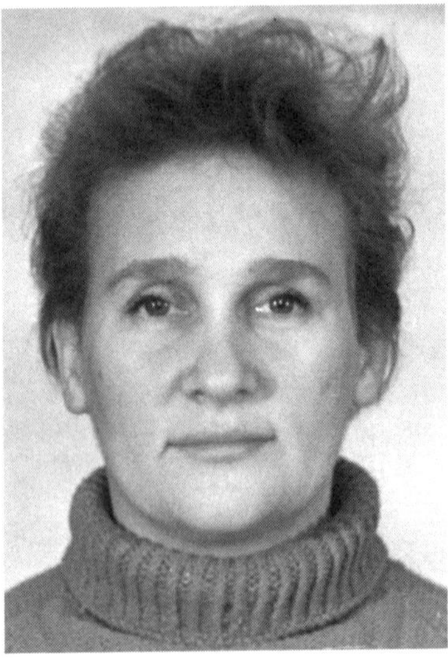

23. Ольга Капитонова

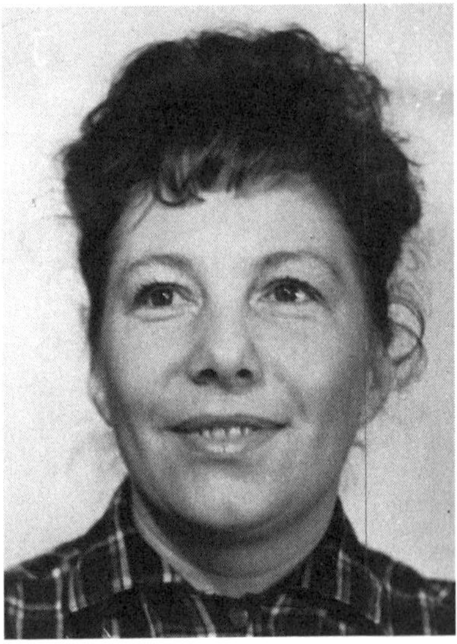

24. Ирина Вешнева

25. Аaво Микельсаар, Кирилл Гринберг и Виктор Гиндилис
перед Институтом генетики (?), АМН СССР

26. Ирина Вешнева, Виктор Гиндилис, (?)

27. Виктор Гиндилис, аспирант ИМБ СССР. 1964 г.

28. Наталья Броуде. 1960 г.

29. Виктор Гиндилис и Наталья Броуде. 1965 г.

30. Виктор Гиндилис с детьми Таней и Женей

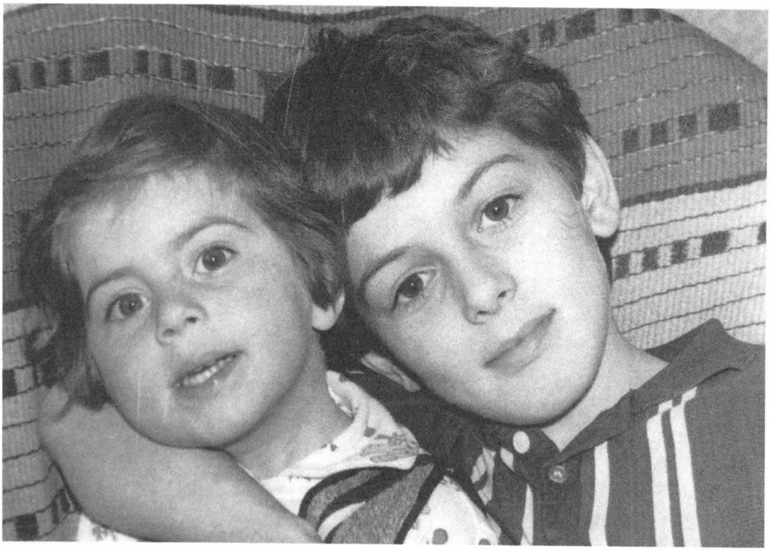

31. Таня Гиндилис и Женя Гиндилис. 1979 г.

32. Таня и Женя Гиндилисы, Виктор Гиндилис. Паланга, 1983 г.

33. Виктор Гиндилис, Женя Гиндилис с Сережей, Наталья Броуде.
Ново-Дарьино, 1988 г.

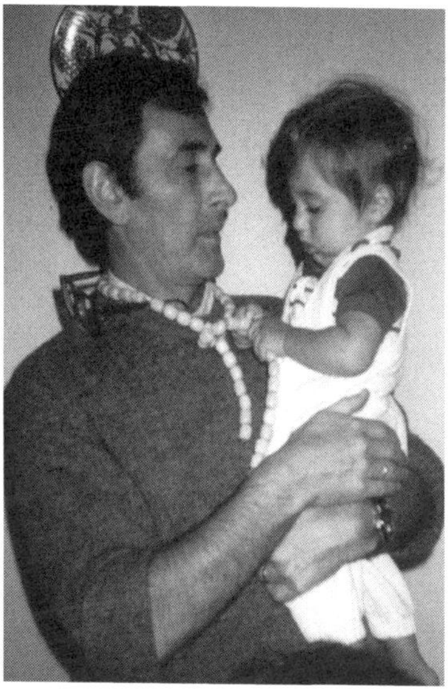

34. Виктор Гиндилис с внуком Сергеем. Бостон, 1995 г.

36. Лев Миронович Гиндилис, Мирра Мироновна Гиндилис (Савич), Виктор Миронович Гиндилис

37. Виктор Гиндилис. 1995 г.

СОДЕРЖАНИЕ

Литературно-художественное издание

ГИНДИЛИС Виктор Миронович

ЭПИЗОДЫ ИЗ СОВЕТСКОЙ ЖИЗНИ

Воспоминания

Ответственный редактор О. Старикова
Компьютерная верстка: Г. Сенина

ОБЪЕДИНЕННОЕ ГУМАНИТАРНОЕ ИЗДАТЕЛЬСТВО
101000, Москва, Кривоколенный пер., 10, стр. 6а
Факс: (495) 621-9852; тел.: (495) 744-3170; e-mail: info@ogi.ru

КНИГИ ИЗДАТЕЛЬСТВА ОГИ МОЖНО ПРИОБРЕСТИ:
м. «Чистые Пруды», Кривоколенный пер., д. 10, стр. 5,
кафе «Билингва», тел.: (495) 623-6683;
м. «Чистые Пруды», Потаповский пер., д. 8/12, стр. 2,
клуб «Проект О.Г.И.»;
кафе «Пироги»: м. «Площадь Революции»/«Лубянка»,
ул. Никольская, д. 19/21,
м. «Перово», Зеленый просп., д. 5/12;
м. «Китай-город», Новая площадь, д. 14,
кафе «Нейтральная территория», тел. (495) 621-2737.

Оптовые продажи: тел. (495) 744-3171, e-mail: info@ogi.ru

Подписано в печать 28.02.2008
Формат 60×84 1/16. Объем 16,5 печ. л. Гарнитура Academy.
Бумага офсетная. Печать офсетная. Тираж 1000 экз.
Заказ № 1425

Отпечатано с готовых файлов заказчика в ОАО «ИПК
«Ульяновский Дом печати». 432980, г. Ульяновск, ул. Гончарова, 14